U0942017

家风建设中的个人品德养成研究

Research on Personal Morality Cultivation During the Construction of Family Style

栾淳钰　著

中国社会科学出版社

图书在版编目（CIP）数据

家风建设中的个人品德养成研究／栾淳钰著．—北京：中国社会科学出版社，2021.2

ISBN 978－7－5203－7421－7

Ⅰ.①家… Ⅱ.①栾… Ⅲ.①个人品德—道德修养—研究—中国 Ⅳ.①B825

中国版本图书馆 CIP 数据核字(2020)第 205011 号

出 版 人 赵剑英
责任编辑 赵 丽
责任校对 夏慧萍
责任印制 王 超

出 版 中国社会科学出版社
社 址 北京鼓楼西大街甲 158 号
邮 编 100720
网 址 http://www.csspw.cn
发 行 部 010－84083685
门 市 部 010－84029450
经 销 新华书店及其他书店

印 刷 北京明恒达印务有限公司
装 订 廊坊市广阳区广增装订厂
版 次 2021 年 2 月第 1 版
印 次 2021 年 2 月第 1 次印刷

开 本 710×1000 1/16
印 张 14.75
插 页 2
字 数 261 千字
定 价 85.00 元

目　录

绪　论

众所周知，家庭乃社会稳定、国家发展、民族进步的重要基点，也是人类生存和发展的基本场所。习近平总书记曾指出，家庭是人生的第一个课堂，父母是孩子的第一任老师。家庭教育最重要的是“如何做人”的品德教育，也是品德养成的始点和基石。新时代注重家庭、家教和家风，从中追求个人品德养成，既是现实必然需要，又是时代重要课题。

第一节　选题缘起和意义

一　选题缘起

自古以来，“家国一体”乃中华民族的显著文化色彩。家庭作为构成社会的基本细胞，也是人类生存和发展的基本场所。当然，家庭并非固有的“存在”，其萌芽、出现、变化和发展体现了具体性与历史性的统一。关于“家庭”的界定，在不同的历史发展时期、不同的民族和国家，存在不同的观点，但家庭作为社会的基本构成部分，在相应的社会系统中的突出地位以及所具备的生产、抚养、教育等重要功能却是固然的“存在”。

2015 年，国家举行春节团拜会之时，习近平总书记谈及家庭、亲情、家风、家教的历史渊源时，高度强调家庭的地位和作用，指出不论时代与格局如何变化，“我们都要重视家庭建设，注重家庭、注重家教、注重家风”。这一论述，既凸显家庭与社会、国家、民族的密切关联性，又阐明家教在育人方面的基础性作用，并反映家风及其建设的隐性价值与时代需要。与之同时，中央电视台在春节期间推出“新春走基层·家风是什么”系列栏目报道，也从侧面反映出我们需要且必须思考新时代“家风”的问题。2016 年 12 月 12 日，习近平总书记在会见第一届全国文明家庭代表时的讲话中高度强调“天下之本在家”，突出家庭、家教、家风的重要性以及家庭在品德养成方面的突出效果。2019 年 10 月 27 日，中共中央、国务院印发了《新时代公民道德建设实施纲要》，其中也特别指出“用良好家教家风涵育道德品行”。如今，“家风”一词再次进入人们视野，引起社会各界的高度关注。关于“家风”的热议，从表面来看，既是民众针对当前各种家庭道德问题的伦理审视，及对美满家庭、和谐社会的现实向往，亦是出于对中华传统文化的批判继承，而从深层分析，则是人们基于内心体验的幸福感的下降，而引发的对现实困境的反思和对新时代伦理道德的诉求。[①]

回顾人类文明史，家庭作为社会微型组织，其中的家训、家规、家仪，以及逐步积累、形成和传承的家风等家文化随着历史的发展而逐渐成为传统文化的重要构成内容，也成为品德养成的重要文化载体。众所周知，“生活化”是思想政治教育的价值所在，而家庭是思想政治教育的“微场域”，对个人品德的养成具有直接性、基础性、启蒙性以及生活化等特点和优势，同样，家风的好坏与否，直接影响到个体能否健康成长、科学发展。当今的各类伦理失序、道德败坏等问题，也逐步引起广大民众对日常生活的反思，甚至是质疑，引导人们将聚焦点开始重新转向—家庭—这一人生“初始课堂”，从最基本的个人品德养成问题做起。当然，这也向现代化进程中的思想政治教育提出挑战，并赋予其新的使命。思想政治教育中的个人品德养成，是社会普遍的道德原则和价值体系内化为个体道德品质的价值生成过程。而且，社会公德、职业道德、家庭美德等的建设必然需要落脚于个人品德养成。家庭作为家庭生活、职业生活和社会公共生活的三大领域之一，其中，良好家风中蕴含并承载着各类道德规范，可以在润物无声中作用于个人品德的养成。家风建设与个人品德养成又具有内在的契合性，在良好的家风形成之前，也就是说，在家风建设过程中便在潜移默化地实现着个人品德的养成。

鉴于此，我们有必要审视历史、探讨理论、落脚现实，基于个人品德养成的目的，批判借鉴中华传统家风建设中养成个人品德的经验教训，

---

① 路丙辉：《热议“家风”现象的伦理审思》，《道德与文明》2014 年第 6 期。

探究和解析传统家风建设过程中采取什么样的道德规范、通过哪些途径、凭借何种手段、以什么样的活动方式展开等来养成个人品德，力争实现传统文化的现代转化，从而应用于新时代家风建设及其品德养成教育。同时，借助相关理论和方法，站在当下的时空境遇分析当代家风建设与个人品德养成的关系，从理论层面探讨家风建设中养成个人品德何以可能，以及家风建设中养成个人品德的理论依据。在此基础上结合现实分析当代家风建设中养成个人品德的必要性、机遇和挑战，从中提出相关对策方法。研究中，争取实现中华传统家文化的创造性转化和创新性发展，加强当代中国家风建设，致力品德养成教育，进而充分发挥家风的良好功效，实现家风、政风、社风等的良性互动，共同作用于个体品德养成、家庭文明新风尚的构建、和谐社会的构筑，也为实现中华民族伟大复兴的“中国梦”奠定精神基础。

二　研究意义

自古以来，我们每一个个体都向往和谐、美好的生活，并孜孜以求、砥砺前行。同样，社会和谐、国家富强、民族复兴也是新时代党和国家不懈追求的目标。家庭是社会的有机组成部分，家庭和睦为社会和谐与中华民族的伟大复兴奠定了基础。当然，现实的人是构成家庭、社会和国家的基础，其中，具备优良品德的人是实现家庭和睦、社会和谐以及国家富强的重要保障。因此，着眼家风建设视域，研究个人品德养成，具有重要的理论和现实意义。

（一）理论意义

自古以来，中华民族注重幼儿的启蒙和品德养成教育，普遍强调家训、家规，重视家风的建设，遵循“修身”“齐家”“治国”“平天下”的逻辑理念，如此的家文化构成了中华民族传统文化的重要组成部分。关于家风建设过程中个人品德养成的研究，批判借鉴历史上的思想家、教育家们所提出和提倡的道德规范和价值原则是怎样在家风建设过程中内化为个体的道德品质和行为准则的，家风的“风化”功能是如何发挥的，以及家风建设中为什么能养成个人品德、又怎样通过家风建设来实现个人品德养成等，是十分重要的学理问题。

研究过程中，立足现实，以史为鉴，面向未来，可以实现创新性发展和创造性转化中华优秀传统文化，同时丰富思想政治教育理论和方法，探究“成风化人”的理路。一方面，丰富和充实思想政治教育理论和方法。“家庭”是思想政治教育的“微场域”。探究家风建设中品德养成教育，明确主体、客体、介体和环体的联动与优化，既可以借鉴思想政治教育理论，又可以从中实现伦理学、社会学、心理学甚至是人类学等不同学科之间的交叉借鉴，进而利于思想政治教育理论和方法的丰富和深化。另一方面，社会主义核心价值观，涉及个人、社会、国家三个层面、24 个字，其中个人层面的“爱国”“敬业”“诚信”“友善”理念和要求与个人品德养成及家风建设有内在关联性。相关研究既可以深化和拓展社会主义核心价值观的相关理念和要求，又可以为个人品德养成和家风建设提供相关理论指导和借鉴。同样，家风及其建设可以简单地理解为家文化的范畴。由此，所谓文以化人，家风对家庭、家族成员个人品德的熏陶、化育以及调节等作用的发挥，有自身的理论依据。进行相关研究，能够从理论层面剖析家风的功能以及作用的发挥，回答和解决好社会公德、职业道德以及家庭美德等是怎样在家风建设中内化为个体的道德准则和内在品性，又是怎样外化于家庭、学校以及社会生活的各方面的。此外，家风与校风、政风以及社风等在一定程度上有“质”的相似性。致力于家风建设中个人品德养成的研究，可以将相关研究成果应用于校风、政风建设等的研究，甚至可以借鉴研究成果，从学理上分析社会风气是怎样影响个人品德养成的，什么样的社会风气利于个人品德的养成，以及如何在社会风气的构筑中养成个人品德等，都具有重要的理论价值。

（二）现实意义

众所周知，任何理论和思想的价值，都必须以回答和解决人类所面临的时代问题为标准。重家教、端蒙养是中华民族的优良传统，肩负着“打胚模”的基础任务。中国古人之所以重视家庭教育，强调家训、家风，正是从无数的经验教训中总结出的重要思想道德教育规律。回顾历史，有相当一部分著名的思想家、政治家、教育家以及文学家等，都身处具有优良家风的家族，并深受家风的熏陶。当今，中国处于中国特色社会主义建设新时代，研究在家风建设中养成个人品德，可以在立足当下时空境遇的前提下，吸取传统家文化中涉及修身、为人、治学以及齐家等方面的优秀成果，进而培养时代新人、构建和谐家庭。

当然，培育和践行社会主义核心价值观，加强和改进思想道德教育，实质就是要做好公民个体品德的养成教育。如何将核心价值观内化为个人品德，是一个必须解决的现实课题。由此，进行相关研究，既有历史价值，又有现实意义。一方面，借助社会主义核心价值观丰富家庭建设，探讨家风建设及其追求品德养成教育，可以实现核心价值观渗透在家庭生活的方方面面，且作用于个人品德的养成。另一方面，随着时代的发展、社会的进步，一个理想化的社会状态，是在物质文明提升的同时，精神文明水平也要与之相应提升。家风建设及其良好家风的形成是社会精神文明建设及其社会文明水平的直接体现，而且我们倡导新时代家风建设必然利于社会精神文明水平的提高。因为良好的家风建设可以实现个人品德的养成，进而促进家庭成员之间的彼此带动、互相影响，形成良好的家庭美德，这也有助于社会公德和职业道德的建设。此外，公民个人品德的提升，又有助于有效解决道德失范、信仰缺失以及贪污腐败等社会问题，进而可以从现实上实现家风、政风、党风的良性互动，共同构筑良好社会道德风尚。良好社会风尚的形成也是实现中华民族伟大复兴之“中国梦”的坚实基础。

第二节　研究思路与方法

一　关于几个问题的探讨

家风是在“家”的场域中的概念，因此，在界定家风之前，需要明确何谓“家”“家庭”等，清晰家风存在的场域。同样，本书最终要落脚于“当代中国”，这其中具有两个限定词，其一是“当代”，其二是“中国”。“当代”是个时间概念，是相对于“过去”而言，而“中国”是个地域概念，相对于“他国”而言。由于时空、国别文化的差异，古今、中西之“家”亦存在差异。由此，基于研究需要，我们需要辨别古今、中西之家的异同，便于突出当代中国之家的现状，进而有针对性分析当代中国家风建设及品德养成教育。

（一）“家”的基本界定

家庭，是社会的细胞，构成社会的基本单位。关于“家”“家庭”的认识是一个不断深入的过程。在中国汉语言文字中，“家”是一个象形会意字。从甲骨文[illegible]，金文[illegible]，小篆[illegible]的字形上看，上面是“宀”，下面是“豕”。《说文解字》中提及，居也。从宀，豭省声。“家”，简单理解为房屋内有物。可见，“家”的本义是“屋内、住所”的意思。基于“家”的基本认识，后来出现“家庭”一词，其基本含义是指一家之内。马克思和恩格斯认为在家庭之中人除了自身生命的生产外，开始生产其他生命，涉及“夫妻之间的关系，父母和子女之间的关系”。同样，费孝通认为，家庭是父母子女形成的团体。可见，此时人们对家庭的认识，不再局限在一家之内的场域性界定，开始由外到内、由浅入深的探索，逐步涉及家庭场域内部构成要素，其中最初的关注点便是家庭成员及其家庭成员关系。后来，人们对家庭的界定和探索进一步深入，逐渐开始思考类似“家庭是干什么的?”“家庭内部构成要素都有什么?”“家庭如何与其他群体相联系?”“家庭在社会中的地位”，等等。如此的疑问引导人们逐步开始家庭的构成、功能、地位等问题的探讨，这些探讨也为我们界定家庭以及家风研究奠定理论基础。

可见家庭具有一家之内的意思，这从中也勾画出“家庭边界”①。由此，我们来探索家庭的构成，可以考虑在“家庭边界”之内。一般来讲，家庭主要由家庭成员及其关系、家庭结构、家庭制度、家庭环境等构成。了解家庭的构成，可以为家风的探究奠定基础。所谓家庭关系，主要是基于婚姻、血缘或者法律而形成的一定范围（主要是指“家庭边界”内）的亲属之间的权利和义务以及相处关系。譬如，夫妻关系、亲子关系、兄弟姐妹关系以及其他家庭成员之间的关系。家庭结构，简单理解为家庭的构成模式，其主要涉及家庭成员的多少、角色、地位关系以及组织模式等。譬如，按家庭规模可以将家庭划分为“大家庭”和“小家庭”，或者是家庭和家族之分。从广义上来讲，家庭制度主要是指“被一定社会所公认并被人们普遍遵循的婚姻家庭关系的规范体系”②；从狭义上来

① 所谓“家庭边界”，是指一种将家庭内部的人与家庭外部的人相分离的“屏障”。当然，家庭屏障分有形的和无形的，有形的“家庭边界”，也就是“一屋之内”，家与家之间的隔段；而无形的“家庭边界”主要是指，不同家庭人员之间的无形距离感。

② 朱强：《家庭社会学》，华中科技大学出版社2015年版，第40页。

讲，家庭制度主要是指家庭内部各自制定的，不具有法律效力，但具有道德约束等的制度规范。家庭环境，既可以指家庭生态环境，也可以指家庭总体风气。从社会构成来看，作为社会重要子系统的家庭，不仅构成社会的基本组织形式，而且成为承担社会基本功能的单位。因此，家庭不仅能够满足个人的需要，而且能满足社会的需要，即家庭对于人类的功用和效能。威廉·F. 奥伯格在《变迁中的家庭》中归纳了家庭履行着在生物、心理、经济、政治、教育、娱乐休息以及宗教等方面功能。简单来讲，家庭主要具备生产、抚养、赡养、教育、情感慰藉等功能。当然，在任何社会，家庭并不是孤立存在的，必须从社会中的其他群体、组织来获得支持和资源，亦可理解为家庭与整个社会密切相关。总之，家庭乃社会的缩影，是社会的基本构成，是最早的社会关系和社会组织。同时，家庭的存在与发展又离不开社会的支持。

基于上述分析，我们尝试界定家庭。所谓家庭，是指在一定边界内，基于婚姻关系、血缘关系、收养关系或特殊性的仪式性关系基础上产生的，具有相应规模、结构、制度，并承担个体与社会功能，且具有自然属性和社会属性的社会生活单位。其中，家庭又有“个体小家庭”和“母体大家庭”两层含义。“个体小家庭”，是指以婚姻为基础的由血亲和姻亲关系组成的同居共财的社会共同体；“母体大家庭”，是指直系血亲（一般在三代血亲之内）大家庭分裂为若干个小家庭后的总和，也就是所谓的“家族”。[①] 本书主旨是在家风建设过程中来探究个人品德养成问题。我们的研究对象是在“母体大家庭”（家族）范围内，以“个体小家庭”为切入点，充分考虑家族之内个体小家庭之间的关系及其影响，按照“点—线—面”的思路，进行相关研究。我们在具体的研究中，将家庭视为血缘、亲缘或者是地缘的共同体，同时也视为经济、文化，甚至是政治的社会组织。此外，家庭、家族可以延伸至国家，而且国家之内也有国家边界、国家成员、人际关系、国家功能，以及相应的国家文化等。同样，国家也有相应的社会风气，甚至可以上升一个层面，即国家形象、国家精神、国家软实力等。此处不是本书的主要研究范围，不过在研究中也会做点滴思考，尝试由家风联想、上升至国风。

---

① 王利华:《中国家庭史》(第1卷)，人民出版社2013年版，第3页。

（二）古今之家的差异

家庭并非从天而降的神秘物，它是具体的、历史的统一，是时代的产物、社会进步的结果。家庭与所处时代的社会政治、经济、文化以及生态环境等密切相关。由此，随着时代的发展、社会的进步，古今之“家”所处的社会背景发生变化，“家”在某种程度上也随之发生变化。一般而言，家庭经历了从“血缘家庭”到“一夫一妻制”家庭的演变。正如摩尔根所言，随着社会的发展，家庭处于由低向高的阶段和形态演变。随之，从古至今的家庭形态、结构、功能以及关系等都处于变化之中。古代的“家”主要有“家庭”和“家族”以及“宗族”等多层意思。现代意义上的“家”主要是指“家庭”和“家族”，存在核心家庭、主干家庭、联合家庭等家庭模式。当今家庭出现家庭结构趋小、家庭关系平等、家庭功能多元等变化。可见，古代的“家”经过岁月的洗涤，已经发生了变化。同时，由于中国历史传统的绵延不断、源远流长，古今的“家”又有很多共通、相融的元素。理解和把握家庭的演变发展史，区分古今家庭的异同，可以让我们很好地理解当代家庭和家风建设以及从中的品德养成教育。

（三）中西之家的对比

随着社会的发展和研究的深入，中西方的概念已经不是一个单纯的地理概念，而是一个大文化的概念。中国和西方的差异不仅反映了地理位置和环境上的差异，更重要的是反映了经济、政治、文化、社会等方面的差异。家庭是一种普遍的社会组织形式。显然，家庭作为社会的细胞，与社会之间存在相互联系、彼此作用的关系，而且家庭必然受到所处社会方方面面的影响。因此，在分析中西方家庭异同之前，有必要简单了解一下中西方社会相关方面的差异。这体现为自然地理环境的封闭与开放、男耕女织的自然经济与发达的商业经济、政治结构上的家国同构与家国分离、价值导向上的群体本位与个体本位。譬如，家国同构与家国分离的社会结构。梁启超曾指出，家族作为构成中国的基本单位，可谓“家齐而后国治”①。在封闭的地理环境里和自给自足的小农经济的基础上，传统的中国不仅其基层组织是宗族、家族等血缘组织，而且整

① 梁启超：《梁启超游记》，东方出版社 2006 年版，第 430 页。

个社会结构也深深打下了血缘关系的烙印。在中国的宗法制度中存在着森严的尊卑长幼等级。每个人的权利义务都是按照等级划分，专制制度与宗法制度互为表里。在西方，以血缘亲族关系为纽带的社会基础组织很早就被打破，自公元前5世纪的梭伦变法，家国合一的社会组织逐渐被古希腊的城邦民主政治所替代。

（四）古今中西之家比较的思考

基于古今、中西之家的对比，结合研究需要，我们可以得出几点启示：其一，中华民族传统家文化源远流长、博大精深。虽然说古今之家存在着区别，但是，家的各种元素依然存在，具有传承性。由此，我们必然需要批判借鉴传统家风建设及品德养成教育，这也是当今追求家风建成、实现品德养成的重要历史资源；其二，自古以来，我们便有“家本位”的传统。与之相应，集体主义价值观是我们的优良传统。我们可以将这种集体主义价值观发扬光大，由“家庭”“家族”上升至“国家”，进而由研究“家风”拓展至“国风”；其三，当今的家庭已经不是传统意义上的“封闭式”家庭，当今家庭与社会的关系更为密切。由此，不论是当代家风建设，还是从中探究品德养成教育，我们都要结合家庭与社会、国家的关系，从“社会支持”“国家辅助”等角度来探讨问题。此外，虽然古今、中西之家存在异同，而如今处于经济全球化时代，研究中我们是否可以考虑树立国际视野，辩证审视、批判借鉴国外家庭建设以及品德养成教育的先进经验等，这些都是可以考虑的问题。

二 研究的基本思路

本书主要采取“历史—理论—现实—对策”的研究思路，如图0—1所示，紧紧围绕“外部支持”—“社会普遍道德规范”—“家风建设”—“个人品德养成”的关系，进行相关分析和研究。历史篇提供传统经验借鉴、理论篇保障理论支撑，现实篇分析时代境遇，最终致力于个人品德养成对策。

其一，历史篇。自古以来，中华民族重视品德、亲情、家庭，也存在关于家风的论述、探究、构建等思想，挖掘、选取中国传统社会家风建设的论述、案例等，提炼传统家风建设中在个人品德养成方面的精华。基于此，该部分探寻传统家风建设中个人品德养成的元素，从中探讨传统社会为什么注重家风建设，怎么样通过家风建设进行个人品德的养成，以及家风建设中养成个人品德的道德规范是什么等。此外，在对家风建设中养成个人品德的历史回顾中，可以借鉴相关内容、原则、方法等，并进行辩证思考，实现传统“家”文化的创造性转化和创新性发展。

其二，理论篇。家风是家庭内的人物在各方面表现出的态度、规范和作风。在家庭场域中的家风由哪几部分构成、为什么能够发挥养成个人品德的功能，以及怎样能够更好地发挥应有的功效等问题，可以上升到理论层面。在研究过程中基于家风建设与个人品德养成在结构目标、规律、内容以及载体等方面的内在契合性，分析个人品德养成与家风建设的育德机理，借鉴思想政治教育学、伦理学、教育学、心理学、社会学以及人类学等理论和方法，即从理论层面分析家风建设中养成个人品德的可能性和有效性。

其三，现实篇。时代的呼唤使得问题的研究成为必要，且历史和理论的价值也在于服务于当下的现实。现实篇主要结合时代背景，对比分析古今家风建设所处的时空境遇，基于家庭、家训以及家风的变迁，分析当前家庭、家教和家风现状、问题等，分析当代家风建设中养成个人品德的时代需要、现实意义，明确“为什么”要进行家风建设及品德养成教育，从中分析当代家风建设中养成个人品德的机遇和挑战。

其四，对策篇。基于传统家风建设中养成个人品德的经验，家风建设中养成个人品德的理论支撑，以及当代家风建设中养成个人品德的现实境遇，提出当代家风建设中养成个人品德的具体对策。研究中，联系历史篇和理论篇，借助历史篇的经验教训和理论篇的理论支撑，从社会支持与家庭自身两个角度，提出当代中国家风建设中养成个人品德的具体对策。

三　研究的主要内容

基于“历史—理论—现实”的研究思路，本书将历史借鉴、理论支撑穿插在相关章节中，立足当下时空，分析家风建设，致力于个人品德养成，主要分为如下几个部分：

绪论。此部分主要谈及选题缘起、研究意义、相关问题的辨析、研究思路与主要内容以及研究的方法和重难点、创新点等。

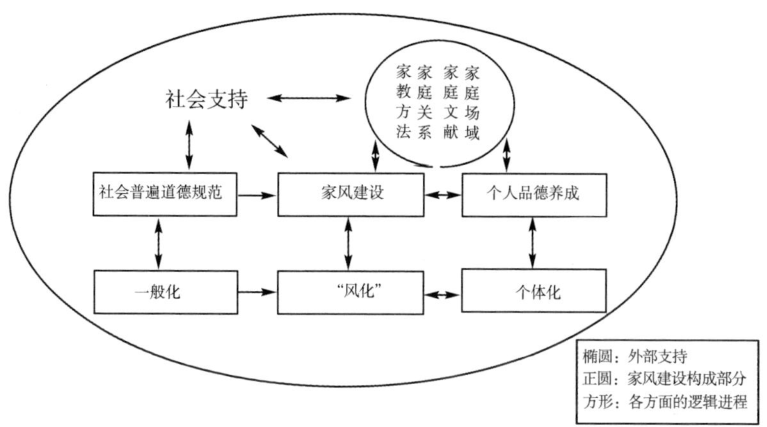

图0—1　外部支持、社会道德规范、家风建设、个人品德养成逻辑关系

第一章，家风建设与个人品德养成的关系。此部分主要探究家风与个人品德“是什么”的问题，包括家风的内涵、外延、特点、流变以及构成；个人品德的内涵、构成、层次。尤其明确相对于学校和社会，家庭在品德养成教育一方面的突出地位和特殊优势。关于家风的内涵与外延以及特征的研究，涉及家庭、家风以及家教的关系，便于在研究中明确区分各个概念，并充分利用其之间的关系。当然，本章关键在于探究家风建设与个人品德养成教育两者的契合性，尤其是在结构目标、内容、规律和载体方面的契合性等，明确家风建设与个人品德养成并非先后继起关系，而是在潜移默化中彼此作用、互促共进的。

第二章，历史借鉴：家风建设中养成个人品德的历史资源。中华民族自古以来重视家风建设和个人品德养成教育，注重在家庭、家族中借助家风来养成个人品德。此部分关于中国传统家风建设中养成个人品德的历史审视，充分认识传统社会是如何在家风建设中养成个人品德的，坚持“扬弃”的原则，批判借鉴传统家风建设的伦理秩序、总结提炼个人品德养成的道德规范及现代转化，深入分析传统家风建设中养成个人品德的特点、路径与方法等，并“去粗取精、去伪存真”，从中提炼出相关经验教训等，思考并应用于当今家风建设及品德养成教育。

第三章，理论探讨：家风建设中养成个人品德的理论支撑。先前章节在具体层面分析两者契合性，本章进一步升华，上升到理论层面分析

“何以能”以及如何更好地“能”的问题。此部分先分析个人品德养成和家风建设的育德机理及其影响品德养成教育的内外因素，紧接着借助场域理论、社会文化理论、符号互动论、结构功能论等可能性和应用性理论基础，探究家风建设中养成个人品德的理论依据。同时，借助马克思主义基本原理、思想政治教育理论以及社会主义核心价值观来作为理论借鉴，充分解析家风建设中何以可能实现以及如何更好地实现个人品德养成。

第四章，现实分析：家风建设中养成个人品德的现实分析。本书在历史借鉴和理论依据的基础上，分析当代家风建设中养成个人品德的现实境遇。此部分主要结合时代背景，对比分析古今家风建设所处的时空境遇，基于当代家风建设的现状、问题，从个人、社会和国家多个层面分析当代家风建设中养成个人品德的时代需要，从中分析当代家风建设中养成个人品德的机遇和挑战。譬如，当今经济社会的发展、国家开始重视家风建设以及网络媒体技术的进步等都为家风建设中养成个人品德带来机遇。当然，类似家庭结构趋小、亲情关系淡化以及家校德育责任不清等，也为当代家风建设中养成个人品德带来挑战。

第五章，对策篇：当代中国家风建设中养成个人品德的对策。此部分主要结合前面章节在历史—理论—现实层面的阐释，依据社会、家庭（含家风建设）、品德养成三者环环相扣、彼此作用、相互交叉的关系，从外部支持和内部分析两个层面，探究品德养成对策。一方面，从国家支持、学校配合以及媒体力量等方面来研究，力争为当代家风建设营造良好的外部条件。另一方面，根据家风的构成，结合个人品德养成，着力家庭，进行深度剖析，从稳固家庭场域、协调家庭关系、重塑家训家规以及优化家教方法机制等方面着手，实现个人品德的养成。

四 研究的主要方法

（一）文献研究法

本书涉及个人品德的养成，需要查阅分析大量有关伦理学、心理学以及教育学等学科中个人品德及养成的文献资料，从中探究原则性、规律性以及科学性的理论和方法。历史篇是在对传统家风建设中养成个人品德进行历史追溯的基础上，从中挖掘当代中国家风建设中养成个人品德的历史资源，主要是查阅学术界已有的文献资料，梳理和总结国内外学术界关于家风建设的研究文献，并对其进行借鉴和分析。同时，家训、家规、家书等是回顾传统家风建设的有效素材，在研究中有针对性寻找具有典型家风、家训的文本资料和典型个案。通过对相关文本的深入研究，探究古代社会为什么重视家风建设，如何运用家训、家规以及家教等来建设家风，尤其着重提炼个人品德养成教育的元素，从中总结、提炼富有借鉴意义的理念、内容以及方法等。

（二）逻辑与历史相统一的方法

马克思认为，思想进程总是从历史开始的地方开启。这也反映了逻辑与历史相统一的重要研究方法。借助辩证的逻辑思维，将逻辑推演和人类认识世界和改造世界的历史相统一是该方法的一个重要表现形式。可见，历史乃逻辑的客观来源和依据，逻辑又要以历史为原型和准则。自古以来，中华民族就重视个人品德养成，注重家庭、重视家教。历代家庭有各式各样的家训、家规、家书等，其中蕴含着大量的个人品德及养成意蕴，也为家风建设的研究提供丰富有效的史料。显然，逻辑反映历史又高于历史，只有升华至逻辑高度才能把握历史的真谛。研究中运用逻辑与历史相统一的方法，以传统家风建设中个人品德养成为参照，进行概括、判断和推理，从中总结凝练出精华，应用于当代中国家风建设中个人品德的养成。

（三）个案访谈法

尽管经历变迁，当今中国的一些家庭中仍存留着并传承着历代家训、家规，保持着优良的家风。本书依据制定的访谈提纲，择选传统家训、家规、家书等保存相对完整的家庭，或区域公认的具备良好家风的典型家庭进行个案访谈，以口头语言为中介同被调查者进行面对面的交谈和互动，探究此类家庭为什么能够传承或建设良好家风，传承或建设了什么样的家风以及如何在家风建设中对家庭成员进行品德养成，等等。个案访谈同问卷调查法相比，具有调查的回答率较高、调查资料的质量较好和调查对象的典型性等优点。通过个案访谈，遵循从特殊到普遍的原则，从中总结普遍性规律，实现个案家风建设中养成个人品德的大众化。

第三节 研究的重难点与创新点

一 研究重、难点

本书按照历史—理论—现实的研究思路，基于个人品德养成目的，对传统家风建设中养成个人品德历史进行回顾和总结，从中提炼经验和精华。以此为基础，立足现实，借助相关理论和方法，最终落脚在当代家风建设中个人品德的养成。

研究的重点在于，找准家风建设与个人品德养成的关系，并立足当下时空，提出当代中国家风建设中养成个人品德的对策。研究的难点在于：其一，如何准确把握、提炼传统家风建设中的个人品德养成元素；其二，如何能够准确分析当前中国家风建设的现状以及家风养成个人品德的现状等。

二 研究创新点

本书的亮点有几个方面：其一，本书运用历史—理论—现实的研究思路，史论结合、理论与现实结合，使研究显得充分、饱满。在目前国内相关的研究中，一方面从历史角度进行考察，更多的是局限于历代家风或者不同家风的梳理、罗列，缺乏“论”的色彩；另一方面从理论角度，更多地涉及“是什么”的研究，但是从“为什么”和“怎么办”角度研究不够。本书从理论与方法层面将个人品德养成与家风建设结合，既从学理上界定家风，又从多角度分析家风“何以存在”“怎样存在”“如何奏效”等。譬如，家风为什么对个人品德养成如此重要、为什么在家风建设中能够实现个人品德的养成、怎么样才能更好地实现家风的个人品德养成功效等，可以使得家风建设中养成个人品德有理、有据、有对策。其二，研究家风建设中的个人品德养成，一方面，找到家风建设的着力点和落脚点，即个人品德的养成。目前部分学者研究家风或个人品德养成教育，但将两者结合起来研究的不多，而且单纯谈什么是家风、家风的重要性、家风建设的必要性等似乎显得相对苍白，而从“人”的视角，落脚于品德养成，会使研究有方向、有目标。同时，从“外在保障”与“内在举措”两个层面，追求“内外兼修”作用于品德养成，有一定的新意。另一方面，从家风建设动态性、过程论来研究个人品德养成问题，能够借助家风建设的方方面面来养成个人品德，同时实现个人品德养成渗透在家风建设的方方面面，实现两者的互促共进，进而彰显实践理路和现实意义。其三，研究中从学理层面界定“家风”，从文化层面剖析“家风”，探究了“家风”的三维层面，并从文化哲学或者说生活哲学的视角，力争以家庭为基本场域，借助哲学范式，研究家风文化的本质、特征及其发展规律。尤其是探讨家风对“人”的意义和价值，进而从“家庭”上升至“国家”、由“家风”升华至“国风”，寻求“质”的内在规定性和规律性，尝试从“主体”“客体”“介体”以及“环体”等方面探究“家哲学”模式。

第一章

家风建设与个人品德养成的关系

自古以来，家庭是社会的细胞。随着时代的发展、社会的进步，家庭的构成、地位、作用和功能必然发生着变化。但是，随着社会的发展进步，我们更需要赋予家庭这个社会细胞以新的角色和活力。同时，在社会物质文明和精神文明双重建设和发展的过程中，更需要家训、家规、家教、家风等“家文化”的传承和更新。中华民族富有“家国情怀”的优良传统，注重家庭、家教、家风。可见，家庭、家教、家风在品德养成方面富有突出地位和独特优势。“国无德不兴，人无德不立。”新时代，我们依然需要追求家庭的稳定、家教的合理以及家风的建设，尤其要注重个人品德的养成，为进一步的“修—齐—治—平”奠定坚实基础。可见，家风建设与实现个人品德养成，具有时代的必然性和现实的合理性。家风建设与个人品德养成并非先后进行，而是协同共进，家风建设过程当中也在潜移默化地实现着个人品德的养成。同时，家风建设与个人品德养成具有同构性、契合性和互促性等关系。

第一节　家风与个人品德的概述

我们知晓，科学研究的种类繁多，其分类是根据研究对象所具有的特殊的矛盾性加以区分的。因此，我们研究事物首先要从研究对象的概念着手。正如黑格尔所言：“真正的思想和科学的洞见”，“只有概念才能产生知识的普遍性”①。由此，我们先来界定家风，必须要明确家风“是什么”的问题。

一　家风的概述

梁启超曾将人类社会历代的“赓续活动”视为现代社会人们活动之“资鉴”，突出了历史或者已有成果的重要性。我们基于学界关于家风的初步认识，主要从家风的概念、特点、基本构成等方面进行阐释。

（一）家风的内涵与外延

简单来讲，家风可以理解为家庭或家族整体风气。《现代汉语词典》中关于家风的解释，侧重于“道德准则和处事方法”。从学理上来讲，家风是家庭内的人物在日常生活实践各方面中所创造、积累并共享的价值观念、道德规范和行为作风。

其中，人物主要是指家庭成员，涉及家庭成员之间形成的亲子、夫妇、兄弟姐妹等关系。家庭成员既是家风的创造者和传播者，同时也深受家风的影响；各方面主要是指读书学习、言语表达、关系处理以及人际交往等为人处事的方方面面；价值观念、思维方式、道德规范和行为作风，分别是指世界观、人生观和价值观等“三观”，各方面的伦理道德规范以及思想、工作、生活等作风。可见，家风体现着家庭生活的各方面，反映着家庭成员的文明程度，集中展现为家庭成员的惯常表现。

从文化层面来理解家风，可以分解为三个层面：其一是表层方面，指家训、家规等看得见、摸得着的家庭制度规范；其二是中层方面，指家庭行为、习惯、作风等；其三是深层方面，指家庭价值观，即家庭成员的共同价值观。家风文化的表层、中层、深层结构互相联系、互相制约，共同构筑、形成家庭总风气——家风。

当然，从广义上来讲，家风既是精神的，又是物质的；既是现存的，又是历史的；既是传统的，又是未来的。若是分析家风的外延，则需要我们拓展视角，延伸“家”的范围，由家庭拓展为国家。家庭、家族和国家，一方面在组织结构方面具有共同性和同构性；另一方面在地位作

---

① ［德］黑格尔：《精神现象学》（上卷），贺麟、王玖兴译，上海人民出版社2013年版，第100页。

用方面具有契合性和关联性。由此可见，若将家风上升到某种高度，可以指国家的风气，也就是国家文化，它是物质、精神、制度以及行为文化等的有机统一体。

（二）家风的特点

家风作为人类文化体系中重要的有机组成部分，可以理解为一种社会“亚文化”①，在一定程度上代表人类在家庭或家族层面的日常生活实践基础上所进行的思想塑造、文化传承、理论创新以及人格培育等的物质与精神文化。家风文化的三个层次，决定家风具有传承性、内隐性、外显性、渐变性等特点。

其一，传承性。斯宾格勒认为，世界历史是从文化的出现开始的，“在最深沉的精神基础上崛起”，民族乃“文化的产物”②。德国学者 C. F. 克莱姆认为文化是由风俗、习惯以及技能等构成，在平时或战时的家庭与公众生活中构成的，其对后世人们产生较大影响。而且，任何社会的发展都必然依赖于历代沉淀、日积月累的基本价值观或者核心价值观。由此可见，不同时代的主流价值观需要代际传承。当然，这种传承正是“基于新一代的现实境遇、成长的满足以及指向未来发展的需要”③。同样，家风作为家庭文化，其最深层次的价值观意蕴亦凸显文化的传承性。我们知晓，家风是历代家庭成员在日常生活中，经过不断反思、择选、提炼、概括形成的。在此期间，年长一代与年轻一代彼此坚守着对家庭、社会以及更高层面文化的责任，在价值引导和价值教化中实现着家风的历代传承，同时实现着对家庭成员的培养和教化，规定着从家庭走出的社会人在走向社会后的正确发展方向。正可谓“家风一经形成便世代相传，承载家庭文化传承及家庭或家族延绵不断的使命”④。因此，良好的

① 一般而言，亚文化乃与主流文化相对应的局部的、次级的副文化。但是，家庭作为社会的基本构成，家庭与社会关系密切，家风文化属于在社会和国家主流文化的背景下，在家庭这个区域中所特有的文化。当然，家风文化必然包含着与主文化相通的元素。良好的家风文化必然是与主流文化，譬如说，与社会主义核心价值观相一致的。这样，才能实现家庭与社会的融合。

② ［德］奥斯瓦尔德·斯宾格勒：《西方的没落》，陕西师范大学出版社 2008 年版，第 245 页。

③ 张进辅：《家庭与人格》，安徽教育出版社 2013 年版，第 23 页。

④ 张红：《社会主义核心价值观培育和践行的试验场：家风家教》，《道德与文明》2015 年第 2 期。

家风在家庭成员中打上烙印，并因其历史的继承而形成自身稳固的逻辑结构，成为规范历代家庭成员、塑造家庭成员人格的因素。

其二，内隐性。追根溯源，家风是家庭父母长辈，甚至是祖辈根据培养子孙后代、实现家庭和睦以及社会稳定发展等要求，按照既定的教育目的设计和组织起来的。这些特点决定了家风的“规范性”因素，而这种规范性往往不是以“外在的”“显性的”“强制性”为特征，而更多是以隐性“元素”存在，但每位家庭成员每时每刻似乎在隐隐约约中都能感受到、接触到，同时，它也可能往往被熟视无睹。但是，无论如何它是一种客观“存在”，以潜在的规范性和无形的支配性，影响与作用着每位家庭成员的知、情、意、信、行等方面。正如巴奇和威廉斯指出，人们的社会生活中有很多地方都是非随意的，而且过后几乎什么都记不起来。这些过程会被周边社会环境自动激活，其触发因素包括他人的言行举止、团体归属以及社会情景的外在作用等。这种无意识的影响“对人们的社会活动产生长期的影响”①。可见，从静态层面来讲，家风属于文化层面的概念，作为一种内隐性的存在，无形地渗透在家庭生活的方方面面。同时，家风自身深处隐含着一定的价值观。从动态层面来讲，家风的内隐性所呈现的内在的“影响力”，涉及对人们的品德、信念、态度等方面的影响。

其三，外显性。家风的外显性是同内隐性相对的，内隐性是内在的、无形的，而外显性是指家风中所承载的内在的、无形的世界观、人生观和价值观都要通过家庭成员的语言、情绪、行动等表现出来。可见，家风作为一种文化氛围弥漫在家庭生活的方方面面，似乎不见，但又随处可见，必然会通过家庭成员的言行举止、家庭成员之间的关系、家训家规等家风载体以及家庭整体风气表现出来。在某种程度上讲，类似外显因素可以理解为该家庭的家风。由此，家庭成员的思想态度、言行举止以及家庭整体精神风貌中必然在某种程度上反映着家风，这体现了家风的外显性。同时，家庭成员在建设家风中还有意识地充当了教育者的身份，彼此互动，使家庭成员不断受到相互的教育影响，而在教育过程中

---

① Bargh J. A. & Williams E. L. ,“The automaticity of social life”, *Current Directions in Psychological Science*, Vol. 15, No. 1, 2006.

所采用的教育理念、教育方法以及教育手段等，正如民主性、专制性、放任型等父母管教方式也都是家风的间接体现。此外，家庭中以不同方式记载或者呈现的家训家规等家庭文化是显性可见的，其中必然承载着该家庭或者家族的家风，即家风指向。例如，体现或者塑造校风的“载体”，正如南开大学张伯苓校长所提倡的体现南开中学校风的有关仪表、仪容、仪态等方面的“告诫牌”①。

其四，渐变性。恩格斯指出：“每一历史时期的……全部上层建筑，归根到底都是应由‘这个基础’来说明的。”② 正如“一定的文化……是一定社会的经济和政治的反映……”③ 某个民族文化的特质，既非绝对先验的产物，也非造物主的赋予，而是在实践基础上，根植于深厚的、富饶的民族土壤而萌芽、形成和发展的。家庭作为社会的细胞，担负着生产、抚育、社会化等职能，这必然要求家庭建设要服从并服务于社会发展、国家建设和人类进步。而且，人们的观点、观念，随着不同社会的生活条件、社会关系等的变化而变化。经济的发展、社会的进步不仅为家风建设提供了现实的可能性，同时，也提出了相应的时代要求。同样，家风作为社会文化的一个重要组成部分，在很大程度上“折射”着社会文化，又是社会文化的“回声”，必然受到社会文化的影响和制约。可见，家风并非一成不变，从外部因素来讲，随着社会的发展，受到经济、政治、文化等因素的作用和影响，在新与旧，激进与保守，传统与现代，国内与国外等各种文化的无形摩擦碰撞中发生着变化。从内部因素来讲，全新家庭的成立，或者是两个家庭的结合，家庭成员身上带附着不同的“家风”，其间多种元素之间碰撞、动流、融合，必然形成新的家风。

---

① 这个地方有个典故：当时，哈佛大学校长伊里奥在参观南开中学时候，向张伯苓请教，问道：能感受到校园里的学生精神抖擞、彬彬有礼、仪容整洁，显示出朝气蓬勃的高昂斗志，这原因何在？张校长带伊里奥校长到校门口处，展示了“告诫牌”和穿衣镜。“告诫牌”：“面必淨、發必理、衣必整、鈕必結；頭容正、肩容平、胸容寬、背容直。氣象：勿傲、勿怠。顏色：宜和、宜靜、宜莊。”这是对学生仪容、仪表、仪态的全面要求，其中承载着南开校风，也体现了校风的“外显性”。

② 《马克思恩格斯全集》（第20卷），人民出版社1971年版，第701页。

③ 《毛泽东选集》（第2卷），人民出版社1991年版，第663页。

（三）家风的基本构成

家风的构成，主要是指家风的构成元素以及各元素之间的关系。基于家风的概念，我们可以了解到家风可谓综合性立体式的概念，必然有其构成要素，譬如主体、对象、场域以及相应的手段、条件。简单而言，首先，家风需要一定的存在场域；其次，家风需要主体及其行为来外显；再次，家风的传承性、渐变性等特点，决定其必然存在相应的载体；最后，家风可视为家庭的价值共识、核心价值观，甚至是共同信仰。[①] 因此，我们从家庭场所、家庭关系、家训家规以及家庭理念四个方面来分析家风的基本构成要素。

其一，家庭场所。我们将社会生活视为人类思想、智慧以及技能的多方面体现。追根溯源，由于个体势单力薄，难以很好地适应自然状况。只有采取群居式的社会生存方式，人类才能应对和适应自然，得以生存和发展，这是家庭场所产生的萌发点。家庭同时也是保证家风存在的基本场域，不同的家庭结构，对家庭成员，尤其是对未成年人产生不同的影响。因为不同的家庭结构，家庭教育的模式也有区别，同时形成不同的家风。由此可见，家庭结构可谓家庭场域存在的整体模式，但学术界对家庭结构的分类尚无统一标准。在社会学的概念体系中，“结构是指赋予社会以一定形态的基本社会关系，它往往表现为社会单元中各行动者所占据的地位或所扮演的角色间互动关系的稳定形态”[②]。通常来讲，按照“家庭代际层次和亲属关系，分为核心家庭、主干家庭、联合家庭、隔代家庭”[③] 以及其他家庭。当今家庭逐渐小型化，但这不影响家风的建设，只要有家庭的存在，有家庭日常生活就有家风建设的可能和必要。此外，家庭日常生活的表现方式一般是通过家庭场域中“闲暇时间”[④] 家庭成员的行为来体现的。由此，家庭场所乃家风的场域元素，从中实现

---

① 王珏：《让“家风”成为一种信仰》，《光明日报》2015 年 4 月 11 日第 9 版。

② 陆学艺：《社会学知识文库 社会学》，知识出版社 1996 年版，第 127 页。

③ 陆士桢、王玥：《青少年社会工作》（第 2 版），社会科学文献出版社 2010 年版，第 109 页。

④ 闲暇时间是指真正意义上的自由时间。一般而言，人们经常去做“能够做”和“想去做”的事，而很少考虑“应该做”的事情。在此也呼吁新时代家风的建设，希望人们将更多的“闲暇时间”投入“应做”之事，譬如，在家风建设过程中追求个体品德的养成。

“闲暇时间”显得尤为重要。

其二，家庭关系。家风在很大程度上是无形的，具有内隐性。因此，家风的优良与否，在很大程度上是由家庭成员的“人格魅力”和“个人实践”[①] 及家庭关系呈现的。人是一种社会性的存在，像马克思所言的“社会关系的总和”，这说明人与社会关系是辩证统一的。家庭成员及其关系是家风的有机构成部分，也是人的存在与发展的初始影响力，甚至是制约力，决定着人的存在状况。而且，家庭关系既是一种具有法律效力的社会关系，也是一种伦理道德成分上的人际关系，具有浓厚的亲情、爱情等感情色彩。基于法律和伦理道德以及情感等多重约束的家庭关系，具有较强的凝聚力，也使得家风建设成为可能。一般而言，家庭关系由人口数量、代际层次和夫妻对数三个基本要素构成。家庭关系受外部社会环境的影响，譬如经济、政治、文化等社会条件，同时也受家庭成员的生理、心理、文化水平、伦理道德等因素影响。这些影响家庭关系的因素，也影响着该家庭的家风。由此可见，优化各种各样的家庭关系，使家庭成员之间处于良性互动、优化共处，成为家风建设的重要方面。

其三，家训家规。基于家风的三个层次，我们了解到家风的较深层次构成即家庭价值观。家风的历代传承需要相应的载体，一方面基于家庭成员历代传承，另一方面是家训、家规等家庭文献的传播。在很大程度上讲，家训家规等家庭文献便是该家庭或家族家风的良好体现。中华传统家训文化源远流长，它是先辈留与后人的为人处世的宝典，也是中国道德文化的重要遗产。据历史考证和专家分析，学界一般将周公告诫子侄周成王的“诰辞”视为家训的发端。从此以后，各类家训不断涌现，实现从帝王家训到平民家训的流传，逐步成为传统文化的重要组成部分。家训文献中的许多治家教子的名言警句，既可以成为治家、治企、治国的良策，也可以成为“修、齐、治、平”的典范。国学宗师钱穆先生以文学作品为例，认为文学作品高超之处就在于其既是作者的“心灵史”，也是作者的“生活史”，实现作品与生活的高度融合。同样，经典家训便具备如此的特点和优势。家训文献当中，最为人称道的名训，如古代的

① 刘东超：《家风：从传统资源到当代建设》，《中国德育》2017 年第 3 期。

《颜氏家训》《了凡家训》以及近代的《曾国藩家书》等，都是传统家风的形象印记和直接体现。虽说中华传统家训是在长期的封建社会中孕育、形成和发展的，不可避免地受到封建等级制度、尊卑观念的制约，但是，传统家训的精华部分是构成家风的关键，仍是新时代家风建设的重要资源。

其四，家庭理念。众所周知，马克思重视文化及其生产自身的独立性与特殊性。历史唯物主义要求将文化置于开放的历史视域中进行辩证考察，文化又是具体地、历史地与社会发展阶段紧密联系在一起。文化的核心在一定程度上可以理解为价值观。家庭理念或者家庭价值观是家风文化的深层次内容，涵盖家庭成员的“三观”，即思维方式、情感态度和行为规范等，其中蕴含孝亲敬长、勤俭节约、清廉自守、邻里团结、忠孝传家等理念和要求。可见，家风所蕴含的理性思维是家风中最基础的元素，具有深刻的力量，不仅能够总结过去，解释当下，而且可以预测未来。它不仅在未成年人的成长中打下深深的烙印，而且影响着每一位家庭成员的思维、情感和行为。同样，家风之所以能够历代传承，正是因为其自身有着独特的情感魅力，涉及个人与社会、利与弊、奉献与索取、真与假等方面的价值判断。譬如，新时代的社会主义核心价值观，既是新时代家风应有的内在构成，也是家风建设的价值指向和题中之义。

（四）家庭·家教·家风关系

习近平总书记关于家庭、家教、家风相关论述，既凸显三者本身的重要性，又隐含着三者彼此的密切关系和逻辑理路。探究三者的关系，可以为进一步研究家风建设与个人品德养成的关系奠定基础，进而为探究家风建设中追求个人品德养成提供相应指导。

简单来讲，可以理解为家庭是“本”，家教为“术”，家风乃“魂”。[①] 其一，家庭为“本”。一方面，“家为本”乃中华民族的文化传统，有着历史渊源和发展历程；另一方面，家庭作为极为普遍但又较为特殊的基础性微型组织，具备组织的结构、性质和功能，承担着抚养、教育以及娱乐等功能，能够保证家教存在和家风构筑的本体“场域”。其

① 栾淳钰、王勤瑶：《家庭·家教·家风关系及启示论》，《贵州社会科学》2016年第6期。

二，家教为“术”。家庭作为“本体”，出于“本体”的稳定和发展，使得家教成为必要，并为家风的形成提供可能。譬如，家庭的存在和发展，以及相应功能的发挥必然离不开相应的“家庭教育”。一般而言，家教更多强调操作性层面的方法、手段等，体现“术”的意蕴，这也就是凸显家教的“术”之位。其三，家风为“魂”。“家教”作为“中介”之“术”贯穿于客观的、本体性存在的家庭之中，从中孕育和呈现出家庭的风范、风尚和作风，形成“共识性的道德观念”[①]，反作用于家教，为家教“铸魂”，同时也为家庭的历代延续“注魂”。

总之，新时代家风建设及品德养成教育，我们有必要在充分认识三者辩证关系的基础上，回归家庭，着力家教，建设家风，力争实现三者的有效互促，进而为个人品德养成教育探“本”、谋“术”、铸“魂”，共筑家庭文明新风尚。

二 个人品德的概述

在人们认识和改造世界的过程中，品德在社会生活的各个领域中发挥着重要作用。我们在家风建设的视域中谈个人品德养成，首先要明确什么是品德，即品德的定义、构成、外现以及培养等问题，这也是新时代重要的研究课题。

（一）个人品德的界定

古今中外关于个人品德的探讨可以从“是什么”“为什么”和“怎么样”来分析。从词源来看，中文的“德”字，从彳从心，也就是说：“彳”视为俩人，可以理解为自我和他人，需要正确对待他人，处理人与人之间的关系；也可以理解为自我和内心，主要是指个体的心理特征，其中寓指心有所得，可谓“德在心中”。后来“彳直”也就演化为“悳”。这与《广雅·释诂》和《释名·释言语》诸书中训“德”为“得”有异曲同工之妙。同样，《说文解字》记载：“德，外得于人，内得于己也。”亚里士多德曾解释德性为：“德性是一种优秀的良好状态：不但自身良好而且具有良好的功能。”按照《现代汉语词典》的解释，品德是品质道德。可见，品德往往与品质、品格、德性、德行等通称，指获得并具备

① 武黎嵩：《家风是传承千年的精神尺度》，《光明日报》2014年2月21日第2版。

了某种“好的东西”，这就是社会普遍道德规范在个体身上的内化与外化。当然，内化与外化表现为一种稳定的、习惯的、恒久的心理状态和外在行为。正如黑格尔所言“一个人做了这样或那样一件合乎伦理的事，还不能就说他是有德的；只有当这种行为成为他性格中的固定要素时，他才可以说是有德的。”[①] 此外，《毛诗·大雅》中记载“天生蒸民，有物有则。民之秉夷，好是懿德”。人之为人，人与动物的根本区别以及人与人之间的差异性，不在于外在的生物肉体层面，而在于内在的精神德性层面。可见，品德的重要性不言而喻，这是为什么要养成个人品德的原因之所在。

关于个人品德的养成，存在“先天说”“后天说”以及“先天 + 后天说”等观点。更确切地讲，“先天 + 后天”的观点更为被学界所认可。一个人的品德，是其先天遗传与后天环境彼此作用的结果。正如亚里士多德所言：“我们的德性……是在我们本性的基础上后天获得并通过习惯而达于完美。”简而概之，品质道德简称品德。个人品德是指个人在社会规范要求影响下，通过群体间和群体内人际关系与处于一定角色地位的个体相互作用，促成个体的需求—动机—行为的良性转化，进而形成个体长期遵守社会道德规范所形成和表现出来的稳定的心理倾向，其是“个体的道德行为需要与为满足这种需要而固有的稳定行为方式的统一体”[②]。

（二）个人品德的结构

个人品德的结构是品德系统中相对独立的系统，往往是多要素的表层系统与深层系统的有机统一。但是，尽管品德系统相对复杂，其主要包括品德的心理结构和动机结构两个子系统。

其一，品德的心理结构。国内外学者关于品德心理结构的阐释，主要有“二分法”“三分法”和“四分法”几种观点。譬如，美国心理学家科尔伯格主要围绕“道德认知”和“道德行为”的“两分法”来研究品德；在心理学史上，提顿斯创始了认识、情感和意志的“三分法”。此种观点在很长一段时间较为流行，并且被学界广泛认可。后来，部分学

---

① 周辅成：《西方伦理学名著选辑》（下卷），商务印书馆 1987 年版，第 428 页。

② 符得团、马建新：《古代家训培育个体品德探微》，中国社会科学 2012 年版，第 26 页。

者又进一步将意志过程细分，划分为意志和行为两种成分，于是出现了知、情、意、行的“四分法”。众所周知，品德不仅有多维层次，而且具有定向、操作、反馈等动态结构。①

基于此，我们采纳“四分法”来认识个人品德，而且个人品德的养成也是知、情、意、行逐步形成的过程。知，即道德认知，指主体对道德行为、道德规范本身及其意义等的认识。首先，主体会对社会上及其周围客观的道德行为产生基本的直接性认识；其次，主体对道德规范本身的认识，譬如社会公德、职业道德、家庭美德等的认识；再次，主体进一步深入认识，对道德规范的价值进行判断，进而认识道德规范制定的目的和意义；最后，主体会对道德规范在个人或者他人的实现问题产生相关认识。情，即道德情感，指主体自发的或者对于道德规范的需求相联系的情感体验。个人道德情感主要分为两大类，一类是人与动物共有的，它不是源于道德的存在而是源于个体内心自然的心理反应，譬如爱人之心、自爱之心、恨人之心、恨己之心等；另一类是人所特有的，它依赖于道德存在而源于希望自己或者他人做好人的道德需要。意，即道德意志，指主体克服困难进行道德修养的内在定力和心理过程。个人道德意志主要包括“采取道德决定”和“执行道德决定”两个阶段。可见，个人道德意志与个人道德情感成正相关。② 行，即道德行为，指在道德认识支配、道德情感作用、道德信念支撑下的各种行动。个人道德行为主要包括道德的习得方法和行为习惯两个成分，其中，道德的习得方法是养成行为习惯的关键。当然，品德的四方面心理结构是相互联系、彼此作用、前后制约的整体。由此可见，我们在家风建设视角下谈品德养成，要注意道德的知、情、意、行，一方面注意四者之间的彼此关联，另一方面要把握四者的各自的阶段性特征。

其二，品德的动机结构。品德是社会普遍道德的个体化，反映着一定历史条件下的某种社会关系，具有显著的社会性，同时也反映了人的社会特质。正如马克思和恩格斯所言：“‘特殊的人格’的本质”的“社

---

① 林崇德：《品德发展心理学》，陕西师范大学出版总社 2014 年版，第 17—18 页。

② 王海明、孙英：《美德伦理学》，北京大学出版社 2011 年版，第 248—249 页。

会特质”①。当然，一定社会条件下的实践活动，促成品德的形成、发展和变化，而这种行为源发点在于动机。从结构成分来看，品德存在深层与表层或者说内部与外在的结构。其中，“道德动机是品德的深层结构，道德行为是品德的外部表现”②。追根溯源，我们继续深挖道德动机，发现“需求”又是引发道德动机的内在根源。正可谓“个性积极性的源泉是各种不同的需要。动机是与满足某些需要有关的活动动力”③。各种动机在品德结构谱系中的层次和作用不一样，有直接或间接、具体或抽象、为己或为他等区别。譬如，章志光先生从“动力源”和“动力场”两个层面来阐释品德的动力系统。

鉴于此，我们可以进一步分析品德的动机结构。简单来讲，由于各种各样需要的源发作用，即品德的意识倾向性，促成道德认识和道德情感的结合与互动，紧接着产生相应的道德行为。在这过程中正是由于需求的多样性造就了不同序列、不同层次、不同水平的动机系统，从而形成“动机场”。“动机场”中的各类动机具有两方面的特点，一方面，各类动机充满着矛盾，这些矛盾正是现实生活中人与人、人与群体以及人与社会关系的反映，而且正是在生成与解决矛盾中才推动着品德结构及其功能水平的提升。由此可见，不论是在家庭、学校，还是社会当中，必然存在着个体与人、群体、社会之间的关联、互动，甚至是矛盾冲突，这也是我们考察品德养成教育需要注意的关键点；另一方面，在众多动机成分中，必有占优势的核心动机，也就是“斗争的获胜者”，而正是这些“胜者”影响着道德认识、情感、行为和一个人品德的形成。可见，在这样的“动力场”中，必然存在积极与消极因素，我们尽可能将利于品德养成教育的积极因素拓展至更大或者是将其作用无限扩大。反之，我们要削减甚至是尽可能消除消极因素。

（三）个人品德的外现

个人品德优良与否，更多的是需要通过个体在社会生活中的言行举止来判断。社会生活基本上可以分为婚姻家庭生活、工作职业生活以及

---

① 《马克思恩格斯全集》（第3卷），人民出版社2002年版，第29页。

② 林崇德：《品德发展心理学》，陕西师范大学出版总社2014年版，第30页。

③ 刘冬梅、孔德英等：《心理学基础与应用》，河北大学出版社2012年版，第127页。

社会公共生活三大领域。[①] 在家风建设过程中，必然需要借助社会普遍道德规范，在潜移默化中作用于个人品德的养成。同样，个人品德养成与否以及养成的程度等，需要通过个体行为在三大领域中的表现来判断，这是品德养成与否的参照之一。

其一，家庭层面。家庭是社会的细胞，家庭的和谐稳定是社会和谐稳定的基础和前提。当然，家庭的和谐稳定，离不开家庭美德的维系。家庭作为人生的第一所学校，个人品德的养成首先是受到家庭美德的滋养。反之，个人品德养成的程度，也会通过个人在家庭中的表现来判断。一般而言，家庭美德的基本规范包括“尊老爱幼、男女平等、夫妻和睦、勤俭持家和邻里团结”。自古以来，中华民族具有父慈子孝的优良传统。作为中华儿女，理应尊老爱幼、孝敬父母，力争做到“孝身”“孝心”和“孝志”的层层递进。婚姻家庭中的男女平等是社会主义国家人人平等原则在家庭生活中的体现，主要表现在家庭成员在人格、权利和义务上的平等。勤俭持家是家庭兴旺的保证，也是社会富足的保证。邻里之间虽然没有血缘关系，但是有很强的地缘关系，邻里之间互谅互让、互帮互助、团结友爱，也是个人品德的体现。

其二，职业层面。每一种职业都存在各种社会关系和利益关系，包括同事之间、职业人员与服务对象，等等。工作中所养成的职业心理、职业责任感以及职业习惯等，都是个人品德的外现形式。当然，所有这一切都会通过职业道德表现出来。职业道德主要包括“爱岗敬业、诚实守信、办事公道、服务群众和奉献社会”。显然，爱岗敬业，主要反映个人对自己岗位的热爱和敬重，呈现一种尽职尽责的道德操守。诚实守信，既是做人的标准，更是对从业者的道德要求。从业者在工作中诚实劳动、合法经营、讲求信誉，都是诚实守信职业道德的体现。当今社会中有各种各样的职业，也有贫富强弱的服务对象，能够实事求是、公道办事、平等待人，都是良好个人品德的体现。此外，个人作为社会中的一份子，能够全心全意服务群众，竭尽全力奉献社会，都是个人品德的外在表现。

其三，社会层面。稳定的社会秩序是良好公共生活的需要和表现，

---

① 《思想道德修养与法律基础》编写组：《思想道德修养与法律基础》，高等教育出版社2018年版，第125页。

也是个人生活的需要。当然，社会公共生活的维系主要通过富有社会公德、维护公共秩序的人来实现。随着经济的发展、社会的进步，当代公共生活具有活动范围逐步拓展、交往对象日趋复杂、活动方式灵活多样等特征。俗话说，“无规矩不成方圆”。个体在社会生活中能否遵守相应的社会公德，是判断个人品德优良与否的重要标志，也是良好个人品德的外现。社会公德涵盖人与人、人与社会、人与自然的关系，主要包括“文明礼貌、助人为乐、爱护公物、保护环境和遵纪守法”等方面。文明礼貌，既是个人的道德修养，也是国家文明程度的体现。助人为乐是中华民族的传统美德。“成人之美”“为善最乐”“博施济众”，是良好品德的体现。此外，遵纪守法是维护公共生活秩序的重要条件，也是合格公民的基本要求。

（四）品德养成的阶段

个人品德并不是个体与生俱来的天赋，往往是人们社会道德实践活动的结果。个体最初的品德形成阶段往往处于家庭之中，即家庭是个体社会化过程的最早阶段。随着年龄的增长，社会化的加深，品德的养成也日渐丰富。简单而言，品德的养成分可为纵向与横向两个阶段：

其一，品德养成的纵向阶段。一般而言，品德养成有三个纵向阶段。第一阶段，完全他律阶段。在此阶段，道德意识的萌发源于外在的恐惧与威慑，因而具有异己性或完全的他律性。譬如，孩提时期，在所处家庭之中的道德体验，通常只是在父母长辈的命令或规则中的简单复制。孩子也只是简单地、机械地、肤浅地遵循这些命令或规则。皮亚杰曾经指出，在稚童眼中，“任何服从于规则或成人的行为都是好的”，反之则是坏的，规则本身“是给定的、现成的和外在于心灵的”①。可见，稚童的道德因式的外在性，和他们与成人的关系有关。在早期的这种关系中，只存在着儿童对成人的单方面的尊重，成人是绝对权威，以自己的意志左右儿童的意志。当然，在这个过程中，存在家风的潜移默化，同时，此阶段的儿童对家风有着感性的认知和体验。第二阶段：移入自律阶段。随着儿童年龄的增长，其生理、心理等方面进一步发展，参与社会活动

---

① 皮亚杰：《儿童的道德判断》，傅统先、陆有铨译，山东教育出版社 1984 年版，第 125 页。

的频率和深度也随之增加。儿童逐步意识到自己与成人之间的角色和关系，萌发一种彼此尊重的意识，逐步意识到要像自己希望受到别人对待的态度那样去对待别人。处在这一阶段的青少年的智力一般发展还不充分，并且十分不稳定，情感常常会凌驾于理智之上，致使完全自律是不可能的，往往是自律与他律的结合。第三阶段：高级自律阶段。从青年后期开始，主体的理性因素提升，自我意识中盲目、主观因素减少，能够从内在的自律去审视自身与外在的关系，既与第一阶段的“外在性”区别，又不同于第二阶段的“肤浅性”[①]，逐步形成高级自律模式。

其二，品德养成的横向过程。心理学家一般比较赞同用价值内化理论来描述品德的形成过程。社会心理学家凯尔曼提出了价值内化的三阶段理论，认为品德的形成过程包括依从、认同与内化三个阶段。第一，依从阶段。一般而言，依从包括“从众”和“服从”[②]。从众对于个体适应社会具有非常重要的意义，在任何一种社会文化背景下，多数人的观念与行为保持一致都是必不可少的。以家庭为例，只有家庭群体中的价值观尽可能达成一致，才能逐步形成一定的伦理道德规范，用来约束群体中每个成员的行为，实现良好的家风。在某种程度上讲，对于个体来说，服从对更好地适应社会具有积极的意义。可以说，依从阶段是品德养成的开端环节。在这个阶段，群体的一致性、群体的规模、群体的凝聚力、个人的地位以及心理特征等都会影响依从的产生。因此，在品德教育过程中，家长与教师都必须注意这些因素的影响，促使孩子、学生更好地依从各种道德规范。第二，认同阶段。与依从相比，认同更深一层，它不受外界压力的盲目控制，开始有自身的判断意识，而且行为具有一定的主动性和稳定性等特点。此阶段，榜样的效力尤为重要，对认同阶段产生不同层次的影响。因此在德育过程中，譬如，新时代家风建设过程中，父母长辈作为教育者的身份在自身树立榜样、介绍社会榜样时应特别加以注意。第三，内化阶段。此阶段，个体的行为具有高度的自觉性和坚定性，同时也可以证明稳定的品德基本形成。内化是品德教

---

① 何建华：《道德选择论》，浙江人民出版社 2000 年版，第 145 页。

② “从众”和“服从”是两个概念。从众，一般是自发地跟随大多数人的行为指向；服从，存在某种外力的作用，而从事某种行为。

育的目标和结果，社会的道德规范只有使个体达到内化的程度，才算在个体中形成。外化是内化的进一步提升，是品德的外现形式。因此，家风建设过程中对个体品德的养成教育不能追求一蹴而就的效果。我们不仅要注意孩子这一群体在品德方面的表面变化，更要注意其内心思想、情感等方面是否发生了变化，以及对家风的认识是否与内在的价值体系相融合等。

第二节　家风的流变与品德养成优势

世界上任何事物的发展变化都有自己的客观规律。事物运动、变化和发展的规律，既取决于它所处的时代环境和所依赖的客观条件，也取决于事物自身的内部矛盾运动。家庭存在于社会之中，作为社会构成的“基本粒子”，其变化和发展也遵循这个规律。正如恩格斯在《家庭、私有制和国家的起源》一书中，运用大量的史料和方法所论证，家庭同私有制和国家一样，具有稳定性和变化性辩证统一的特征，有其产生、变化、发展的过程。因此，我们有必要先简单了解家庭、家风等时代变迁情况，这样才能有针对性的与当今现实层面相衔接。当然，不论家庭、家风如何变迁，家庭依旧承担着“人”的生产和抚育功能，家庭教育对人的成长有着学校教育所没有的特殊地位。家庭教育是启蒙教育、并列教育和终身教育，而且，相对于校风和社会风气，家风富有启蒙性教化、整合性协调、亲密性示范以及优化性创造等特殊优势。

一　家风的时代变迁

自古以来，“家本位”的文化传统在中国社会占据重要地位。家庭是社会的基本细胞，在某种程度上社会肌体的健康、稳定以及发展是由家庭细胞维持和决定的。从这个意义上说，中国家庭与社会的密切关系不容置疑。随着社会的发展与进步，人类社会发生着惊天动地的大变革，作为社会细胞的家庭不可能原原本本保持固有的形态。譬如，家庭经过史前时期的源发，存在血缘家庭、普那路亚家庭、对偶家庭和个体家庭的演变，而个体家庭又经历从一夫多妻家庭到一夫一妻家庭的转变；家庭的结构、规模、功能等也发生着相应的变化。同样，社会的发展、变革，在引起家庭变迁的同时，家风内容、形式、功能和价值也与之发生相应流变。

（一）变迁基础：家的时代变迁

目前，学术界公认的有关家庭起源的说法来自摩尔根的《古代社会》。摩尔根描述人类从蒙昧时代经过野蛮时代，到文明时代的发展过程。基于此，借助亲属制度，探索了人类家庭发展的基本线索。恩格斯借鉴摩尔根的成果，进行了总结和深化，写成了《家庭、私有制和国家的起源》一书，被人们公认为研究家庭起源的经典著作之一。家庭不是从来就有的，它有一个产生和发展的历史过程。大约300万年以前，当时人类的生存能力极其低下，只好结成群体，过着群居的“杂交”生活。正如恩格斯所说，“人类社会曾经存在过一种原始的状态，实行杂乱的性交关系”。这种状态表明，人类最初虽有两性关系，但无婚姻家庭可言。

一般而言，家庭经历了血缘家庭—普那路亚家庭—对偶家庭—个体家庭的演变历程。个体家庭的出现是人类历史上的伟大进步，乃人类文明时代开始的标志，我们也就此将其视为家风萌芽的开始。时代在发展，社会在进步。个体家庭出现以后，仍在随着社会的变化、发展而发生着变革，尤其是当今全球化时代，各国家或地区的经济、政治、文化等各方面联系密切，与之相应，家庭变革乃全球性问题。

关于家庭变革，最先起源于西方发达国家，然后由西方向东方蔓延，20世纪60年代之后波及一切从事现代化建设的国家和民族之中，演变成全球性的家庭巨变。中国的家庭变革就是在这场全球性家庭巨变的高潮中发生的，并成为一个重要的组成部分。针对中国家庭变革而言，现代化过程中的社会转型以及由此引起的社会、经济、政治、文化，人们的生活方式、价值观念、心理状态以及行为方式等各个方面的变化，则是家庭变革的根本动因。总体而言，如果笼统地看家庭的变化，可以分为两个时间节点：从新中国成立之后中国家庭的各方面开始发生变化；改革开放之后，中国家庭发生激荡式的变革。

如果全面审视中国家庭从传统到近现代的过程，由于受深厚的家庭伦理道德和文化底蕴的积淀和影响，在漫长的历史演变过程中，家庭并非是简单的、机械的“大”—“小”或“小”—“大”的变化发展过程，而是呈现出更为多样化、多层面的发展形态。然而，稳定的“差序格局”决定了“中国的家庭形态……具有特殊的伸缩力：它既可以向外扩展为家族、宗族、氏族等更高层次的社会载体，又可以内缩为仅有父母、妻儿的核心家庭或者主干家庭”①。当今家庭的主要趋势是小型化、核心化、多样化。其中，家庭观念、家庭关系、家庭结构、家庭功能以及家庭生活方式等都发生了相应的变化。譬如，家庭观念日益多元、家庭关系日趋平等、家庭结构多维变动以及家庭功能日益多样化等。家庭的模式在社会上呈现出日趋变化的形态，但是在可预见的时期内，家庭以某种模式长期稳定，从结构论层面来讲，家庭作为社会结构的重要组成部分，其基础性作用没有改变，家庭仍为社会的细胞，发挥着举足轻重的作用。

（二）变迁内容：家风的变化发展

家风的建设是在处于一定社会背景之下的家庭场域中进行的，同样，家风作为一种文化形态，也是历史现象，具有历史与现实的同一性。由此可见，由于家风建设的外在条件、社会背景的变化，家庭要与社会相结合，由此家风建设的内涵、目标及功能都会与之发生相应的变化。显然，在当前时期，形成传统家风或者说赖以存在的社会条件发生了翻天覆地的变化，要吸收借鉴传统家风建设的优秀经验，建设新时代家风，从中促成个人品德的养成，必须立足当下，回顾并分析家风的变化发展。其中必然需要了解家训的变化发展，且要赋予其新的时代内涵。因为家训是随着家庭的产生而出现的重要教育形式，也是家风优良与否的重要体现，更是家风建设的重要层面。因此，以家训为视角，了解家训、家风的时代流变，也是必要的。

众所周知，家训并非与世俱来，而是时代的产物，并且以家庭的存在为前提和基础，由此，随着时代的发展，家训必然或多或少地发生流变。一般而言，家训具有如下的变迁历程。②

1. 先秦的产生期。先秦乃从远古到公元前 221 年秦始皇统一中国，期间涉及原始公社，父权制家庭出现；夏商周，奴隶制时期；春秋战国奴隶制走向衰落。家训便是在这样的大背景下酝酿形成的，其中从五帝

---

① 田丰：《当代中国家庭生命周期》，社会科学文献出版社 2011 年版，第 7 页。

② 参见徐少锦、陈延斌《中国家训史》，陕西人民出版社 2011 年版。

到西周，可以视为家训的萌芽时期，尤其是五帝的“禅让制”，涵盖了前辈对后辈的教戒，呈现出家训的端倪。当然，此时仅为家训萌芽阶段，直至周初王室的家训才算真正意义上的开始。

2. 两汉三国的定型期。两汉三国时期的社会历史状况可以概括为：西汉的大统一—东汉末年的分裂—三国统一于晋。与之相应，该时期的家庭状况经历了宗族姓家族的衰落到异财别居的小家庭涌现再到合财共居的大家庭出现。三国时期曹操的孙子魏明帝曹睿下令废除“异子之科，使父子无异财”，这也是大家族家庭确立的标志，并成为历代封建统治者所推崇的理想家庭。有文字记载的中国传统家训，主要是大家族家训。两汉三国时期的儒学逐渐占据独尊地位，封建礼教得到重视，家训逐渐相对伦理化、定型化。

3. 两晋至隋唐的成熟期。三国灭亡后，从司马氏建立的西晋王朝到后来割据在南方维持半壁江山的东晋王朝，中国逐步陷入战乱连年不断，政权更替频繁的十六国、南北朝的大分裂时期，后到隋唐才走向统一。该时期，战乱中的官学兴废无时，子弟教育主要由家庭承担，重视对子弟的训诫，重视传家保国，一是为了防范不肖子孙的“悖德”，二是为了传承家业、光宗耀祖，使得家训趋于系统化、理论化，使得中国家训趋于成熟。

4. 宋元的繁荣期。从北宋建立到元朝被朱元璋推翻的四百余年的历史时期，理学兴起、宗族发展，日益完善的儒家纲常伦理思想进一步深入家庭、宗族之中，中国家训的发展进入了一个完善、繁荣时期。

5. 明清的鼎盛到衰落。一般而言，明清可以被视为中国的封建社会由强盛转向衰落的时期。在此时期，产生了大量小家庭，大家庭有的得到强化，有的则急剧衰落，处于现代家庭的“前夜”。与此同时，明初到清代前期，家训出现了空前繁荣，而从清代中期开始，家训又逐步走向衰落。

在传统家训总体上走向没落的同时，家训又在孕育着新的萌芽。随着甲午战争的失败和洋务运动的破产，资产阶级改良派变法维新的呼声愈演愈烈。与之相应，维新派人士突破了传统家训的藩篱，譬如郑观应家训、严复家训、梁启超家训等，进一步拓展洋务派家训，力争在守旧中推陈出新。紧接着，辛亥革命派人物又继续予以丰富和完善，促进了传统家训的近代转型。在新民主主义革命时期、社会主义革命和建设时期，毛泽东、周恩来、朱德以及“延安五老”等老一辈无产阶级革命家特别注重家庭、家教和家风，实现了传统家训的革命性转变，将中国家训的理论与实践推进到新的历史阶段。

家风在形成和流传、价值与功能以及文化内涵三方面都发生着变化。[①] 简单来讲，家风的界定逐步明确化，家风在形式上趋于平民化，家风的内容上逐步多样化，价值上转向世俗化。当然，与之相应的家风建设的原则、方法也不断丰富和发展。此外，传统家风建设的经济基础已经解体，家庭观念、家庭伦理以及家庭文化等，连同个人品德养成都会发生变化，这些都是我们需要考虑的因素。

其一，家风概念出现并逐步明确。先秦作为家训的酝酿产生期，便逐步形成了家、家门、家道等概念。《左转·昭公三年》：“政在家门，民无所依。”《易·家人》：“父父，子子，兄兄，弟弟，夫夫，妇妇，而家道正。”类似语句体现出家门、家道的意蕴。关于家教，主要涉及教授和训导弟子两方面内容。后来，据《后汉书·边让传》记载，蔡邕在举贤之时，“髫龀夙孤，不尽家训”，家训逐步从家教中剥离出来。此时，“宗君合一”“家国同构”，道德修养与家世观念相联结就形成了“家风”，且多有“欲以天下风教是非为己任”者。同时，世代传承、学习的相关学问、技能，又形成了家学。两晋至隋唐时期，家风日渐丰富，成文家法开始出现。该时期，家风被推广使用，譬如，《晋书》称刘智“素贞有兄风”，山简“有父风”，《颜氏家训》的《治家》篇强调了“风化”，也彰显了家风潜移默化的教育功能。可见，家风的重要性被逐渐认可、重视和提倡。基于家风建设的需要，逐步形成具有奖惩作用的成文的或不成文的条目，这就是家法、家规。譬如著名的柳式“家法”，主要涉及社会与家庭的道德规范，效法先辈的准则或礼法。当然，在家风、家法、家规日渐呈现，并受到重视的同时，家训的形式也日渐丰富，并且出现了广泛的新形式，譬如家约、家书、家信等。书信作为传递信息的工具，家书或者

---

① 周春辉：《论家风的文化传承与历史嬗变》，《中州学刊》2014 年第 8 期。

家信逐步被用于在外地做官的父兄教戒家中子弟的家训。类似箴言、歌诀、碑文等形式的家训日渐出现。此外，家训、家规、家风的辐射面随之扩大。随着商品经济的萌芽和发展，社会上逐步兴起“经世致用”的思想，由此，一些读书之人逐步意识到经商也是为官之外的出路。由此，务实经世的色彩体现在家训家风中。譬如，人们受明后期黄宗羲的“工商皆本”的观念、清代“四民皆本”[①] 的观点影响以及《何氏家规》出现的“农工商贾之间，各执一业”等专门的训诫商贾的家训和家风以及家规。

其二，家风在受众上趋于平民化。家训源远流长，最早可追溯到“五帝”时期，在很大程度上家训情况反映家风情况。由此可见，最初的家训或家风建设产生于“帝王家庭”，直至南北朝时期颜之推家族，颜氏家族“世以儒雅为业”，历来有良好的“家学”[②] 传统，正可谓“吾家风教，素为整密”。类似，在帝王家训方面，唐太宗李世民时期，他以史为鉴，在晚年撰写成《帝范》，集中国前代帝王家训之大成，也把帝王家训推到新阶段。此外，两晋至隋唐时期，出于整治和优化女子问题的目的，尤其对女子的训诫更加严厉。该时期，世人撰写了《女孝经》和《女论语》，有较为宽泛的适用面，对上至后妃下至庶妇都有教育意义。与之相应，该时期的“母训”尤为突出。宋元时期，部分仕宦家训涌现。宋代，不少名臣显宦，譬如范仲淹、司马光、苏轼、陆游等，都有自己的传世家训。譬如司马光的《家范》《居家杂仪》乃治家、教子的范本。然而，帝王将相家训家风在与大众生活方式相适应的过程中，显示出一定的“高深性”，不能很好适用于平民百姓，因而人们既敬仰那些所谓的“仁德”精神与人格，又无奈需要应对基本的生存环境。由此，人们逐步提炼出民俗社会实用的，相对理想中和，较为实际的处世标准。宋明儒生分野，社会上存在相当一部分深受所在家风中儒家思想影响的“绅士阶层”，“并行使统治教化职能，成为基层社会的统治支柱，控制着科举制

---

① 广东五华缪氏宗族的家训记载：“士农工商，各居一义。”此处参见《缪氏宗谱·兰陵家训》。

② “家学”是指家族世代相传之学的意思。譬如，家训、家规、家法、家礼等，以及与之形成的家庭或家族的家风。

外的绅士思维与行为准则"[1]。该时期，注重"乡约"文化，讲授、传承、优化"乡约"盛行，同时各家庭、家族重视族谱的续承。此外，"圣谕六言""上谕十六条"等，被以各种各样的形式在全国范围内宣传，逐步在民众中普及，而且成为人民的标准。由此可见，帝王将相的家训家风，经过世家望族的家风传承及其道德教化的宣传普及，逐步完成其普及化和大众化的过程，实现了从"王谢堂前燕"到"寻常百姓家"的转变。

其三，家风的内容逐步丰富化。先秦时期，西周统治者汲取小邦周灭大邦殷的经验教训，注重统治天下的德性与德行，明确了家训的出发点，加强对子弟的"臣德"教育。这使家训初期所涉及的主要内容，便是"成圣成德"的道德教育。其中，周公的贡献最大，他对子、侄、弟的训诫和教导，凸显了"以德育人"的核心，成为中国家训的开创者。此外，孔门家训也是典型代表。孔子以"诗""礼"传家，德教为先，从做人的根本和基础入手，教人向善至圣。当然，"贵族式家庭""依附性家庭"和"自由民家庭"三种形式，可以视为家训的不同家庭场域，必然同时存在君王家风、贵族家风和平民家风三个层面。显然，不同层面的家风，内容有所差异，君王家风主要重视治国方略的传授和君子德行的培养；贵族家风主要是围绕立身处世，涉及学师识礼、敬重尊长、忠于君主等内容；平民家庭主要是鼓励子弟读书习武，逐步求得功名利禄。但是，从总体上来看，家训呈现"重儒"的色彩，其不论是为了"立大功，致大化、振名"[2]，还是"光宗耀祖、不辱家声、存续家族"，都离不开精神的涵养、品格的塑造和气质的培育。譬如，从西汉初《孝经》的问世到东汉班固《白虎通德论》、班昭的《女戒》等著作的出现，证明三纲五常、尚礼崇德、忠贞孝悌等，成为家训的价值导向。可见，宋代以前家训的主要内容是道德教化，很少涉及谋生、实用方面的训诫。自南宋以来，专门论述谋生方面的"治生""制用"家训、财务管理以及居

---

① 杨念群：《儒学地域化的近代形态：三大知识群体互动的比较研究》，生活·读书·新知三联书店1997年版，第74页。

② 《中华大典》工作委员会：《中华大典 哲学典 儒家分典二》，云南教育出版社2007年版，第1596页。

家技巧等家训开始出现，甚至出现医卜、星象、商贾等方面内容。后期的洋务派倡导的“新思想、新观念”也表现在对家人子弟的教导上，带来了一股“新风”，譬如强调读书治学与世事历练，涉及治学、修身、为政，甚至保健、书法等方面内容。家风内容呈现从“涵养精神品格”到“百姓应世术”的趋向。

其四，家风建设原则方法多样化。我们知晓，中国历代家族家庭重视家训，很关键的一点便是立足于良好家风的建设。关于家风的建设涉及主客体、内容以及方法原则等。先秦时期，《易·家人》指出：“家人有严君焉，父母之谓也。”此处便确定了家训的主客体，父母乃家教的主体，虽然未明确家风建设问题，但其中也蕴含家风建设的主客体。此外，先秦时期，还提出了以身作则、慈爱结合等家训原则以及道德教育和法律惩罚相结合的倾向，应用于家风建设。两汉三国时期，家风建设的方法增加了“故事法”，譬如，石奋的“默示自责法”、赵苞母的“亲情感动法”、范冉的“正反典型引导法”、张奂的“回忆对比法”等，为新时代家风建设，尤其为实现品德养成教育提供借鉴。两晋至隋唐时期家训形式有了新进展，譬如盛行的“诗教”“诗训”，运用亲切婉转、朗朗上口的诗句，潜移默化中感染、熏陶子弟。该方式中比较有名的，当属韩愈的诗训，他作了《示儿》和《符读书城南》两首诗对儿子进行教诲。当然，这也促进了家风建设方法的进步，譬如直观形象法、寓事于理法、对比突出法等行之有效的方法逐步出现。宋元时期，不少家训中都高度强调家风建设及其传承的重要性。譬如，类似“切勿坠家风”“勿学轻薄辱我门”[①] 等语句，彰显父母长辈对家风传承的重视，希望家风能够源远流长。当然，该时期的家风建设，强调家长率先垂范、治家公正的要求。虽然在封建礼教的影响下，家庭当中难免具有权威式教育，但是在该时期的家训记载中，许多名人以“礼”治家教子的典范，许多开明家长以身示范、治家公正、遵纪守法，以“御群子弟及家众”[②]。这也是开始强调家长品行的重要性。此外，宋元家训教化的途径有新发展，譬如教化方式上依靠得力有效的立族长、修族谱、建祠堂等途径，尤其是明清到

① 《郑氏规范》。

② 《袁氏世范·睦亲》。

民国，族谱的编修日益普遍。无论是大家贵族，还是平民百姓，族谱的修撰盛行不衰，从精神上和组织上团结民众，进行教化，实现良好家风的历代传承。

二　家风的品德养成优势

苏霍姆林斯基曾提及，“个体属于一定环境，又具有创造力，借助环境之中的个体与个体之间互动所创造的环境，以及个体自发结合而成的集体熏染教育，其教育效果是很微妙的”。一方面，相对于学校教育和社会教育，家庭教育是启蒙教育、并列教育和终身教育，具有突出的地位；另一方面，相对于校风、社会风气，家风就是这样一种很微妙的东西，其由家庭成员在家庭生活的点滴中形成，而又反过来在潜移默化中影响着家庭成员。概而言之，家风在个人品德养成方面具有启蒙性教化、整合性协调、亲密性示范以及优化性创造等特殊优势。

（一）启蒙性教化

据《说苑·指武》记载，“圣人之治天下也，先文德后武力”。古代家训文化博大精深，蕴含丰富的德育元素。历代家训体现理论与现实的结合，既能切合现实需要，又能指向未来发展，可谓立足现实、面向未来，切合个体在胎儿、婴儿、幼儿以及青少年等不同年龄阶段的身心特点和发展需要，实事求是、客观适度地给予引导和教化，进而把社会普遍道德规范内化于人格品质，在此过程中逐步形成家风。同时，家风作为一种家庭文化，发挥着启蒙作用，承载着一定的社会道德规范，对家庭成员，尤其是儿童有着潜移默化的启蒙性教化功能。毋庸置疑，孩子从小汲取日常生活的营养，进而成长进步。但并不是所有的“精神营养”都是“理想的、合理的”①。因此，“必须根据教育目标，创设特别的教育环境”。良好的家风对家庭成员，尤其是未成年人的思想道德、行为规范、学习态度、生活方式等方面起到积极的教化作用。此外，家庭不同于学校和社会，作为人生的第一课堂，父母长辈与儿女子孙之间富有天然的血缘、亲缘色彩。家风的启蒙性教化功能也反映了其“中介”或

---

① ［日］安藤尧雄：《学校管理》，马晓唐、佟顶力译，文化教育出版社 1981 年版，第 103 页。

“折射”作用，它把社会普遍道德规范体现在家庭的方方面面，借助家庭成员之间，譬如晚辈对长辈的模仿、从众；长辈对晚辈的启迪、暗示等心理机制，潜移默化地作用于家庭成员个体，内化为个体人格元素，逐步养成良好的个人品德。

（二）整合性协调

“和”是宇宙中不同的物体共生与交融的状态。“谐”乃自然世界中协调有序的规则。和谐的理念，不仅存在于自然界，同时也存在于社会各界。从哲学意义上讲，和谐状态的实现及维持，离不开所谓的“共识”及“调和”，从中实现对立统一中的“和谐”。众所周知，家风是一种客观的、潜在的、隐形的力量，作为一种“软”约束，起着引导家庭成员言行举止的作用。尤其对未成年人，他们正处于社会化的过程中，特别需要正确的规范和引导。虽然说家风不可触摸、隐性潜在，但是，正是家风的如此特点决定其可以最大限度凝聚家庭成员的思想、兴趣爱好甚至是价值取向，发挥凝聚力效应，使得家庭成员实现自我约束、自我调节，显示了家风所具有的潜在的整合性规范和调节功能。我们知晓，由于家庭成员之间各自的心理、生理、文化、职业、成长环境等方面的差异，即使在最和睦的家庭里，矛盾和分歧也在所难免。家风可以发挥协调作用。譬如，调节家庭关系、缓和家庭矛盾、平衡传统与现代间以及整体与个体的关系等都是家风协调作用的体现。可见，良好的家风能够提供价值共识或者评判标准，来作为协调家庭关系的杠杆，而且家庭所具备的协调功能亦能在潜移默化中作用于家庭的各方面。

（三）亲密性示范

当今，家庭已经不是完全意义上的封闭型场域。家风对家庭成员的规范作用，主要通过三个渠道来实现：第一是“服务与服从社会需要”的原则，家风的建设承载着社会普遍道德规范，对父母长辈在家风建成、传承、创新方面具有指导作用。第二是家风对家庭成员的“三观”所表现出的规范和导向，主要表现在日常生活中的导向作用；第三，父母长辈言行举止对家庭成员的规范和引导。父母生育子女，同时也就自然地成为子女的第一任教育者。从此家庭就成了子女的先天学校，无论愿意与否，孩子都要在潜移默化中接受父母的教育，这种教育的天然性是由血缘决定的。血缘关系像人体内的经脉网络一样，自始至终贯穿于整个家庭教育的各个方面，彰显了家风的示范功能。家风的示范功能主要是家庭中父母长辈对后代及其同辈人员的示范作用，而且这种示范是亲密的、基础性的。可见，子女对家长的依赖，除了血缘依存关系，还有对家长言行举止方面的模仿、尊重、信赖。日常生活中，谁同孩子接触得比较多，孩子就模仿谁。家长与孩子有骨肉之情，富有先天的血液情缘。父母家长的言行举止必然都对孩子的品德的养成及其发展有渗透和导向作用。可见，家长不但是供给儿女吃穿的父母，还是他们人生路上的导师，家长在子女心目中往往是模仿的形象。家风建设旨在营造一个有利于家庭成员健康发展的环境，在家风建设的过程中以及家风的外现中，父母长辈对子孙后代的影响最为深刻，也最为全面。父母长辈隐性的“三观”以及显性的言行举止、起居坐卧等行为方式都会在日常生活的亲密接触中，对子孙后代产生基础性或者是终身性的影响。总之，父母长辈作为榜样，是良好家风的具体体现，从侧面凸显家风强烈、深刻的示范作用。

（四）优化性创造

文化的本质是创造，离开创造不会有文化。人是文化创造活动的主体，离开主体的活动，也不会有文化的创造与更新。当今，全球化时代下，西方拜金主义、享乐主义等不良观念渗透在日常生活的方方面面，显然，家庭环境也必然受到沾染。但是，家风建设作为一种社会文化活动，既需要从优秀传统文化和社会先进文化中汲取积极的、科学的、先进的营养成分，还需要保持警惕，自觉排斥和抵制两类文化中的落后的、消极的因素。当然，家庭场域不是隔离家庭与社会的围墙，实际上也不可能隔离，家庭与社会关系密切，彼此作用，相互影响。而且，家风可以成为一条净化带，社会上的不良风气在经过这样一个净化带后，消极的东西被过滤掉，积极的东西被发扬光大，实现生活志趣由低级向高级、由消极庸俗向积极科学的转变。[①] 而且在这过程中可以结合家庭状况，一方面，创造出富有所在家庭特色的家风文化，另一方面，基于家风文化，培养、创造社会新生力量。正可谓“培养社会的人的一切属性，……把

① 文竹、李静：《浅议个性化教育与校园文化建设》，《课程教育研究》2013 年第 5 期。

他作为尽可能完整的和全面的社会产品生产出来……”①。同时，家风离不开一代又一代人的创新和传承，个体与家风是双向同构的关系，在家风建设和传承中实现着“人格化”“社会化”，同时也伴随着新鲜元素的注入而创新家风。此外，随着全新家庭的成立，家庭承载着不同的家风元素，在交流碰撞过程中，可以实现优势互补，传承和创新家风。

第三节 家风建设与个人品德养成的契合性

一般说来，契合有“投合”“相通”“机缘”等含义，更多的是内在关联性、趋向性，甚至是偶然性。更进一步讲，“契合的实质致力于逐步建立起一种共生共存的发展体”。同样，契合还蕴含不同事物之间关系模式的转变。譬如家风建设与个人品德养成，两者存在“点”层面的契合，逐渐联成“线”，后来形成契合“面”以及契合“域”。一般而言，家风建设与个人品德养成处于家庭场域之中，两者在结构、内容、目标、规律以及载体方面富有契合性。

一 两者具有类似的“主、客、介”结构

从系统论的观点来看，结构是指系统内部各要素按照一定秩序构成的组织形式，涉及构造形式、关系网络和存在方式等。其中，一定秩序的实现和维持，必然是在主体、客体、介体以及环体所组成的立体动态系统中实现的。自古以来，中华民族具有家风建设和个人品德培育的优良传统，两者在基本结构上富有同构性，而且在构成要素和运作方式上富有同构性，譬如两者的基本要素都是主体、客体以及介体等，具体表现为主体和客体按一定方式实现的相互作用的实践活动结构系统。

（一）两者在微观结构上的同构性

关于实践系统的基本要素，哲学界有“三要素”论、“四要素”论和“五要素”论之说。一般而言，实践活动主要有实践的主体、客体和手段

① 《马克思恩格斯文集》（第8卷），人民出版社2009年版，第90页。

三个基本要素构成。实践活动涉及认识和改造世界的活动，是主体对客体的有目的、有意识、有针对性的改造。但是，在实践过程中，主体并不是直接作用于客体，与客体发生这样或那样的关系，而必须借助某种中介或纽带，采取一定的方式才能实现。也就是说，实践中介的地位和作用十分突出，是实践主客体彼此关联、相互作用的纽带和桥梁。当然，只有当三者有机地联系起来，并进入实践活动中并且互相发生一定的作用时，才能构成真正意义上的实践。同样，家风建设与个人品德养成都在家庭场域之中，在两者的实践活动中必然存在主体、客体以及介体等实践活动的构成要素，使得两者的运行和实现成为可能。此外，家风建设与品德养成有着自身的特殊微观结构。我们知晓，两者是在家庭互动中进行的，家庭中的各方面、各层次的互动结构，类似一个“X—Y—Z的三维坐标面”①，每个系统中由紧密联系的、相对独立的子系统组成。在三维系统当中，每一个子系统的变化，直接或间接牵动着其他子系统的变动，对家庭成员造成影响，进而影响着家风的建设和个人品德养成教育。

（二）两者在宏观结构上的同构性

一般而言，根据实践主体的不同，可以把实践划分为个体实践、集团实践和社会实践。家风建设与个人品德养成中也蕴含着三种实践类型。具体而言，个体实践是以个体形式存在的主体有目的、有意识地认识和改造客体，同时在这一过程中，也就是在主客体互动中其自身也得到改造。家风建设与个人品德养成都是个体的实践活动，家庭中的父母长辈作为主体塑造儿女子孙的品德，致力于所处家庭或者家族的家风建设。家风建设与品德养成作为个体实践之所以可能，因为个体的人是处于一定的社会历史条件和社会关系之中。两者的主体在一定条件下主要是父母长辈。父母长辈往往充当着家风建设与个人品德养成设计者、组织者以及主导者的实践主体角色。同样，子孙儿女的积极有效参与、配合，也显示了他们的主体性。集团实践是集团主体有目的地、能动地作用于客体，同时，其自身也得到改造的实践活动。从一定程度上讲，我们可

① 一般而言，X 子系统代表家庭成员；Y 子系统代表个人素养；Z 子系统代表婴幼儿、青少年等不同个体不同成长阶段的家教。

以将家庭理解为某种集团，形成一个趋向于组织目标运动的整体。家庭作为一个集团的实践通常是家庭集团主体，往往是父母长辈，根据家庭组织目标，譬如良好家风的建成或者是品德的养成等，提出实践的具体目的，然后把完成这一目的的过程分为若干个环节，再落实到每个家庭成员彼此相互配合，进而共同实现预期的目的。一方面，同辈群体的彼此影响，家庭之中的兄弟姐妹，甚至是邻里社区的同龄人，彼此之间无目的、偶发的、随意的相互影响行为，既是教育者又是受教育者，互为主客体；另一方面，不同辈群体之间的彼此影响，这一方面尤其表现在父母长辈与子孙晚辈之间。此外，社会实践是更为复杂的一种实践类型，或者称之为社会主体的实践。社会主体可以是民族、国家，甚至整个人类。家风建设与品德养成作为社会实践之所以可能，主要在于一个民族、国家乃至整个人类在一定范围内具有共同的利益，可以团结起来共同行动，在做好各自“小家”的基础上，致力于“大家”的建设。

二　两者在“为人处世”方面的内容相关

个体社会化过程起源于家庭生活，起初通过家庭生活，譬如父母长辈、兄弟姐妹等接触社会已有的思想观念，然后受到学校、社会乃至大众传播媒介等因素综合影响得以完成。因此，对于个体的成长而言，家风不仅关系到其身体成长，更重要的是将社会伦理道德规范内化，这关系到个体“三观”的形成。同时，家风建设必然涉及品德方面的塑造，两者涉及为人处世等方面的内容，可见家风建设与个人品德养成有相似的内容。

（一）为人方面

望子成龙、望女成凤是每一位家长的心愿。所谓人才，必先成人，而后成才，要使孩子成才，先教孩子做人。子女能够如愿成人、成才是家长引以为自豪和骄傲的事情。孩子将来无论成就大小，都要在社会上立足，成为一个合格公民。为人教育是家风建设和个人品德养成的核心，而且，让孩子学会做人会得益终身，也是两者的追求目标。

其一，洁身自好。中国历史悠长，流派众多，其中叙述修身养性、洁身自好的名典格言数不胜数。这闪耀的都是为人的精华，彰显的是流传千古的智慧。譬如，“修—齐—治—平”的重要文化传统至今仍有可以借鉴的元素。所谓“修身”，主要是指在个人思想意识和道德品质方面，所进行的主动、自觉地锻炼和涵养，以培养自己的理想人格。当然，修身内涵修身养性之意。身乃性之载体，性乃身之灵魂，故修身之本在于养性。其中，洁身自好是修身养性的基本要求和具体体现。同样，洁身自好也是为官廉洁的重要条件。中国历史上许多有名的人物，不论是出身贫贱或豪门，其家训家风中不乏以俭养廉，洁身自好、严格修行的理念和要求，而且即便是高官厚禄加身之时，俭朴如旧，廉洁如旧，真正做到了洁身自好。个人品德的养成离不开个人主体的自我规范、自我改造和自我完善的过程。随着社会现代化进程的加速，人的现代化也要随之发展，而人的现代化包含观念的进步、素质的提升、关系的丰富，这个过程在一定意义上离不开“修身”。

其二，善良正直。为人处世要有自己的人格。人格即人之名格，要求为人处世要善良、正直。善良是做人的根本，是人性的美德。古人说：“人之初，性本善。”善良是人性中最原始、最美好的成分，是生命中的内在品质。心地善良、乐于助人，是几千年来炎黄子孙的传世家训。一个拥有善良之心的人，会真诚地爱亲人、爱他人、爱社会，当然也会获得别人对自己的爱。同样，正直是做人的脊梁。做一个正直的人，光明磊落、心底无私，才会一身正气傲立在天地之间。家风建设要迎合社会发展需要，当中必然不乏正直的元素，感染家庭成员做一个正直的人，坚持原则、讲求正义，做到穷且益坚不跌志，富当低调不猖狂。善良正直成为品德养成教育的重要内容，父母长辈教导子孙儿女追求真善美的价值理念，行事识大局、顾大体，能把国家、民族、集体的利益放在个人利益之上，不为贪求小利而失大节、不为满足私欲而失人格。

其三，克己奉公。清正廉明、克己奉公是传统社会在处理公私关系上对为政者的基本道德要求，它不仅是统治者选拔任用官吏的标准，而且也一直是统治者的主要行为规范。当然，这也是个人良好品德的体现。传统文献中记载着大量的类似语词。譬如，南朝·宋·范晔《后汉书·祭遵传》：“遵为人廉约小心，克己奉公。赏赐辄尽与士卒，家无私财。”早在《诗经》中，我们就可以发现“夙夜在公”的道德要求，认为日夜为公，是一种高尚的道德品质。通过了解历史上的案例，我们也可以发现：凡是当政者率先垂范、清正廉明、克己奉公的时期，社会矛盾就得到暂时缓和，经济文化就会得到迅速的发展，社会公利就会得到认同和肯定。反之，则世风、政风日下，自私之风盛行。可谓“历览前贤国与家，成由勤俭败由奢”。一个国家如果不知艰苦奋斗，勤俭建国，而是浪费、奢侈，民族素质就会降低，国家实力就会减弱。同样，回归家庭建设的探讨中，艰苦朴素、勤俭持家也是立家之道，更是家风建设的重要内容，同时也是个人品德养成的重要内容。

（二）处世方面

家风建设与个人品德养成过程中穿插着人与人之间的关系，同时，为人处世是一门艺术，也是一门学问，更是人生的必修课，同样是家风建设和个人品德养成的重要内容。

其一，仁爱谦和。孔子在《论语》一书中，对“仁”的解释很多，最重要的解释是：“爱人”“己欲立而立人，己欲达而达人”“己所不欲，勿施于人”这三句话。“爱人”就是指人与人之间要有同情、怜悯之心，能体贴别人的悲痛忧伤，懂得尊重、关心、爱护和帮助别人，这不仅是家风建设的要求，而且也是对人性中善良基因和情感的呼唤。苏联教育家苏霍姆林斯基说：“爱是人的最高尚的情感。”年长一代对年轻一代的教导，首先就要培养和陶冶“爱”这一元素。人与人之间相互依存，在彼此的接触、相互帮助中建立起精神联系，逐步产生爱的情感。父母把子女抚养成人，正是由于父母的爱滋养着孩子的健康成长。其次，父母长辈在爱子孙后代的过程当中，教导孩子要友爱互助，爱他人、爱祖国、爱人民，从而逐渐形成良好家风。“仁爱”和“谦和”是相互联系、分不开的。“仁爱”利于人际关系中“和睦”的实现，“谦和”反作用于“仁爱”的实施，两者在价值取向上共筑于“和谐”。由此可见，“礼之用，和为贵”。“君子和而不同，小人同而不和。”[①]“和”乃君子的重要品质，穿插在家风建设与品德养成教育之中，由此和睦家庭、家族、邻里，最终和谐万邦。

其二，团结合作。中国是一个历史悠久的多民族国家。历经上下五千多年的历史沉浮，又几度崛起；曾经辉煌，也数度默然。翻开中国的近现代史，我们不难发现，凡是中华民族扬眉吐气的时候，必定是国家

① 《论语·子路》。

团结稳定之时，反之则必定问题重重、一盘散沙的局面。大到国家如此，小到一个团体，一个家庭莫不如是。而且根据马克思指出的“人的本质”是“社会关系总和”等论断，团结是“社会关系的总和”中一个必要的条件，也是人之为人的体现。人类要生存和发展，必须不停地进行物质资料生产，而要从事生产活动，就必须通过一定的方式把人与生产资料结合起来。无论古今，人类的生产活动总是由许多人结合在一起，离开集体和社会的个人既无法生存也无法从事生产。社会发展进步的历史实际上就是人们互助合作的历史。可见，人与人之间的关系离不开团结合作。古人云：“人非草木，孰能无情。”也是一种情感的表达。列宁也将“人的感情”[①] 视为人们追求知识和真理的前提和基础。诚然，感情生活是人类生活的一个组成部分。团结合作正是人们真情、人格、良好品行的体现，也是追求美好生活的保障之一。

其三，忠诚奉献。“忠”“恕”“信”是相关的道德范畴，“忠”作为道德规范，在春秋时引起重视并流传开来。《说文》“敬也，尽心曰忠”。郑玄解释“忠”是“中心曰忠，中下从心，谓言出于心皆有忠实也”。“忠”被认为是“德之正也”，“民之完也”，成为做人处世所具备的品质，同时也是家风建设的规范标准。“忠”作为人的道德标准，具有普遍性，适应于一切个体和一切家庭。孔子把“忠”作为个人必须具备的品德，并以文行忠信教育弟子，提出“主忠信”的思想。三省吾身：“忠乎”？“信乎”？“不习乎？”[②] “子以四教，文、行、忠、信。”[③] “子张问崇德辨惑。子曰：主忠信，徙义，崇德也。”[④] 可见，“忠”是古今中外所推崇的一种美德，是做人所应具备的品质。无论是在家庭内外，对内家庭成员之间，尤其是夫妻之间，对外人与人相处，都要讲求忠信，忠诚老实，同时力求尽心。此外，爱国奉献也是忠的另一种表现。历史记载了许多可以为国家利益而做出牺牲，甚至以身殉国的忠烈之士，其中也不乏感恩奉献意蕴，同样，良好家风及其个人品德，不仅体现在对所

---

① 《列宁全集》（第 20 卷），人民出版社 1958 年版，第 255 页。

② 《论语・学而》。

③ 《论语・述而》。

④ 《论语・颜渊》。

在家庭的奉献，更重要的是要上升至对国家的忠诚和奉献。

三 两者在“近、中、远”期的目标相切

人的社会化过程是通过婴幼儿—童年—青年—成年，甚至是老年的整个一生来完成的。家风作为社会文化的重要形态，具有教化、协调、示范等功能，使其在实现个人从“自然人”成长为“社会人”过程中发挥着重要的作用。同样，个人品德的养成也是为了助力人的社会化，成为健全的社会人，这是两者的共同目标。当然，两者追求的近期或者中期目标，最终都是要致力于社会的稳定和国家的发展。

（一）培养子孙后代

个人作为社会的独立个体，在社会化的过程中，需要遵守相应的道德规范，具备一定的价值观念。显然，个人品德的养成目的在于助推个人，尤其是未成年较好地实现社会化，成为社会人。同样，良好家风的建设，可以为孩子的健康成长提供优良环境。譬如，有学者以 30 年为时段做了实验，在家风建设过程中，若父母在孩子的童年有同理心、给予关爱等，30 年后他们可以获得良好生活。诚然，父母长辈是家风建设的主体，而且无数经验和研究证明，父母与孩子，尤其是母亲与孩子的关系，是决定孩子未来成就和幸福的最核心的关系。[①] 这充分说明，良好的家风是孩子成才、成长的重要因素。家风对孩子的影响是全方位的，孩子的世界观、人生观、价值观、生活习惯、道德修养以及为人处事等方面都会打上家风的烙印。鉴于此，出于培养优良子孙后代为目的建设良好家风，可以为子孙后代的成长进步营造良好的氛围。

（二）构建和谐家庭

我们知晓，父母长辈是家风的承载者。若个体所在的家庭或者家族具备良好的家风，在很大程度上反映了家庭中父母长辈的素养。在良好家风的作用下，父母长辈在家风的熏陶中，在子孙儿女的反作用下能不断得到信息反馈，不断充实和提高自我；同样，孩子在良好的家风中能接受积极的影响，促进个人品德的养成以及健康的发展。家风的建设致

---

① ［美］亨利·马西、内森·塞恩伯格：《情感依附：为何家会影响我的一生》，武怡堃、陈昉、韩丹译，世界图书出版公司 2013 年版，第 6 页。

力于营造家庭成员互爱互助、和谐友好的环境。家庭成员之间精神放松、心情舒畅，则会产生强烈的幸福感，达到更加美好的生活境界。此外，幸福是基于人对生活的美好感受，且追求幸福是人生的最大愿望。反过来，个体在家庭之中，感受到幸福和归属感，必然更利于实现家庭的和谐团结。而且，品德养成教育追求“自律”和“他律”的统一，家庭成员之间相互磨合，形成相似的“三观”，这就减少了彼此之间的摩擦和冲突，进而实现家庭的和谐。

（三）优化政风民风

风气本是自然现象，人们借来指风范、风尚、习气等社会上或某个群体中体现的行为风范。“风化”的潜在、隐形力量，可以实现“不令而自行，不禁而自止”的良好功效。纵览历史风云，“中国古代既存‘桀以奢亡、纣以淫败’的实证，也有因王朝励精图治、世风清明向上而成就的‘文景之治’‘康乾盛世’等”①。风气涵盖家风、党风、政风等，各领域的风气属于社会环境的构成元素。可见，社会风气的优化是一项系统工程，它们之间存在着密切关联。其中，家风尤为重要，关系党风，连着政风，影响民风。我们追求新时代家风建设，为了实现家风、政风和民风之间的良性互动，同样，个人品德的养成，不论在家庭之中，还是走向工作岗位、步入社会过程中，可以实现家庭、工作、社会的有效联动与互促。

（四）维护社会稳定

万俊人先生高度强调家庭的功效，他认为良好家风的建设，可促进“细胞”的积极效用，进而利于其所依附的社会肌体的稳定和强大。② 诚然，家庭是社会文化的载体，家风可以很好地实现社会文化的落实和传递。中国传统的家风建设以儒家思想为主要内容，造就了中国传统家国文化。家风在中华文明史中占有举足轻重的地位，在很大程度上促进了中华民族文化的发展。现代社会的文化是古代社会和近代社会文化共同继承和发展的结果，同时塑造了新时代的家风，也推动先进文化的进步和发展。这说明家风在社会文化传承中具有不可忽视的地位和作用。因

① 秋石：《论风气》，《求是》2007 年第 13 期。

② 万俊人：《也说家教家风》，《光明日报》2014 年 3 月 3 日第 3 期。

而，建设良好家风是出于稳定社会的目的，家庭细胞的稳定必然实现社会的稳定。同样，社会由个人组成，涉及人与人、人与社会以及人与自然的多重关系。个人品德的养成，必然能够实现以真诚善良之心对待他人、以忠诚奉献之心服务社会、以友爱平等之心对待自然，进而为社会的稳定发展、祖国的繁荣富强做出贡献。

四　两者的"适、转、协、变"规律相通

规律问题是哲学中的深层问题。列宁曾指出"规律就是本质的关系或本质之间的关系"。毛泽东同志则说："客观事物的内在的联系，即规律性。"由此可见，规律与本质是同一序列的规律。科学研究的重要任务在于揭示客观规律，并用来指导社会实践。家风建设与个人品德养成，从表面看来，似乎乃两个不相关联的概念，但由表及里，深入剖析，两者则具备多种相通的内在规律。①

（一）社会适应律

家庭是社会的细胞，家风建设的相关参照或者说是价值标杆，必然要依照社会的普遍道德规范，符合社会发展要求，同样，个人品德的养成也是实现社会普遍道德规范并逐步内化的过程。不论是家风建设，还是个人品德养成，尤其是两者的目标和内容，既要"适应"社会变化，又要"服务"社会发展。但是，在此过程中存在正反两方面情况，即家风建设与个人品德养成的目标和内容是否适应社会发展的需要。显然，按照社会适应规律，家风建设和个人品德养成的目标和内容必然要立足现实，并指向未来，按照社会发展的需要去设计两者的目标和内容，这才是科学的、正确的、先进的。当然，从根本上讲，家风建设与个人品德养成的根本依据要适应先进生产力生产力发展要求，基于社会的经济、文化、政治等状况以及不同家庭现状。譬如，苏联著名教育家马里延科曾评论道："维果茨基关于教育学……应以明天的发展为目标的论述"，不论是家风建设，还是个人品德养成应当根据中国社会的进步，与实现社会发展的有机结合，保证两者更稳步地发展。同时，还应看到社会物

① 陈秉公：《21世纪思想政治教育工作创新理论体系》，吉林教育出版社2000年版，第338—342页。

质条件的发展和变化是永恒的，家风建设与个人品德养成要随之不断发展和更新，以适应变化了的社会现状。

（二）内外转化律

个体的品德形成过程与人的身心成长发育过程相一致。一般而言，个体的思想品德形成过程有渐进性和阶段性特征，按照“从他性—反思性—为我性”的过程，即从以他为主走向以我为主的形成与发展过程，这是个体的主体性不断凸显的过程。在这过程中，人的思想品德的形成一般会经过“体验感知过程—整合内化过程—提升外化过程”，“纳入儿童的心灵之中，变为他的理想”。家风建设和个人品德养成过程中，均贯穿着个体品德的内化与外化辩证统一过程。可谓内化是外化的前提和基础，没有内化，也就没有外化；外化是内化的目的和归宿，没有外化，内化也就失去了存在的意义。家风建设过程中实现社会普遍道德规范的内化，但是其建设的成功与否，关键是根据家庭成员的外在表现来判断，譬如家庭成员，尤其是未成年个体是否养成了良好的品德等。同样，个人品德的外在表现是个人品德养成的目的，也经历了内外转化过程。此外，实践基础上两者相互渗透。个人品德形成和巩固的过程，也就是个体践行新的道德规范的过程，同时，个人品德行为表现，也是其知、情、意等综合作用的结果，这其中不乏家风的作用。不论是家风建设，还是个人品德的养成过程，其关注点和落脚点都是“人”，这就要关注个体内隐性思想变化，同时关注个体的外显性思想变化。

（三）协调整合律

不论是家风建设，还是个人品德养成，均会涉及个体、环境、介体等元素。个人品德的养成离不开教育、环境、介体和个体自身四维结构，以及与之相应形成的四维作用力。如果个体、教育、介体和环境四者相融，则个体对环境的影响，对介体的认可以及对教育的指向等，有相当的主动性与建构力。在这种情况下，个体品德的养成能处于健康良好的状态，反过来个体也会对教育、介体和环境产生积极的影响。个人品德的养成是一个系统工程，不仅与个体自身有关，而且受家风的深远影响，共同构成彼此作用的系统体系。同样，当家风建设处于一定时代，也深受时代社会环境的影响。社会大环境充斥着积极和消极的元素。因此，这就要求我们要尽可能地避免或者抑制并消除社会环境中的消极影响，特别是拓展社会环境中的积极影响，将其与家风建设和个人品德养成的价值取向、行为目标协调统一起来，从而形成良好的氛围，促使家风建设和个人品德的养成朝着社会要求的方向发展。此外，从微观层面来讲，个体品德的养成，历经内在思想、心理矛盾、碰撞、整合过程，同样，家风的建设也必然需要实现内在各方面的协调、整合，这些都是两者“协调整合律”的体现。

（四）主客互变律

个体的品德养成过程是一个由不知到知、由知少到知多、由知浅到知深的思想矛盾运动过程，也是主体与客体辩证统一的过程。正如前面所述的“品德养成阶段”，个人品德养成要经历外在教导的“不自觉”—主体自身“自觉”—主体内在“自动”的三个层次和过程，才能逐步养成了良好的行为习惯。同样，家风建设也存在所谓的主客体之间，主要是家庭成员之间的矛盾运动以及互相转化。显然，此过程是主客体相互影响、相互作用的双向活动过程，其中必然存在主客体互变规律。一方面，主体是一定社会道德规范的表达者，是家风建设和个人品德养成的组织者，更是引导客体进行自我教育的激发者；另一方面，客体在家风建设和个人品德养成过程中也不是被动地接受教育影响，而是发挥着主体作用。譬如，在个人品德养成过程中，教育者对受教育者提出的教育要求，最终都必须通过受教育者自己内在的思想矛盾运动，进行自我控制、评价和教育以及自我超越，实现由客体向主体转换的“无教之教”的状态，才能更好地实现个人的品德养成。与此同时，客体是能动地践行社会道德规范并影响主体及其活动的主体，又是自我教育的主体。可见，在家风建设和个人品德养成过程中，主客体的彼此作用和相互转化是辩证统一的，而且两者相辅相成，相得益彰。

五　两者的“物质和精神”载体相近

载体本是科技术语，最早出现在化学领域，后来广泛应用于人文社科领域，通常被理解为承载一定知识或者是信息的“东西”。借助思想政治教育上的承载教育信息、为主体所掌握、主客体互动等构成载体的条件，我们发现家风建设与个人品德养成，必然离不开各式各样的载体，来实现凝结家风建设和个人品德养成过程中的相关元素，进而促进两者的结合，产生较好的总体合力。

（一）管理载体

管理是与人类文明相伴的实践活动，大到国家、小至家庭都与管理密切相关。正如马克思在《资本论》中强调人们的协作劳动、共同劳动的运行中“指挥”① 的重要性，“以协调个人的活动”②。可见，凡是有人类日常生活和劳动实践的地方就需要协调、控制和配合，这就需要借助管理的效用，追求活动中各元素和环节的良性运转，进而使相关活动能够有目的、有秩序、可持续进行。在家风建设与个人品德养成中，“人”这一元素都是两者必须关注的元素，而且始终贯穿于两者当中。人的存在，使得管理载体在家风建设和个人品德养成中发挥重要功效成为必要与可能。家风建设过程中，管理载体普遍存在于家庭生活的方方面面，与家庭成员的生活、学习、工作都息息相关，依据相应的规则、制度对家庭成员及其关系进行调试，对家庭成员的言行举止进行规范，从而建设优良家风。借助相关管理载体，实现家风建设的制度化，可以实现优良家风在不同代际家庭成员之间的传承创新。同样，个人品德养成借助相应的管理载体，将社会道德规范寓于管理活动之中，并与管理手段相配合，利用规章制度和组织纪律协调人力、物力和财力之间的关系，以人为本，实现由“以人为手段”到“以人为目的”的转变，逐步实现社会道德规范的内化和外化，进而养成良好品德。总之，不论是家风建设，还是个人品德养成，管理载体在其中都发挥着举足轻重的作用。

（二）文化载体

一般而言，广义上的文化是物质财富和精神财富的总和。从纵横两方面讲，文化无时不有、无所不在、无处不有。可见，文化普遍存在于人类社会生活的各个领域，人类的存在和发展离不开文化。当然，文化的内在抽象性特质和外在具体化表征，为其作为家风建设和个人品德养成的载体提供依据和条件。家风的建设需要借助社会道德规范，来建设符合社会发展需要的良好家风。而社会道德规范是价值观的具体化，也

① 《马克思恩格斯文集》（第7卷）人民出版社2009年版，第431页。

② 《马克思恩格斯文集》（第5卷）人民出版社2009年版，第384页。

是重要的文化载体。同样，家训、家规等文化产品，树家规、传家训等文化活动，都是家风建设的重要文化载体，既可以实现社会道德规范渗透在家风当中，又可以实现家风的合理建设。个人品德养成是主客体、介体、环体等多种因素综合作用的结果。借助文化活动或者文化建设作为载体，将品德养成的要求和内容寓于文化产品和文化建设当中，可以使得个体在潜移默化中受到各种文化熏陶，减少品德养成的阻力，提高品德养成的效果。譬如，优良的家风及其建设，在一定程度上讲，就是个人品德养成的重要文化载体。此外，在一定意义上讲，和谐、健康、积极、向上的良好家风本就是一种文化。良好家风文化中的父母长辈具有崇高的品德、坚定的信念、强烈的责任感、严格的纪律感等，必然能够使生活其中的家庭成员不知不觉地受到感染和熏陶，促进个人品德的养成，成为合格的社会人。

（三）活动载体

马克思认为“社会生活在本质上是实践的”①，哲学家的关键问题在于“改变世界”。人类在实践的基础上与社会、自然彼此作用，相互影响，推动着人类世界的发展进步。可见，人类的实践活动拥有突出地位和作用。一般而言，人类的实践活动涉及经济、政治、文化、生态等方方面面，家风建设与个人品德养成本身就是人类重要的实践活动。同时，家风建设与个人品德养成过程并非是孤立封闭的，必然需要广泛的社会支持。基于此，两者的活动载体在类型上有较多的相似性，主要涉及家庭日常活动，譬如孝亲敬长、尊老爱幼、团结邻里等社会公益活动，走访博物馆、革命纪念馆、红色文化基地等实践活动。恩格斯曾言：“任何事情的发生都不是没有自觉的意图。”② 可见，人类的活动并非自发、盲目、毫无目的，同样，不论是家风建设还是个人品德养成的活动载体，从其选择、设置、实施以及反馈等环节，都是有组织、有目的、有针对性进行的。譬如春节期间，祖辈出于对家庭文化的传承在家庭中举行的相关仪式活动，能够实现对子孙后代的教育，这也是家风建设等重要活动载体。此外，活动载体在家风建设和个人品德养成中发挥效用的机理

---

① 《马克思恩格斯选集》（第 1 卷），人民出版社 2012 年版，第 139 页。

② 《马克思恩格斯选集》（第 4 卷），人民出版社 2012 年版，第 253 页。

具有相似性，可谓“建设”与“建成”，“培育”与“践行”的有机统一。在各种各样丰富多彩的活动之中，父母与儿女进行主客体转化、教育与自我教育，满足广大个体的精神文化需求，直接践行伦理道德规范的相关要求，同时对广大个体更好地进行良好的品德养成教育。

（四）大众传播载体

马克思将人的本质理解为“一切社会关系的总和”。人们生活在各种各样的社会关系当中，不断与他人或群体发生着交往，而这种交往在一般情况下需要借助人际传播、团体传播、网络传播、大众传播等传播载体来实现。当今，随着经济的发展、社会的进步，中国已基本形成受众人数多、覆盖面较广、信息较为完整、辐射力较强的大众传播网络。大众传播网络的迅速发展为家风建设和个人品德养成及其载体提供了科技条件。大众传播载体主要涉及报纸、杂志、书籍等纸质传播载体和广播、影视、网络等虚拟传播载体两大类，包括传播者、受众、传播媒介和传播内容四个彼此作用和相互联系的要素。美国社会心理学家巴克所说：“在当今世界迅速变迁的社会里……社会化不再是局限于童年，而是一个无限的、自我定向的过程。”① 个人品德的养成是个体社会化的重要体现，其中个人品德的养成与大众传播密切相关。大众传播所具有随时性、动态性和长期性的特点，成为现代社会中人们形成道德规范、养成良好“三观”的重要载体。譬如，家风建设过程中可以借助相关大众传播载体，将社会主义核心价值观渗透在家风建设当中，不仅可以实现核心价值观在家庭中的落实、落地、落小，而且可以为个人品德的养成注入新鲜元素。此外，随着互联网技术的飞速发展，新媒体和自媒体以及融媒体等不断涌现，类似网络媒体所具备的“快、准、全”等特征和优势，对人们生活的影响越来越大，同时也给家风建设和个人品德养成带来机遇和挑战。由此，在载体选择方面，要明辨是非，选择积极有利的传播载体，自觉抵制消极的载体，充分利用各种新兴媒体，发挥传统媒体和新兴媒体的共同作用。

---

① ［美］克特·W.：《社会心理学》，南开大学社会学系译，南开大学出版社 1984 年版，第 74 页。

第四节 家风建设与个人品德养成的互促性

家风既是“成型机”，又是“溶解池”，其中，家庭成员既是家风建设中的一分子，又必然在自身打上家风烙印。良好的家风不仅是家庭的重要构成，而且是国家文化和国家精神的集中体现。因此，在家风建设过程中，个体不但要完善自身，即所谓的“修身”，还需要完善其他的组成元素，做到“齐家”，而且还要担负服务于国家和社会的使命。由此，从微观层面来讲，家风建设中能够实现个人品德的养成，且在良好家风熏染下，能够培养符合社会需要的社会人。家庭成员良好品德的养成，也是良好家风的外显，有助于良好家风的进一步建设和发展，而且可以实现优良家风的历代传承。可见，家风建设与个人品德养成是一个互促共进的过程。

一 在家风建设中实现个人品德养成

马克思主义认为，人是环境的产物。任何个体的成长都离不开环境的影响，不受环境作用的个体是不存在的。同样，离开了家庭、学校、社会等环境作用，人的品德的形成与发展也是不可能的。在家风建设中，不仅可以潜移默化地作用于个人品德的养成，而且良好家风的建成，必然为个人品德养成提供优良的家庭环境。

（一）家风建设为个人品德养成奠定可靠基石

个体具有优良的品德是立足社会的根本，而儿童时期是品德形成的关键时期，这离不开良好家风的作用。家庭既是儿童生活的第一环境，又是儿童接受教育的第一场所。因此，家风状况必然会对儿童思想品德的塑造、心理品质的形成、行为习惯的培养、兴趣爱好的引导产生巨大的影响。从胎儿“呱呱”坠地时起，母亲与新生儿的结合便是个体生命维持的第一个起点，新生儿也就成了独立的生命个体。之后个体逐步学会走路、说话，懂得了一些最基本的生活知识，具备初步的社会交际能力等。个体在良好的家风的熏陶下，获得最初的、最基本的生活技能和为人处世之道以及正确的道德规范，逐步由“生物人”成长为“社会人”。当然，“狼孩”便是老生常谈的反面案例，长期脱离家庭环境的熏陶，缺乏基本的语言交流，无法产生思维意识，品德养成更无从谈起。虽然在家风建设中所传授的部分知识十分简单、初级，但却是人之为人需要掌握的基本知识，每一个体都不能离开家风的感染和熏陶。因此，家庭是人们接受教育的摇篮，也是人们接受教育的第一个场所。对于任何人来说，最基础的教育都是通过家庭，特别是通过父母来完成的。如果没有家风传承中所传授的那些基本知识、本领做基础，个人是很难顺利接受学校教育和社会教育的。可见，家风建设乃基础性工作，能为培养具备优良品德的个人奠定基础。

（二）家风建成为个人品德养成营造良好氛围

家风建设以培养人为目标，它是全方位展开的：除了包括一般的生活知识、生活技能、适时的基本社会规范等外，还包括父母及长辈的社会经验和经历、对社会的认识和态度、对人生的领悟和看法、对知识技能的掌握和运用等。不同的“家庭气氛”① 必然形成不同的个体思想、品德、行为，并且人与环境彼此互创。其一，横向来讲，家风建设的内容广泛。家风建设，从起居饮食到伦理道德、文化知识，再到人情世故、人际交往等无所不包。凡是父母长辈掌握的基本知识和生活经验，都会毫无保留地在家风建设中传授给自己的子女。同样，凡是家庭成员所获得的新知识、新经验，都会自觉或不自觉地感染、影响其他家庭成员。其二，纵向来讲，家风建设的时间长久。家风建设既需要历代成员的建设，又需要历代成员的传承。对于每一个人来说，只要不离开家庭而生活，也就永久地接受着家风的熏陶，有时即使是暂时离开家庭而生活，也会通过书信、电话、网络等进行沟通，在潜移默化中受家风的影响。在家庭这所“学校”里，没有时间限制，它是人接受终身教育的重要场所。因此，父母及长辈会什么、懂什么、支持什么、反对什么等都体现在家风中，并会通过言行对子孙后代产生影响，自觉或不自觉地形成了各个家庭不同的家风。总之，作为内容最广泛、时间最长久的家风，对

---

① 赖德克曾提出了家庭气氛的专制与民主，奖惩力度，亲密度，限制度与自由度等指标。赖德克以明尼苏达大学附属儿童研究所幼儿园的幼儿和其父母为对象，调研发现不同家庭气氛对孩子的作用效果显然不同。譬如，相比民主家庭里的孩子，专制家庭里的孩子极易躁动、缺乏上进意识和合作精神等。参照全国八所院校“社会心理学教程”编写组《社会心理学教程》，兰州大学出版社 1986 年版，第 84—86 页。

个人品德的养成具有极特殊的功效，特别在人的未成年时期和老年时期，家风作用明显，关系着人的成长方向和晚年生活质量。

二 在个人品德养成时促进家风建设

在家风建设中，人既是家风建设的主体，同时，也是家风建设的客体。也就是说，作为个体的人既是家风建设的创造者，也是家风建设的直接作用对象。家风建设通过“人”这一共同主体的影响，对家庭职能的实现产生影响，从而进一步作用社会。反之，个体的成长、进步也会反作用于家庭建设。由此，个人品德养成的同时，也会促进家风建设。

（一）个人品德的养成，协调优化家风建设各要素

基于家风的基本构成，可知家风建设的过程是一个系统化、全方位的系统工程，涉及家庭场域的稳定、家庭关系的协调以及家训家规等家庭文化的塑造等。而个人品德养成，必然可以协调优化家风建设各要素，促进家风的建设。在家庭日常生活中，家庭成员之间、家庭与外部环境之间形成稳固的作用关系。这种稳固的作用关系是不能靠单纯说教形成的，我们可以借助反复训练形成稳定的品德，以此作为推动力，逐渐形成良好的、稳固的家风状态。譬如，家庭成员及其关系是家风的重要组成元素，家庭关系和谐与否关系到家风建设情况。在家庭当中，重视对家庭成员品德养成教育，进而使家庭成员都能认识符合社会发展需要的道德原则和道德规范，并能把它们作为自己的内心信念，调整自己的行为，运用普遍道德规范处理夫妻之间、父母子女之间、兄弟姐妹之间以及其他家庭成员之间的相互关系，以调整家庭成员之间的关系，消除矛盾，加强团结，有利于家庭关系的和谐。同时，每个时代的家庭道德都规定了人们之间的各种义务。人们能否履行对他人应尽的义务，是进行道德评价的一个重要标准。在家庭关系的维系上，权利与义务应该是统一的，其中义务并不意味着夫妻感情的对立，而是构成爱情的重要因素。个人品德的养成，能够实现家庭成员科学地看待权利与义务的关系，不仅维护作为社会细胞的家庭，而且维护这个家庭赖以建立的感情，进而实现家庭的稳固，为家风建设奠定场域基础。譬如，父母长辈彼此之间以及父母长辈与子孙儿女之间，可以互相探讨社会普遍伦理道德规范，或者在父母长辈的引导下，结合相关社会道德案例进行分析，寓教育于

现实生活当中，潜移默化中形成良好家风。此外，家庭教育中，主客体间的理论与方法以及其他各要素之间关系的协调，也是家风建设的关键环节，从中实现家庭场域中的人、事、物的优化、和谐，构筑良好家风。反之又会促进各要素和环节进一步、更好地协调与优化。

（二）个人品德的养成，改善提升社会总体道德风尚

家庭作为“社会网”中的一个重要环节，父母长辈以社会普遍道德规范引导、作用和规范家庭成员的行为。一个作为“社会关系总和”的社会人，在生活、学习、社交等日常活动中，对家庭、对他人、对社会乃至自然是否具有积极意义，能否促进社会进步和安定，很大程度上取决一个人的品德修养。家是最小国，国是最大家。可谓“一家仁，一国兴仁；一家让，一国兴让”；“治国在齐其家”①。在社会生活中，人与人、人与社会、人与自然之间都是相互联系的，不同领域道德状况会以相互间的联系与交往为媒介传递出去，对其他领域的道德风尚产生一定的影响。个人品德状况通过家庭美德、职业道德以及社会公德表现出来，同样，通过家庭成员与公众的接触传递到社会各个领域，对整个社会道德风尚和社会风气产生影响。因此，个人品德的养成，有助于社会道德风尚的改善。如此一来，社会良好风气的形成必然为家风建设提供良好的外部环境。同样，一个具有良好品德的个体能正确处理好个人与组织、家庭和社会、国家之间的利益关系，激发其履行社会责任的内在驱动力，全心全意地为组织和公众服务，自然也会遵循社会道德规范，维护社会秩序，实现“大家”与“小家”的和谐。此外，个人品德养成，在为他人服务，为社会做出贡献中实现个人名誉、地位和利益，带来成就感、自豪感、幸福感的心理情感体验，真正实现个人价值和社会价值的有机统一。如此以“价值”为红线，贯穿于个人、家庭、社会和国家之中，也利于实现个人与社会的和谐与互促。

---

① 《诗经·国风·鸤鸠》。

第二章

家风建设中养成个人品德的历史资源

新时代的家风建设及品德养成教育离不开优秀传统文化的滋养。习近平总书记曾讲：“要认识今天的中国、今天的中国人，就要深入了解中国的文化血脉，准确把握滋养中国人的文化土壤。”[①] 概而言之，中华优秀传统文化是中华民族历久弥新的精神财富。同样，传统家风是传统文化的重要组成部分。尽管随着时代的发展与社会进步，传统道德逐步失去其产生、存在和发展的客观条件，但传统家风建设的伦理秩序、传统美德以及家庭教育方法等仍然具有强大的生命力。它们是新时代家风建设的重要历史文化资源，是个人品德养成的文化基础和价值指向。当然，中华民族传统伦理道德中有优秀的内容，也有落后甚至糟粕的成分，后者不在我们讨论的范围之中。总之，在新的历史使命面前，我们需要重新审视传统文化，理清其发展脉络，正本清源，取其精华，去其糟粕，坚持审慎的态度和科学的方法论，从传统家风建设的伦理秩序、道德规范以及特点、方法中，汲取对养成个人品德有益的内容，进而加强对优秀传统文化资源的挖掘，使之成为重塑新时代家风与品德养成教育的精神力量。

第一节　辩证审视传统家风建设的伦理秩序

回顾过去，中国传统社会特别重视家庭建设，不仅因为“家”是最

---

① 习近平：《在纪念孔子诞辰2565周年国际学术研讨会暨国际儒学联合会第五届会员大会开幕会上的讲话》，人民日报2014年9月25日第2版。

初的社会群体、人伦的根本、社会关系的源起以及基本社会制度，而且，“家”对于整个社会具有重要意义。我们知晓，中华传统文化内含丰富的理论方法和价值观念，其中相关理念和元素紧扣时代脉搏，并不断地丰富、发展和完善。譬如，为了建立稳定和谐的社会秩序，古人特别重视协调各种人际关系，制定“三纲”“五常”“八目”等基本原则和规范。其中的原则、规范，从家庭、家族中萌发、落实，又逐步拓展到社会、国家，其既适用于家，又适用于国，也是传统社会如何使家庭和睦顺利过渡到社会和国家治理层面的关键所在。鉴于此，我们立足当代，从博大精深的传统家文化中选择诸如“三纲”“五常”“八目”进行客观的剖析审视，批判借鉴，力争探究其中的精华，应用于新时代家风建设。

一　“三纲”的辩证性启示

“三纲”是中国古代思想家对各种人际关系反复整理而得的概括规定。目前学术界对“三纲”的认识，有着正反两方面的观点。其中大部分学者乃至社会大众理解的“×为×纲”，意为前面角色居于主宰与支配的主导地位，反之，后面角色则是处于被主宰、被支配的被动地位，且学者们对“三纲”持批判的态度，认为“三纲”是为维护封建专制制度服务的，不仅束缚人民精神思想，而且抹杀人的自由意志和独立人格，甚至扼杀了人性。譬如，张岱年曾说“三纲加强了君权、父权、夫权，实为专制主义时代束缚人民思想的三大准绳”[①]。任继愈也指出“三纲六纪”是“统治者为了巩固封建社会秩序”[②] 提出来的，后经韩非、董仲舒，“三纲”成为永世不变的伦理规范和最高的政治准则。[③] 当然，也有“部分学者”[④] 试

① 张岱年：《中国文化的要义不是三纲六纪》，《群言》2000 年第 7 期。

② 方朝晖：《“三纲”与秩序重建》，中央编译出版社 2014 年版，第 6 页。

③ 任继愈：《中国哲学史》（2）人民出版社 2010 年版，第 109—110 页。

④ 2010 年 2 月 10 日，方朝晖在《中华读书报》上发表《怎么看“尊王”“忠君”和“三纲”——读刘泽华、张分田国学论文有感》一文，批评人们从“民主”或“专制”二分式思维出发，提出“三纲”的本义有从大局出发、按照良知与道义做事之意等观点。文章发表后，很快引起了多位学者的强烈批评。周思源、王也扬、张绪山、赵庆云等多位学者随后在《中华读书报》撰文，认为方朝晖混淆了文化的时代性，不能因为民主成长过程中的曲折而否定它，无论古今，我们不能漠视民主制度与专制制度之间天然的差异和对立。由此可见，类似观点存在一些争议，在此不去做太多评论，只是持客观立场，尽可能汲取其中的智慧和精华，或者说是获取点滴启示。

图为“三纲”正名，认为“三纲”最早见董仲舒的《春秋繁露》的《基义》篇“王道之三纲，可求于天”。此处的“三纲”主要是与“五纪”相对应，分别指君臣、父子、夫妇三种关系。关于“六纪”的最早系统论述见于《白虎通·三纲六纪》，“六纪者，谓诸父、兄弟、族人、诸舅、师长、朋友也。何谓纲纪？纲者，张也。纪者，理也。大者为纲，小者为纪。所以张理上下，整齐人道也”。同样，根据《说文解字》，“纲”本义是提网之总绳，引申为事物的总要、法度；“纪”是罗网之“别丝”。因此，“纲”是与“纪”相对的，“纲纪”主要是指事物关系中相对的主次轻重之别，并不包含绝对服从的意思。更进一步讲，“以某为纲”主要是指“以某为重”。（譬如，《白虎通》中分别以“立志自坚固”“以法度教子”“夫亲脱妇之缨”来形容君与臣、父与子、夫与妇之间的关系。）《周易·家人卦》也强调了上古时的家庭秩序、男女地位，要求家庭成员严肃而有节制，彼此友爱，还论述了治家与治国的关系。

关于“三纲”的不同观点，可谓“仁者、智者各见仁、智”，在此不作过多评论。新时代家风建设及个人品德的养成，我们似乎可以从传统“纲”理念中汲取“智慧”。当然，我们新时代的“纲”，并非传统意义上的“专制”“绝对服从”等色彩，而是“大局”“模范”“表率”等意蕴。一方面，家风建设要从大局出发，不能把小我凌驾于大我之上。譬如，当今社会，我们都处在某个组织系统当中，必然要以组织为“纲”，个人服从集体，自我价值与社会价值有机结合。以家庭为例，家庭乃最基本的社会组织，在家风建设中要坚持集体主义价值观，家庭成员也要坚持集体主义价值观，从大局和大义出发，在保证家庭稳定的基础上，拓展至社会和国家，以家庭的稳定来促进社会的稳定，乃至国家的富强，同时，社会的稳定、国家的富强也是家庭稳定的保障。当然，集体至上、家国情怀以及奉献精神等，也是新时代品德养成教育的重要价值指向。个体在承载着集体主义价值观的家风滋养下，可以很好地养成集体意识、大局意识。另一方面，“纲”的理念，一定程度上体现了导向、表率的意蕴。从家风建设过程中的品德养成的视角出发，对“三纲”传统理念的批判借鉴、现实转化，需要前者为后者、父母长辈为子孙儿女做表率等。鉴于此，新时代家风建设中，尤其需要父母长辈明确家风建设中家庭与社会的关系，家风、党风、政风甚至是国风之间的密切关联，以及新时代家庭美德、职业道德、社会公德等基本要求，同时，按照符合个体，尤其是孩子的身心现状与发展规律、社会稳定与发展要求等的原则规范行事，作用于个人品德养成。此外，在当今社会，家庭之中夫妻平等，政府和人民之间的关系也早已不是传统意义上的“君臣关系”，这些都是我们要考虑的现实情况。

二　“五常”的创造性改造

简单而言，“五常”的字面意思，喻有长远、恒久的含义，既是品质、德行，也是道德规范。一般而言，在传统社会中，“五常”作为一种思想理念，有着比“三纲”更为广泛的试用范围，存在于人与人、与社会，甚至是与自然等领域。当今虽不再有“五常”的提法，但是类似基本理念仍在相当程度上影响着中国人的思想和行为。[①] 同时，“五常”也是传统家风建设中养成个人品德的重要道德范畴。道德历来是现实性与历史性的统一。我们唯有探骊得珠，让传统道德学说与时代发展相适应、相结合，才能拭去尘土，焕发历史与时代的辉煌。当然，历史终究要回到现实，我们致力当代中国家风建设及个人品德的养成，可以立足现实，参照“五常”的伦理道德规范，坚持动态视角，怀揣“扬弃”态度，进行现代阐释，对其进行创新性发展和创造性改造。在儒家“五常”的理念中，提出较早的是“仁”，在孔子之前已经存在“仁”的观念，在《春秋左传》《国语》就有相关的记载，如《春秋·元命包》中提及：“仁者，情志好生爱人，故立字，二人为仁。”从“五常”的提出来看，孔子、孟子和荀子是先秦儒家的典型代表，他们分别在不同层面、从不同程度酝酿和提出“仁”“义”“礼”“智”“信”。随着时代的发展，孔子把“仁”视为最高的道德原则、道德标准和道德境界，主要结合人与人之间的关系，从“爱人”“立人”和“达人”等角度进行阐释。[②] 孟子在“仁”的基础上，有所丰富，提出“四端”。荀子与孔、孟有所不同，

---

① 鸿雁：《年轻人必知的2000个文化常识》，中国华侨出版社2014年版，第215页。

② 栾淳钰、付洪：《儒家“五常”视角下“命运共同体”的构筑》，《广西社会科学》2016年第3期。

"是在'隆礼'的前提下，提出一个以'礼'为核心的仁、义、礼三者结合的社会道德规范体系。汉代董仲舒在孟子'仁义礼智'四端的基础上加之以'信'，较为完整的提出了儒家'五常'的概念。"① 直至两汉时期,《白虎通义》正式确立了"五常"在中国封建社会伦理道德中的正统地位。

近几年来，国学受到重视，作为国学之重要内容的儒学也得到高度重视。同时，重温国学，有必要加以新的阐发，让"仁义礼智信"为千家万户所了解，并践行于日常生活。因此，追求当代中国家风建设，并从中实现个人品德养成，必须承接中华民族传统美德。因为传统美德乃社会主义道德的"源"与"本"，社会主义道德又是传统美德的延续和升华。梁启超在《新民说》一书中曾说过"中国要想建设一个新国家，必须先要有新民。新民……最必须的条件就是公德"。当今时代,随着经济、政治、文化等各方面的变化发展，家庭问题也出现新领域、新元素以及新趋势。譬如，家庭结构的趋小化，家庭观念淡薄、家庭人员的流动性增强等现象。然而，透过现象看本质，其中关键的一点便是家庭文化趋于淡化，甚至缺失的趋势。基于对传统"五常"的分析和了解，一方面，我们意识到以"仁""义""礼""智""信"为基本内容的"五常"是中华民族传统道德，我们要对其进行创造性转化和创新性发展，同时也要学习和借鉴全球各国不同国家和地域的道德建设的优秀成果，与时俱进、开拓创新，在实践中不断丰富和发展传统道德，创造出适应新时代、应用于品德养成的新道德、新观念；另一方面，部分学者将儒家"五常"视为传统核心价值观，此乃系统化、理论化的官方文化与生活化、大众化的民间文化的有机统一。这就类似于任何时代都需要建构主流意识形态或者是主流价值观，以此来最大限度凝聚社会共识，增强民族凝聚力。由此可见，我们追求新时代家风建设及品德养成，亦需要新时代的核心价值观，即社会主义核心价值观。以核心价值观为引领，在指导人们明确什么是好与坏、怎样为好与坏以及应该向往和追求什么的基础上，实现家风建设与个人品德养成教育由自在到自为、由自发到自觉、由盲目的必然性到主动的实然性的进步。

① 蔡尚思:《中国学术大纲》，知识产权出版社 2013 年版，第 196 页。

三　“八目”的逻辑性借鉴

《大学》作为传统文化的重要宝典，其开篇章便提及“格—致—诚—正”“修—齐—治—平”的八个条目，简称“八目”。“八目”是对《大学》当中“明明德、亲民、止于至善”之“三纲”的具体说明及其延展。“八目”从形式上来看极其严密整齐，但“三纲八目”之间的关系，并非一种简单的形式逻辑意义上的推论关系。换言之，“八目”并非由前提推出结论的简单的形式推演，而是其思想内容彼此关联、相互蕴含的整体。① 从古至今流传着一张《大学图》，该图的画者无法考证。此图清晰地勾画出“三纲”“八目”以及其中的逻辑与经纬网络，对于了解《大学》中关于“三纲八目”的逻辑思路具有启迪作用。《大学图》分为“七层两翼”，顶端《大学图》视为标题，紧接着第二层是一幅太极图。江南大学文学院教授姚淦铭认为该“阴阳鱼”固然有装饰效果，但是，仔细剖析其深层含义，蕴含“两分法”辩证思路，这也造就了《大学图》的“两分法”的格局。譬如，“明德”与“亲民”；“内圣”与“外王”。这里也蕴含着两个事物的辩证统一关系，彼此之间互生、互动、互化，追求共存、共融。第三层和第四层分别是“三纲八目”。与之相应，第五层是将“八目”分解，分别对应“明德”和“亲民”两大类，而最为详细的是两大类对应着“四十四个条目”②。当然，图文将“在止于至善”置于最后一层次，既是总结，更是最终目标：“在止于至善。”最后，图文两翼还有两段文字，右边：“圣学真传，传此而已。人得闻道，生顺死安。特辑此图，揭人之座右，以当书绅盘铭之助。”左边：“作事须循天理，出言要顺人心。”这从总体上说明学《大学》的目的，“圣学”之道，且使人能闻道，同时又要对得住自己的“良心”。同时，希望以此图

---

① 徐复观：《中国人性史》（先秦卷），九州出版社 2014 年版，第 278—281 页。

② “四十四个条目”分别如下：1. 博经史、鉴古今、谛人情、察物理、辨性命、别义利、明正学、辟异端、毋自欺、崇敬畏、审几微、敬存心、执其中、养正气、戒逸欲、察偏滞、谨言行、正威仪、尚温恭、主忠信—右边此 20 个细目属于上位的“格物、致知、诚意、正心、修身”。2. 孝父母、友兄弟、敦夫妇、择交与、严内外、振纲常、训子孙、戒偏私、睦亲族、务勤俭、严治体、合仪宜、敬天祖、辨人才、爱百姓、崇教化、慎刑宪、善用兵、公赏罚、广言路、谨国用、美制度—左边此 22 个细目属于上位的“齐家、治国、平天下”。

来当作“书绅盘铭”[①] 之辅助，视为“座右铭”。可见，图文并茂的形式更易于人们直观认识和认可，层层递进的逻辑理路更利于由内化向外化的转化。

由此可见，我们理解“三纲八目”之间的逻辑关系，不仅要明确其形式逻辑，亦须从其思想内容来作分析。一方面，如此的层理结构和逻辑关系，体现出家庭伦理建设、社会道德建设乃至个人品德养成的层次性，要坚持由近及远、由表及里、由抽象到具体的逻辑思路，这样才能将相应的伦理道德规范入脑入心，实现个人品德的养成。这也正如《大学》中有一句话说：“知所先后，则近道矣。”也就是说，凡事都需要遵循一定的先后规律，这样才能有助于达到事半功倍的效果。譬如，现在的孩子教育之所以出现问题，往往是因为教育的次序被颠倒了。如果跳过孩子基本的孝敬父母、尊敬长辈、恭敬老师等品德教育，而直接介入知识、技能的学习，结果往往达不到预想的效果，甚至会物极必反。另一方面，“三纲八目”的价值旨归在于“德性”的养成。格、致、诚、正、修皆言成德之事；齐家、治国、平天下、亲民之事乃德显于外的功业成就，两者的着眼点和落脚点仍在“成德”。譬如，就“八目”言，“修身”为本，“八目”可统归为“修身”；就“三纲”言，则以“明明德”为本。知本，亦即以“德”为本。故“三纲八目”所言次第节目虽不同，但皆以“德”为本。所以说，“修身”之义，可谓实通乎“三纲八目”，以修身、成德贯通“三纲八目”，则“三纲八目”无非“本”之不同节次。新时代的品德养成教育，亦需要以“德性人格”为本，“修身”为基，止于“仁”“敬”“孝”“慈”[②] 等。此外，“三纲八目”，具有严密的逻辑关系，可谓环环相扣、层层递进，且内含严格的“本末一体”的系统论。简单而言，格致诚正为修身之内容，而修身即体现于齐家、治国、平天下之功业成就中，这也是新时代家风建设中个人品德养成的重要历史资源。

---

① 这里有两个典故：(1)“书绅”，是指把要牢记的话写在绅带上。(2)“盘铭”，是指古代刻在盥洗盘器上的劝诫文辞。

② 孔子论君子人格，提出修身成德的层层拔高的理路，从最基本的“敬”到较高层面的“安人”再至治国平天下的“安百姓”。同样，《大学》所言家、国、天下之人伦关系之“物”或“事”，一方面，蕴含层层递进的逻辑思路，另一方面，“物”与“事”乃与“德”相关。

第二节　个人品德养成的道德规范的现代转化

中华民族传统道德包含关于人性、人生、人与人、人与社会以及自然的系统认识，并渗透于个体社会生活的基本道德规范中，涉及道德修养、道德教育的理论与实践。家，在中国传统社会中是最基本的社会细胞，其既是社会的生产单位，又是社会的消费单位。家庭的稳固与否直接关系到社会的安稳。鉴于此，中国古代的思想家、政治家、教育家等十分重视家庭伦理道德规范。家庭伦理道德源于家庭场域，逐步向外延展，乃中华民族传统伦理道德的基础，其他的伦理道德几乎都可以从此找到根据。绪论中谈及在家风建设中追求个人品德养成，其关键点是使社会普遍道德规范在家风建设的“风化”中实现“个体化”。可见，传统伦理道德规范，既是传统家风建设的价值指向和行为标准，又在家风建设中实现相关道德规范的个体化，从中形成养成个人品德的基本参照。当然，传统的道德规范是历史的产物，有精华，也存糟粕，其中的许多内容已经不能适应现代社会的需要，但仍有众多理念可以作为新时代家风建设及品德养成教育的优质资源和有效借鉴。我们力争从家庭、职业和社会三个层面发掘优质资源，并实现传统道德规范的创造性转化和创新性发展。

一　家庭美德：孝、慈、俭、和

（一）孝

自古以来，“百善孝为先”。孝是最重要的道德规范，也是家风建设的重要内容之一，更是个人品德养成的基本指向与重要体现。基于对古代所提倡的孝的内容的探究，孝富有时代性和普遍性。一方面，孝是时代的产物，不同时代的“孝”蕴含不同意思。譬如“三年无改于父之道”[①]，其中体现封建社会的孝文化。另一方面，孝是从家庭或家族中萌发的，也具有普遍性。譬如，《诫子弟书》中说：“立身以孝悌为基”。由此可见，孝萌发于家庭，基于亲情与血缘，甚至是收养的关系之上，是

① 《论语·学而》。

维护家庭关系、实现家庭稳固的重要保障。从这一点来看，只要有家庭存在就需要孝，而且基于家庭角色的特定性和蔓延性，必然决定孝的普遍性存在，涉及提倡孝敬、赡养父母，爱惜身体，以及兄弟姐妹之间的孝悌等内容；但是，家庭是时代的产物，并随着时代的变化而发展，在不同的社会条件下有不同的情形。因此在不同的社会条件下孝的具体内容也就有所不同，这是孝的时代性与特殊性的表现。

纵观古今，“孝”文化，作为中华民族的传统美德被历代传承，它与我们每个人的日常生活都密切相关。新时代的品德养成教育依然需要从“孝”文化抓起，培养“孝德”之人。具体而言，一个人有身、心、志三个层面，同样，对父母的孝养也就涉及三个层次，分别是孝父母的“身”、孝父母的“心”和孝父母的“志”。与之相应，形成“孝德”的“知”“情”“意”“行”有机结合，最终形成完美的“孝”人格。“其一，‘孝身’。孔子在《论语》中提及‘养之以安’。不论古今，孝文化最基本的要求和体现便是对自己父母长辈的孝养。诚然，物质基础是人生存和发展的基本保障，新时代的孝文化，依然需要从‘衣、食、住、用、行’五个方面保障父母基本需要，这也是基本的道德品质的体现。其二，‘孝心’。当孔子的弟子问孔子关于‘孝’的问题时，子曰：‘色难’。可见，孝的更上一个层次就是‘孝心’，心是蕴含对父母的敬和爱。当今，我们做儿女的要真心尊敬、怜爱父母长辈，包括彼此的岳父岳母、公公婆婆，我们在长辈面前尽可能保持和颜悦色，将最美的爱的姿态展现给父母。此外，不论是在外求学，还是工作，要与父母保持联系，让父母少些牵挂，多些安心。其三，‘孝’的最高境界就是‘孝志’。正如《孝经》云：‘立身行道，扬名于后世，以显父母。’做儿女的要讲道德、尊道德、守道德，走向社会有所作为，在为社会、为祖国做贡献中回馈父母，让父母为我们而骄傲。由此可见，孝的道德规范是新时代家风建设所特别需要提倡的，借助于孝，培养有德之人，这同时也是养成良好品德的价值指向。”此外，当今的家并非传统意义上的封闭家庭，家与国密切关联，家既是指个体小家庭，也指国家大家庭。我们做好“小孝”，致力“大孝”；立足“近孝”，追求“远孝”；实现“孝身”“孝心”和“孝志”的螺旋上升的“至孝”，圆满个体“小家庭”，筑就中华民族

“大家庭”伟大复兴的“中国梦”。①

（二）慈

“孝”与“慈”是相互对应的关系：孝敬，指的是子女对父母；慈爱，则指的是父母对子女。中华民族不仅重孝，而且尚慈。春秋时期，“父慈子孝”就成了当时孝德观念的主要内容。孔子虽然更多地强调“子孝”，较少谈论“父慈”，但常以孝慈并提。管子认为：“慈者，父母之高行也。”也就是说，对子女慈爱，是做父母的最高德行。同样，《左传·隐公三年》中写道：“君义、臣恭、父慈、子孝、兄爱、弟敬，所谓六顺也。”《左传·昭公二十六年》曰：“父慈而教，子孝而箴……礼之善物也。”此外，《礼记·大学》云：“为人父，止于慈。”意思是说，作为父亲，能履行慈道，就达到了上爱下的最高境界。可见，慈也是中国传统家风建设的道德规范标准。当然，慈的升华在于教子有方。管子提出：“为人父者，慈爱而教。”司马光也高度强调为人母者，最为担心或者说落后的地方在于只“知爱而不知教也”。可见，贤父慈母对于子女养育，不仅要养，更重要的是要育。所谓“养不教，父之过”，将子孙儿女抚养成人固然重要，但更重要的是在这过程中的品德养成教育。

纵观传统“慈”之德，结合时代需要，其仍有存在的意义与价值。关于新时代慈的道德规范的具体内容涉及多个层面，其一，亲爱子女不可少。贾谊在《新书·道术》提及，不仅要“亲爱”，而且要“怜悯”。这其中的亲爱，主要是对自己儿女的爱戴，“抚循饮食，以全其身”；而怜悯，则是一种慈善义举。如今，在日常生活方面，作为父母必怀仁爱之心抚养子女，保证基本的衣食供给，使其健康成长。当然，如今我们在精神文明建设之路上，要走出“小家”敬“大家”，在接受他人的爱和善的同时，也需要将我们的爱和善撒向他人，尤其是弱势群体，给他们带去温暖，这也是新时代良好品德的体现。其二，爱之有道很关键。正如司马光曾借助曾子言论：“爱之而勿面，使之而勿貌，遵之以道而勿强言。”当今，身为父母对儿女的慈爱要注重方法，尤其要树立威信，在日常点滴生活中渗透、磨砺。与此同时，父母对子孙儿女的“慈”与子孙儿女对父母长辈的“孝”相对应，两者相辅相成、互为因果。颜之推提

① 付洪、栾淳钰：《〈论语〉中“孝”文化及其当代启示》，《齐鲁学刊》2016 年第 1 期。

出："父母威严而有慈，则子女畏惧而生孝矣。"此外，传统"慈"之德，还强调"立业"。当今，父母对儿女子孙的慈爱，尤其要注重引导他们勤学习、会做人、能做事，将来成就自己的事业，做到"教子须令其有常业"。总之，孝敬父母和慈爱子女是中华民族的优秀传统道德规范，也是新时代倡导家风建设，并借此养成个人品德的重要道德规范部分。

（三）俭

《左传·庄公二十四年》记载："俭德之共也。"一般而言，俭与勤是密不可分的统一体。勤的本质在于尽己之力、勤勤恳恳；俭的本质在于对劳动者和劳动成果的尊重与珍惜。勤劳节俭是我们的祖先在长期生产生活实践中总结出来的，是中华民族较为突出的传统美德。《说文解字》："勤，劳也。"可见，勤与劳，并非完全不同的两个概念，两者的实际意思在现实生活中有相通的意蕴。可以说，勤字的主体意义，就是劳。中华民族不但素有"礼义之邦"的美誉，而且中华民族素以"刻苦耐劳著称于世"，此正是勤劳的另一种表述。中国上古的传说就突出地反映了中华民族勤劳的品质。盘古开天辟地，神农遍尝百草，尧舜勤劳躬耕，精卫衔木填海，愚公大智移山，这些传说都反映出中华文化勤劳精神。同样，中国最古老的典籍《尚书》把"克勤于邦，允俭于家"联系起来阐述，说明中华民族从远古时代起就明确认识到勤奋与节俭密不可分。这不仅是良好的道德规范，也是家庭建设的应有之意。

纵观中国古代有关勤俭节约的优良传统，类似内容仍然是当今家庭建设及品德养成教育的应有之义。譬如，俭以养德、勤俭持家、自强不息等方面。其一，俭以养德。《左传》曾记载"俭，德之共也；侈，恶之大也"。节俭是所有德行中所共同的，反之，奢侈是所有邪恶中最大的。《诸葛亮集·诫子书》中记载"俭以养德"，明确指出富有良好德行的人，往往以节俭培养良好的品德。当今，人们的物质生活水平逐步提升，同时，俭以养德的精神生活境界仍需要发扬，用节俭的生活塑造人民的高尚情操。其二，勤俭持家。针对家国而言，勤俭兴家，奢侈败家。韩非子曾说"侈而惰者贫，而力而俭者富"。这是传统持家之道的重要准则。唐朝名臣桓范在其《政要论》一书中也说，"历观有家有国，其得之也，莫不阶于俭约；其失之也，莫不由于奢侈”[①]。当今，对于“小家”而言，养成勤俭节约的优良品质，艰苦朴素、生活中做“光盘族”。当然，对于国家而言，也要勤勉敬事，厉行节俭，各单位部门严格执行“八项规定”，这不仅可以养廉，而且可以富国，得到老百姓的拥护，达到“众星拱之”的局面。总之，在当代社会，对于每个家庭来说，“成家之道，曰勤曰俭”。换句话说，勤俭持家是家庭的经济法则，是成家立业之本，更是家庭重要美德。其三，自强不息。勤俭节约、吃苦耐劳等传统美德蕴含自强不息之意。正可谓“天行健，君子以自强不息”。在全面建成小康社会的路上，作为新时代的“接班人”和“建设者”，必然需要自强不息、奋斗不息。这既是个人立人成德之本，也是中华民族强盛不衰的精神力量和源泉。这必然有利于为子女营造热爱劳动、拒绝浪费、自强不息的良好的家风，同时有助于良好个人品德的养成。

（四）和

“和”是中华传统道德的重要规范。中华汉字文化，带有“和”字的成语极为丰富，譬如，“和颜悦色”“和气致祥”“和睦相处”“和衷共济”等等。这些成语大多表示和睦、和顺、和气以及和平的意思。当然，“和”，并非完全一致，而是蕴含“和而不同”“和中求异”等意蕴。可谓，贵和、求和意识源远流长。据考证，早在三千多年前，“和”字便可以在甲骨文中找到相应的记载。到了春秋战国时期，百花齐放、百家争鸣。“和”的概念时常被诸子百家挂在口头，并借助“和”阐发他们的思想和理念。譬如，类似孔子的“礼之用，和为贵”[②] 的观念，“和”乃至高无上的道德规范和优良品德；孟子明确主张“天时不如地利，地利不如人和”[③]，把“人和”上升到战略高度，作为为人处世、成就大业的追求；荀子从源发性和存在性的角度，提出“万物各得其和以生，各得其养以成”[④]；管仲在《管子·幼官》中提出：“畜之以道，则民和”；老子提出，“知和曰常，知常曰明”[⑤] 等。可见“和”乃重要的传统道德。

---

① ［唐］魏征：《群书治要》，中华书局2014年版。

② 《论语·学而》。

③ 《孟子·公孙丑下》。

④ 《荀子·天论》。

⑤ 《老子·第五十五章》。

重和谐乃新时代家风建设的重要规范之一，它包含着人与人、人与自然、自然界之间以及民族之间的和谐，是一个层层递进的过程，这也是品德养成教育的价值指向。其一，在人与人的关系上，“和而不同”。此处的“和”所指向的是一定的道德规范之内的不同兴趣爱好、有差别的个体的和而不同、对立统一、和谐相处。当然，人与人之间因为知识、经验、性格、爱好等原因，或许会存在一定矛盾，但这种矛盾并不是“质”上的差别，可以实现在共同的道德规范或者说是价值取向的指引下，达到不同个体之间以及人与社会的和谐。譬如，家庭之内，难免存在矛盾，但关键是家庭成员之间要有共同价值取向，力争团结和睦、友好相处。同时，家庭价值观要与党和国家所倡导的主流价值观，譬如“社会主义核心价值观”相符合。当然，不仅在“小家”如此，走出社会，走向“大家”更要如此。其二，自然万物自身成长、发展规律，也就是基于一定“顺序”或“秩序”所体现出的“和”。中国古代的思想家们，通常把自然万物或者说自然界视为“和谐的整体”，认为其自身便是和谐系统的存在。譬如，植物的春生，夏长，秋熟，冬藏，展示了植物自然的生命运动规律及其良性运转秩序。当然，由植物拓展到动物界，再延伸到整个生物界，其必然存在自然的良性和谐秩序，这也蕴含我们对待自然界和生物界的伦理道德规范，指向实现人与自然的平等。其三，“天人合一”，人与自然的和谐。孔子主张“天知人”与“人知天”，寓“天道”于“人道”，体现出天人合一，追求人与自然和谐的观念。也就是说，人与自然并非对立的状态，人乃自然中的一部分，我们要树立“绿色”发展理念，追求“天地与我并生，万物与我为一”的境界。此外，“和”的思想还拓展于外，追求民族关系上的和谐共处，共筑“人类命运共同体”。

二　职业道德：忠、信、廉、义

（一）忠

在中华传统道德中，忠不仅被众人视为个人的立身气节，而且视为一根红线，贯穿于其他道德规范之中。一般而言，忠的基本意思是对人或者物尽心竭力，忠贞不贰。事实上，忠的内涵本身有一个发展过程。在源发层面，“忠”是指一种为人处世的态度，主要指不论在家内，还是在外以及社会交往，个体都要尽心尽力，全心全意。先秦时期，忠已经具有极其丰富的内涵，而且指代对象或者说主客体关系存在变化。孔子在《论语》提及“为人谋而不忠乎?”① 所指的是对一般人而言，即是大众群体；《左传》“贼民之主，不忠”。“上思利民，忠也。”② 意思是对广大百姓的忠；当然也还有“臣事君以忠”，忠于国君等。这是在后来经过演变，“逐渐指向忠于国君”。在君臣关系上，最初也不是单方面的绝对服从。孔子说：“君使臣以礼，臣事君以忠”③。这种主客体的基本要求是两方面的。先秦时期的儒家，在主张忠君的同时，也主张以道事君，子思说：“恒称其君之恶者，可谓忠臣矣。”可见，忠的原始意义里完全没有绝对服从的意思，一般意义是对人尽心竭力，忠诚不贰，而把忠规定为绝对地服从，是后来逐步演化的结果。

当今社会，我们倡导“忠”往往与“公”联系在一起的。正可谓“忠的哲学”便是“小我”应“忠于”作为整体的社会。④《尚书·周官》云：“以公灭私，民其允怀。”《左传·僖公九年》：“公家之利，知无不为，忠也”。可见，作为国家公职人员要用公心消灭私欲，将国家利益置于首位且履行自身义务，“有其能，必由忠而成也”⑤，与之相应，便会树立威信。同样，《左传》载：“无私，忠也”。此处忠是相对于“私”而言的。可见，其一，忠的基本内涵是奉公无私。关于忠的基本定调，便是需要坚持集体主义价值观，将集体利益、国家利益置于首位。在家庭之中，父母长辈从小就要注重孩子集体主义意识的培养，这也是良好品德的体现。其二，在具体的实践当中，忠的道德规范要求做到循法而行、尽己为人。关于循法而行，朱熹曾曰：“天下之务，莫大于恤民，而恤民之本，在人君正心术以立纪纲。”当今，在制定法律法规方面，党和国家的相关部门要去除私心，端正身心，坚持以人民为中心，这样才能树立公正合理的法纪。当然，无论是公职人员，还是普通民众在具体的岗位或者是生活中，都需要循法而行，这也是忠的重要体现和基本要求。

① 《论语·学而》。

② 《左传》桓公六年。

③ 《论语·八佾》。

④ 余源培等：《哲学辞典》，上海辞书出版社 2009 年版，第 169 页。

⑤ 《忠经·辨忠章》。

此外，忠的较高层面便是“忠国”，指的是忠于自己的国家和民族。《左传》记载“忠，社稷之固也”。同样，“临患不忘国，忠也”。个人与国家、民族高度结合，将国家和民族的利益置于至高地位。今天提倡的公忠，显然是对传统的忠的尽心竭力、忠贞不贰思想的继承，也是对传统的忠于国家、忠于民族的精神的发展。新时代，我们仍然需要提倡对人、对朋友、对爱情、对事业的忠诚，提倡忠于人民，忠于国家，忠于我们的中国共产党。这既是良好品德的体现，也是“国风”的呈现。

（二）信

“诚”与“信”是中华传统文化中重要的道德规范，也是中华民族最古老的美德之一，其最具有普遍意义，也可以说是任何社会都必须遵守的基本规范。在中华传统道德规范中，诚信包括“诚”和“信”两个方面。先秦时期，中国最早的历史文献《尚书》中涉及敬仰、崇敬鬼神的那种虔之“诚”。然而，《周易》当中，“诚”已开始祛除那种宗教主义色彩的“诚”，譬如，“修辞立其诚，所以居业也”。后来逐步将“诚”应用于人们的日常生活之中，应用于日常人伦关系的处理，具有普遍的伦理道德意义。日常生活中，存在各种人伦关系，个体的人都是人伦关系上的“结”，作为个体的人在为人处世的生活中，都需要诚实无妄，这样才能树立威信，建功立业，也利于良好伦理关系的维系。孟子高度评价“诚”的地位，不仅认为“诚”乃自然规律、“自然之德”，而且将诚视为做人的根本，以及在现实生活中的重要德行。所谓“诚者，天之道也。思诚者，人之道也”[①]。他认为，“诚”是自然的规律，这种规律是自然的、客观的、健在的，而追求“诚”则是为人处世尤其是做人的规律，亦乃为人处世之道。当然，“诚”与“信”，从道德意义上理解，其意义相同。许慎的《说文解字》注释曰：“诚，信也”，“信，诚也”。由此可知，诚与信可以互训，也就是说，诚即信，信即诚。

当今社会，“诚”与“信”的含义基本未变，且我们将两者结合起来，并作“诚信”使用，其基本含义都是真实无妄、诚实无欺，言行一致、表里如一，既不欺人，也不自欺。其一，“诚信”在社会中仍居于重

① 《孟子·离娄上》。

要地位。儒家孔子将“信”喻为大车的“輗”和小车的“軏”[①]。人无信就像车无“輗”或“軏”，无法正常“行走”。在孔子看来，弟子们应该将“言必信，行必果”[②]，“敬事而信”[③] 视为言行举止的基本道德要求。同样，老子强调“言善信”[④] “轻诺必寡信”[⑤]。这些都反映了老子对真实、信实的追求和提倡。同样，法家虽然重“法”轻“德”，但是像“小利害信，小怒伤义”等言语，对小人小利、小人小怒的批判，也从侧面反映出其对诚信的肯定和重视。可见，信的道德标准是对人终身言行的要求，也是必备的基本品德。不论在家庭，还是在社会，我们都要追求“诚信”之德，这不仅是一种品质，更是一种责任。其二，“诚信”乃维持社会稳定，追求国家富强、民族振兴的基本保证。譬如，墨家从“手段”的高度指出诚信的可贵之处，墨子认为：“仁人之事者，必务求兴天下之利，除天下之害。”[⑥] 要想达到这个目的，就必须加强自身修养，做到“志强智达，言信行果”[⑦]。当然，信，作为仁、义、礼、智、信的“五常”之一，也是调节五伦的重要道德规范，不仅是交友之道，更是立政之本。对于国家而言，“诚信，国之大纲”[⑧]，为政者要讲求诚信、言而有信，可谓“政令信者强，政令不信者弱”[⑨]。当今，诚信已经不分种族、不分地域、不分人群等，渗透在社会生活的方方面面。当代中国家风建设中要将诚信之德纳入其中，父母长辈之间、兄弟姐妹之间、父母长辈与子孙儿女之间，等等，都需要坚持“诚信”之德，以此构筑新时代家风，进而利于个人品德的养成。

（三）廉

廉洁规范，是中华民族的传统美德之一。所谓廉洁，指的是修身廉

① 輗和軏都是古代车辕前面横木上的关键的木销子。如果车没有輗和軏，便不能行驶。同样道理，如果人不讲诚信，则很难适应社会、立足于世。

② 《论语·子路》。

③ 《论语·学而》。

④ 《老子·第八章》。

⑤ 《老子·第六十三章》。

⑥ 《墨子·兼爱下》。

⑦ 《墨子·修身》。

⑧ 《贞观政要·诚信》。

⑨ 《荀子·议兵》。

洁、立身干净，不贪图牟利、不享乐腐败。正如《楚辞·招魂》所提及的“不受曰廉，不污曰洁”。在日常生活中，尤其是在工作岗位上，人们常说：“洁白自守”“清白无瑕”“两袖清风”“一尘不染”，实际上赞美的就是廉洁的道德规范。儒家孟轲曰：“可以取，可以无取，取伤廉。”[①]突出廉洁在取舍方面的作风；墨家墨翟的“君子之道也：贫则见廉，富则见义，生则见爱，死则见哀，四行者不可虚假，反之身者也”[②]。彰显贫穷时表现出廉洁，富贵时表现出大义的与生俱来的品质。道家李耽则从戒贪的角度，辩证地阐明了得与失、祸与福、足与不足的关系，指出“知足不辱，知止不殆”[③]。此外，法家从生死气节方面，指出“所谓廉者，必生死之命也，轻恬资财也”。当然，除先秦诸子外，在中国历史上清白自守、廉洁做人的言行俯拾即是，凸显出廉洁规范在品德养成方面的重要性。

廉洁规范，不仅是品德养成教育的基本道德素质，而且是“吏德”“仕德”的核心内容。党的十八大以来，党和国家“整治腐败、倡导廉洁”，从中凸显廉洁规范的重要性。其一，廉洁乃国家为政的根本，同时也是作为官吏的珍宝。可谓“廉者，政之本也；让者，德之主也”。“廉之谓公正，让之谓保德。”这就是说，廉洁是为政的根本，礼让是德行的主体。廉洁就是公正，礼让就是保持德行。《舍人官箴·宋元学案》还认为：“当官之法，惟有三事：曰清，曰慎，曰勤。”此处，将清廉至于首要位置。可见，不论古今，“廉”是各级官吏的一种美德，廉政者谓清官。党员干部要在发挥“吃苦在前，享受在后”的模范作用中，建立清正廉洁、无私奉献的高尚情操。其二，廉洁与贪腐彼此对立，有廉无腐、存腐没廉。一般而言，如果一个国家或者是民族的廉洁品质成为社会主流风气，那么必然会有助于实现国家的安宁、人民的安康。反之，若是贪污行为泛滥，蔚然成风，那必然会造成民不聊生的后果。当然，贪腐与否，关键在于“清官”与“污吏”的存否。正可谓“居官廉，百姓福；居官贪，百姓害”。因此，“廉者，民之表也；贪者，民之贼也”。此

① 《孟子·离娄下》。

② 《墨子·修身》。

③ 《老子·四十四章》。

外，反腐要倡廉，倡廉要养廉。养廉，也是现代品德养成教育的一个重要内容。毋庸置疑，廉洁规范的养成要从娃娃抓起、从家庭做起。家庭教育、中小学的基础教育，如果注意到对孩子、学生进行廉洁的教育，使他们从小就能够正确对待劳动、对待金钱，懂得勤劳俭朴；从学法习礼，到循法行礼，懂得礼义廉耻，认识贪污的祸害，形成正确的价值观，必然为他们将来能够廉洁自律、成为堂堂正正、清清白白的好公民，打下坚实的基础。如果家庭、学校和社会，都能够重视对下一代公民进行有效的廉洁教育，那么，民风必会淳朴、吏德必将清廉、政治必能清明，国泰民安，繁荣昌盛。

（四）“义”

义，繁体写成“義”，由“羊”和“我”构成，而羊象征着善和美。一般而言，“义”是指某个体或者说是群体的思想、言行、举止符合社会普遍道德规范。诸如，《中庸》记载“义者，宜也”。宜的意思是应当或应该。韩愈说：“行而宜之之谓义。”[①] 孟子说：“义，人之正路也。”可见，“宜”意味着是善的和美的，是应当的和合理的，它是指人在追求物欲之时，其言行举止要适合仁德的要求。儒家高度重视人际关系的处理，并将“义”作为“五伦”之一，来处理和调节人际关系。《论语》当中，有20多处涉及“义”的语句或者是词语，几乎涵盖政治、道德、教育等各个方面。同样，在《孟子》一书中，义字的使用高达100多次。儒家代表之孔子和孟子，高度强调了“义”的道德规范。可见，在古代义是做人的基本准则，主要用来处理公与私、个人与集体、权利与义务的关系。新时代的家风建设过程中，依然需要义之德，从小教化个体，为人处世“义以为上”，逐渐养成良好品行。

义利公私之辨是中国古代人生哲学中的重要问题。显然，义与利截然不同，但两者又相互联系，集中反映了人与人、个人与社会，甚至人与自然的关系，涉及人生“三观”的基本问题。简单而言，新时代的义利关系，涉及物质与精神、公与私等方面内容。其一，物质与精神的关系。就义和利二字的字面意义说，义是指精神和道德的层面，利是指物质和功利的层面。义利关系就是指道德、精神的追求与物质、功利的追

---

① 《韩昌黎集·原道》。

求的关系。在物质利益方面，“义”可谓“利之本也”[1]，是衡量与评价物质利益的追求动机、索取过程以及所获得的利益正当与否的条件和标准。正像孔子所言：“见利思义，见危授命，久要不忘平生之言，亦可以为成人矣。”[2] 当然，尤其是在工作岗位上，义与利出现冲突之时，要尽可能实现“义以为上”。其二，义利关系也是公与私的关系。荀子曾曰：“公道达而私门塞矣，公义明而私事息矣。”[3] 可见，公与私的关系，也就是所强调的个人与集体、个人与社会，尤其是个人价值与社会价值的关系问题。义的道德规范要求将社会价值高于个人价值，当然也不否认个人价值。这是国人的气节，也体现了中国特色的独立人格与价值取向。譬如，克尽职守、报效祖国。可谓，“临患不忘国，忠也；思难不越官，信也；图国忘死，贞也。谋主三者，义也”[4]。可见，具备忠心、主张诚信，重视操守等，都是义的表现。“孔子曰：‘能执干戈以卫社稷，可无殇也’。冉有用矛于齐师，故能入其军。孔子曰：‘义也。’”[5] 国难当头，“舍生而取义”[6]，能够为国家而献身也是义的行为。此外，正义的品质也是义的重要表现，其作为道德规范，激励了无数仁人志士“舍生取义”“大义灭亲”。当今，我们追求社会公平，必然离不开“正义”的辅助，同时这也具有体现人格尊严、实现个人价值的意义。

三 社会公德：仁、礼、宽、耻

（一）仁

根据《说文解字》的释义，“仁”的本意是“亲也，以人二”。可见，仁必然涉及人与人之间的关系，是处理家庭内外人际关系的基本准则，是最普遍的为人之道。孔子认为，仁德是人之为人的根本，是个体生活的中心。社会生活的一切道德规范，都可以归为仁的范围。因此，可以说仁德是统摄一切道德的范畴，同样，也是家风建设及其品德养成

---

① 《左传》昭公十年。

② 《论语·宪问》。

③ 《荀子·君道》。

④ 《左传》昭公元年。

⑤ 《左传》哀公十一年。

⑥ 《孟子·告子上》。

的道德规范。譬如，由修身养性、完善自我到与人共处、共生、共存，由和谐亲朋关系到治国平天下，无不归于求仁。至于仁的真切含义，孔子对弟子们的解答也不尽相同。譬如，颜渊问仁，孔子主张“克己复礼”；司马牛问仁，孔子说：“仁者，其言也讱”；仲弓问仁，孔子说：“己所不欲，勿施于人”；子贡问仁，孔子说：“友其士之仁者”；子张问仁，孔子说，能具备庄重、宽厚、诚实、勤勉、慈惠五种品德，便是有仁德之人。

虽然关于仁的阐释有多层含义，但是，仁的核心是爱人。孔子最早以“爱人”解释仁。譬如，当樊迟问仁时，孔子以“爱人”二字表达了仁的核心。后来孟子曰“仁者爱人”，韩愈说“博爱之谓仁”，同样，朱熹说仁是“爱之理，心之德”，都共同表达了仁的核心是爱人。“爱人”“博爱”等，在当今仍适用，且为人与人、人与社会以及人与自然关系处理提供指导。其一，仁之爱是一种情感。爱表现为一种发自内心的、纯洁的爱，主要是由人内心的善良之情所驱使。当然，这种爱涉及对自己、对他人、对集体、对社会以及对国家的爱。可见，我们作为社会的一员，不论是“先己后人”，还是“先人后己”，都是一种内心的优良情感。其二，仁之爱涉及“博爱”。仁爱，作为一种道德规范，其情感特征和精神内涵包括由近及远的“泛爱”，追求爱“人之老”与“人之幼”。试想一下，如果人人具备“博爱”的品质，那么“老人倒地扶不扶”的质疑之声便会逐步消失。当然，儒家的“仁”不仅指人与人之间的爱，还涉及人与自然层面的“仁”，也蕴含“博爱”的情怀，由对亲人、对他人和对社会之爱，推及到对“山川鬼神鸟兽草木”的爱。正如古语所言：“亲亲而仁民，仁民而爱物。”① 由此，可以充分体会到儒家的“仁”之爱，不仅适用于人与人，而且内含对待自然、处理人与自然关系的态度，并且需要将“仁”扩展到对“鸟兽昆虫”等自然万物的仁爱，内含当今生态伦理道德。此外，孔子还提及仁者“能爱人，能恶人”，这里体现出仁者是辨是非、明好恶、爱憎分明的人。总之，仁是全德、总德，代表中华民族精神的发展方向。在中华民族的发展历史上，涌现了大批道德君子、仁人志士。如今，仁德更应该被赋予爱他人、为祖国、护自然的精神品

① ［宋］朱熹：《四书章句集注》，中华书局出版社 2012 年版，第 370 页。

质，也在构筑新时代家风的同时，为个人品德的养成注入精神元素。

（二）礼

中华民族具有五千年文明史，素有“礼仪之邦”的称誉。礼仪文明作为中华传统文化的一个部分，在家风建设及其个人品德养成教育之中发挥着重要作用，逐渐成为中华民族独具特色的个人行为准则和社会道德规范。众所周知，中华民族历来注重人伦关系和人际交往。这种对人群伦理关系的特殊关注，不仅体现在中国社会丰富的伦理思想，而且也体现于完备的礼仪系统。追根溯源，礼的产生历史源远，卜辞中的“礼”字像是用两块玉盛在器皿中去做供奉，表示对先祖或鬼神的敬意。可知，“礼”最早产生于远古时期的祭祀活动，至夏商两代，这种敬祭之礼被逐渐引入尊卑贵贱的宗法体制中。周代为了限制等级僭越，维护统治秩序，又制定了详尽的礼制礼法。周人所确立的礼制为后世儒家所继承、发展，以致成为规范中国人的生活行为、心理情操、是非善恶观念的重要道德范畴。

礼既是一种标志，又是一种精神，还是一种保障。无可讳言，当今礼意识、礼行为淡化，乃至缺失，使得增强和丰富礼文化成为必要。其一，礼乃作为“社会人”的标志。譬如，孔子说：“不学礼，无以立。”可见，礼能反映一个人的文化素养和道德水平，也是一个人气质和风度的体现。可谓，礼是立身处世的根本。可见，作为一个社会成员，一定要知礼、明礼、通情达理。反之，正如孔子所言：“恭而无礼则劳，慎而无礼则葸，勇而无礼则乱，直而无礼则绞。”同样，“满招损，谦受益”。谦敬与恭逊、谨慎、节制等，都是有内在联系的，其既是个人自身修养的美德，是对人处事的道德要求，也是有“礼”之人的体现。其二，礼乃一种精神。孟子说“恭敬之心，礼也”①。又说“辞让之心，礼之端也”②。《孝经·广要道》也提及：“礼者，敬而已矣。故敬其父则子悦，敬其兄则弟悦，敬其君则臣悦，敬一人而千万人悦。所敬者寡而悦者众，此之谓要道也。”可见，礼就是对社会规范，对尊者、长者抱恭敬的态度，心怀辞让、恭敬之心的精神态度。譬如，中国人向来提倡孝悌，这

① 《孟子·告子上》。

② 《孟子·公孙丑上》。

是中华民族的美德，也是传统礼仪中的内容之一，当今社会依然需要提倡。此外，类似“安国家，莫无于礼”；“礼之用，和为贵”等阐释还充分说明，礼不仅可以实现良好家风的构筑，而且可以实现社会层面的人际关系的协调，这也是礼作为一种社会保障的生动体现。譬如，个体在家庭中富有良好品行，做到孝亲敬长，其到社会上必然会遵守公德，懂得、认同并践行社会之礼，人与人彼此也才能沟通、共处。家庭关系、社会各类关系的和谐，才能随之带动家风、政风以及民风的互动，共筑和谐社会和实现民族复兴。

（三）宽

纵观传统经典文本，其中不乏对“宽”的注解，这也体现出“宽”作为传统道德的重要地位。譬如，《说文解字》中解释道：“宽，屋宽大也。”《尔雅·释言》：“宽，绰也。”《诗经》中有篇章记载：“宽能容众。”同样，孔子也提及：“宽则得众。”可见“宽”本意或为室内空间之大，或为所具衣物宽绰，主要指能承受较多的意思，其引申义为度量大、承载高、容众强。孔子还主张“君子成人之美，不成人之恶”[①]。意思是说，普通人若行好事，君子应当予以表彰，努力成全之；他们如有缺失，君子也应当积极引导，诱人祛恶向善。此处也引申出与“宽”之德紧密相连的“恕”之德。“恕”，从字面来看，是“如心”，也就是“如自己的心”。正如《贾子道术》记载“以己量人谓之恕”。恕涉及恕心（仁爱之心）、恕实（忠厚老实）以及恕道（宽仁之道）等，当然也做宽量、恕免之意。一般而言，宽与恕联合使用，也就是“宽恕”之德。我们倡导家风建设及其品德养成教育必然离不开“宽恕”之德，良好的家风之中洋溢着“宽恕”的意蕴，同样，良好的品行也表现在“宽恕”之道中。

“宽恕”作为基本道德范畴，其表面字义也就是“宽恕”的基本含义。当今的“宽恕”并非无原则的“宽恕”，而是要有原则、讲道理。其一，宽以待人。孔子说：“躬自厚而薄责于人，则远怨矣。”宽以待人，对己严，对人宽，这两个方面是相互联系的。如今，“为人处世”对己严是根本，先考虑自己应该如何、哪里需要改进、怎样学习他人优点等，

---

① 《论语·颜渊》。

对人宽实际上也是对己严的一种表现；对人宽主要涉及不求全责备、不斤斤计较、不责人小过等。正可谓“人无完人”，尽量“成人之美，不成人之恶”，且“不念旧恶”[①]。当然，我们并非无原则的“不念旧恶”，而是正如孔子所主张的“以直报怨”，即虽不念旧恶，但都还是要依原则来对待。正如朱熹主张的“血气之怒不可有，义理之怒不可无”。当然，宽容的基础，是对人的接纳与信任，这也体现“宽恕”的第二层含义，即“己所不欲，勿施于人”[②]。子贡问曰：“有一言而可以终身行之者乎?”子曰：“其恕乎！己所不欲，勿施于人。”[③] 这不仅要用于修身、齐家，而且特别要用于治国、平天下，追求从“小家”到“大家”各方面的和谐。每一位个体必须真心诚意，尊人卑己，自厚宽人，“不自是”，“不居功”，“能反省”，“能让人”等。这些经世治用的“宽恕”规定对于弘扬“宽恕”美德和品德养成教育起了重要的作用。此外，传统的“宽恕”精神在教育的层面上也有所体现。譬如，孔子主张“有教无类”，不分贵族与平民，不分国界与华夷，只要有心向学，都可以入学受教。孔子尤其主张每人依其资性而自由发展，“循循然善诱”[④]，这也正是宽容精神的体现。基于此，新时代家风建设过程中，父母长辈在进行品德养成教育过程中，也要坚持“有教无类”的思想，相信并发挥个体的“主体性”，促进其积极能动性的发挥，实现自我教育、自我完善，逐步实现良好品行的养成。

（四）耻

知耻，是人类伦理道德生活中的重要元素。可谓，无羞恶、羞耻之心，非人也。显然，知耻是人与禽兽的重要区别，乃人性或者说本能的体现。耻，是道德内容，也是道德情感，同时，也是个人品德养成的内在动力。此外，耻也是明善恶、知是非、辨美丑的一种道德评价标准。我们知悉，礼、义、廉、耻，乃“国之四维”。四者之间有着内在的辩证关系，明礼义，才能知廉耻，而之所以悖礼、无义、不廉，很大程度上

---

① 《论语·公冶长》。

② 《论语·卫灵公》。

③ 《论语·卫灵公》。

④ 《论语·子罕》。

是因为无耻的结果。可见，耻之德与其他德行关系密切。孔子讲过：“邦有道，贫有贱焉，耻也；邦无道，富且贵焉，耻也。”回顾中国历史，凡是卖国求荣者，都被视为无耻之徒。孟子尤其强调，那些不知羞耻之徒，是最可耻的。“人不可以无耻，无耻之耻，无耻矣。”当然，“耻”，在很大程度上主要体现为自我意识和自我觉悟，也就是内在良心的内化与外化。譬如，当具有知耻之心的个体，其所作所为有所冒犯之时，而受到他人或社会的谴责，必然会感到羞涩，甚至是羞辱，从而自我反思、自我完善，自觉地按照正确的原则、规范、方法等去践履，进而改过自新，逐步提升。当然，“耻”既可以作为一种道德规范，作用于品德的养成，而其本身也可以是优良品德的体现。

关于“耻”的道德规范要求，其与“羞”“辱”“疚”“愧”等含义与用法相近。可见，我们可以借助身与心的思路，来阐释耻所涉及的几个方面内容，同时应用于品德养成教育。其一，内在层面，耻乃羞恶之心、之情。孟子曰：“羞恶之心，义之端也。”[①] 朱熹更是明确指出：“耻便是羞恶之心。”[②] 譬如，中国古代的思想家们将“耻”视为“人兽之别”的标志。人有善恶之心、知耻，以及在羞耻之心基础上所具备的维护个体尊严的正向道德情感等，这是“人禽之别”的一个重要标志，也是人之为人在心理、情感，以及意识层面所必须具备的最重要和最起码的条件。同时，孔子还教导我们要做到“行己有耻”[③]，即一个人的言行举止应有知耻之心。其二，外在层面，耻需有所为、有所不为。正如朱熹所言“人有耻，则能有所不为”[④]，意思是说，一个人只有具备羞耻之心，才知道什么该做，什么不该做。这也从侧面告诉人们，耻建立在道德认知的基础上，蕴含着道德情感，在此基础上，才能具备道德信念和意志，正确地进行道德评价和道德选择，自觉坚持真、善、美，拒斥假、恶、丑。此外，中华传统道德关于耻的解释，还将其与勇连接，强调“知耻近乎勇”，把知耻和悔改联系起来，其基本含义就是勇于自责和改

---

① 《孟子·公孙丑上》。

② 《朱子语录》卷十三。

③ 《论语·子路》。

④ 《朱子语类》卷十三。

正过错。由此可见，羞耻心的培养应以勇气为后盾，即由自愧而自责，是需要有解剖自己、否定自己、改过自己的勇气。反之，有勇方能真知耻。总之，尽管在不同的时代，耻具有不同的评价和选择标准，但作为一种道德规范，在任何时代都是需要的。特别是在新时代的家风建设过程中，耻之规范不仅是为人的基本，家风建设的潜在元素，而且关乎整个社会的和谐，甚至是国家和民族的兴衰存亡。

第三节　传统家风建设中养成个人品德的特点

纵观历史，致力于人的培养是人类社会永恒的主题。中华传统文化中渗透着关于教化的理念和方法，其中，人之为人的根本在于有德，而培养有德之人的关键在于道德教化。道德教化就是要用人类历史所创造的伦理道德文化来熏陶和塑造人们的精神和品德。不论古今，养成个人品德的社会普遍道德规范，往往是通过一系列中间环节，才能被个体所逐步内化和外化。中国传统家风建设中潜移默化地实现着个人品德的养成。这一过程富有家国同构性、道德至上性、情理交融性以及具体操作性等特征。类似的特征更多的反映出传统家风建设中养成个人品德的特色，也是新时代品德养成教育的重要参照。

一　家国同构性

“国家”一词由“国”和“家”二字组成。一般而言，“国”的概念已是完整的，但为何又要后缀上一个“家”字呢？显然，“国家”一词的背后有着丰富的文化背景。概而言之，由于中国古代“家国同构”的政治模式与文化理念的滋养与渗透，逐步孕育、积淀出该词。“家国同构”，又可称为“家国一体”。可谓，国家是家庭的放大，而家庭则为国家的缩影。“家国同构”的结构模式自身富有强大的磁场，恒久地保持着一种稳定完整、层层递进的形态。可以说，“家国同构”是中国古代社会最鲜明的特征之一。譬如，家庭的因素向上延伸，使国家保留了家庭的许多特色，如“父权制”“家天下”等；同时，国家的因素往下延伸，也使得家庭的维系蕴含着国家治理的色彩。由此，传统家风建设及其从中实现个人品德的养成过程呈现着浓厚的家国同构色彩，尤其是品德的养成教育，其既受到家国同构现状的影响，也渗透着家国情怀的培养。

（一）家国同构的逻辑思路

中国传统“家国同构”的具体表现，一方面是国的家族化。正可谓“家天下”，既是统治者所把持的一种信念，又是古代国家本质的深刻写照。一国之君自命为一国之父，“天子作民父母，以为天下王”①。另一方面是家的国化。所谓“天下之本在家”，家族内部结构以国家为范式，秩序井然、逐步推演。一家之父是一家之君，故“家父”又可称为“家君”。鉴于此，我们发现传统文化对社会成员国民意识培养的思路，最先在于“修身”“持家”。同时，个人对社会、国家的贡献，也以其家道的维护和家政的清理为基准。可谓“君子之事亲孝，故忠可移于君；事兄悌，故顺可移于长；居家理，故治可移于君”②。同样，孟子所说的“父子、君臣、夫妇、长幼、朋友”之间的“亲、义、别、序、信”③，实际规范了彼此之间的权利和义务。恩格斯也认为父亲、子女、兄弟、姐妹等不仅是简单的称谓，更是一种“相互义务的称呼”，而且“义务的总和”彼此关联，构成该民族“社会制度的实质部分。”④ 古代以持家有方、家族和睦作为参与国家事务的前提条件。由此可见，家风建设，被看作是治国的基础，将家与国统一起来，这也体现在个人—家庭—国家同构关系的儒家思想中。譬如，孔子所主张的“修己”思想，以此来推进“安人”“安百姓”，而且认为“为人孝悌者”很少有冒犯上级的思想。修身—提升—安人—安定社会的逻辑关系，作用于品德养成，培养孝顺之子和尽忠之臣，这也为新时代家风建设上升至国家治理提供逻辑思路。也就是说，新时代家风建设要由“家庭”上升至“国家”，家庭与国家密切关联，而且家风与党风、政风、民风联动。同时，个人品德养成教育也可以体现着“家国同构”的思路。由个人到集体、由家庭到社会、到国家，这种“修身、齐家、治国、平天下”的人生价值实现的固定模式则是理想人格实现的重要选择。

---

① 《尚书·洪范》。

② 《孝经·广扬名》。

③ 《孟子·滕文公下》。

④ 《马克思恩格斯选集》（第4卷），人民出版社2012年版，第37页。

（二）家国同构的价值指向

黑格尔曾认为，中国是建立在某种道德之上，若总结国家富有的较为突出的特征，那便是“客观的‘家庭孝敬’”①。基于此，父与子、君与臣两类关系乃古代社会赖以维持和运转的核心。由此，古代家风的建设必然体现如此的伦理观念和道德规范，以此来维护家庭成员的血缘纽带和家庭稳定。当然，与之相应的伦理道德规范和价值取向逐步上升为统治阶级的意识形态，长久地作用着伦理道德、社会心理以及行为习惯，给中华民族打上深刻的烙印，构造出一种“重德求善”的文化类型。譬如，中华民族精神中的伦理和道德，以家庭为本位，以伦理为中心，将个体融入家庭、社会、国家等群体之中，强调个体的人在“家国”中的角色和义务，以及个体对“家国”的使命和责任。如此的价值追求，对维系家庭关系的和谐、人际交往的稳定、社会的正常运转以及个人品德的养成等等具有积极的意义。这也突出了在处理人与人、人与社会以及人与自然等关系时，注重彼此双方的“双向性”和“互动性”，以对方为重的“移情”原则。可见，传统家风建设中，尤其强调个人品德的养成教育，逐步培养健全人格。因为一个人从“修身”做起，具备健全人格后，才能“推己及人”，按照“修—齐—治—平”的价值取向和逻辑思路，逐步实现“天下平”的政治抱负。如此的价值指向，也造就了中华民族独特的“国格”。新时代家风建设并非孤立的工程，党和国家站在一定高度用“家国同构”的价值指向和道德力量，从每一个家庭、家族着手，注重道德修养，重视人格完善，以道德为家风建设的文化基础，作用着家庭成员的“三观”以及整个思想体系。如此的价值追求和模式在提升家庭凝聚力的同时，形成了巨大的民族向心力。

二 道德至上性

中国传统家风建设中，将“现实的人”视为立足点和出发点，追求个体良好品德的养成，尤其是把人们品德的养成希望寄托在教育上。古代教育体系中，尤其注重家庭德育，培养人的高尚品德，造就仁人志士。这也是中国古代家庭教育的优良传统。在一定程度上讲，教学的目的，

① ［德］黑格尔：《历史哲学》，王造时译，上海书店出版社2001年版，第165页。

是使人“知道” + “成德”。譬如，《礼记·学记》说：“玉不琢不成器，人不学不知道。”董仲舒说：“君子不学，不成其德。”① 教育的根本任务是“传道、授业、解惑”。不论是父母，还是老师，在解惑和授业的基础上，更加注重传道，也就是正确“三观”的传授。显然，家庭，作为儿童的初始场所，父母家长作为第一任教师的职责是培养儿女子孙的美德。正可谓，“师也者，教之于事而喻诸美德者也”②。荀子也提及：“以善先人者谓之教。”③ 可见，把培养良好品行作为家风建设活动追求的根本价值目标，是“实然性”和“应然性”的统一。

（一）道德教育在教育体系中地位显赫

中华民族富有礼仪之邦的美称，习礼、知礼和行礼。当然，礼不仅有庄重的仪式表现，更有丰富的精神内涵。理是礼的基础，礼是德的外化。可见，礼意识行为的养成，与道德培养也有密切的关系。孔子历来重视教育，并把教育作为“立国”的三大要素之一。古代经典中的“建国君民，教学为先”，“化民成俗，其必由学”等语句，均体现着教育在古代社会的重要地位。教育不仅可以为国家的建设和发展培养人才，而且通过道德教育，可以培养德性、德行之人，进而利于良好的社会道德风尚的形成。道德教育在广大教育体系中居于首要的地位。譬如，朱熹把教育分为“小学”和“大学”教育，其中小学教育阶段最关键的事宜便是“打胚模”，也就是所谓的“塑形”，养成基本的品德。近代王国维也指出：“有知识而无道德，则无以得一生之福祉……古今中外之哲人无不以道德为重于知识者，故古今中外之教育无不以道德为中心点。”④ 实际上，中国传统的家庭教育，历来把德育放在优先位置，这也是传统家风建设的特征，其目的在于个人品德的养成。正如康有为所说：“蒙养之始，以德育为先。”可见，德育为基础性、源发性教育，不容忽视。同样，蔡元培先生也深刻地指出：“德育实为完全人格之本。若无德，则虽体魄智力发达，适足助其为恶，无益也。”⑤ 可见，无论何时，教育均为

① 《汉书·董仲舒传》。
② 《礼记·文王世子》。
③ 《荀子·修身》。
④ 王国维：《中国人的境界》，中国工人出版社 2013 年版，第 2 页。
⑤ 《蔡元培教育文选》，人民教育出版社 1980 年版，第 15 页。

“百年大计”，其中，我们尤其要注重道德教育。而且，道德教育是一个连续的或者说是持久的过程，也就是说要从家庭教育开始，直到社会层面，构筑家庭—学校—社会联动的道德教育体系。

（二）品德养成是家风建设的重要追求

中国的家教文化具有渊源的历史，中国古代教育家很早就认识到家庭教育的重要性，而且重视道德教育，将品德养成置于教育的核心地位。简单来讲，家庭教育中都把“做人”作为教育的首要目的，这也是传统家风建设的重要追求目标。孔子主张“知者不惑，仁者不忧，勇者不惧”[①]，蕴含以“仁”为核心的品德，其与“智”和“勇”构成“三达德”。孟子则提出“万物皆备于我矣。反身而诚，乐莫大焉，强恕而行，求仁莫近焉”[②]。其认为人们的道德品质和精神境界，也就是内在德性、德行，远远高于物质财富和权势富贵追求。因而，不论是传统家风建设的目标，还是家风建设的内容等，都远远超出了功利性的范围，其中，品德的养成教育便是重要价值追求。那么品德养成的参照标准是什么呢？综合分析，古代社会的品德教育更多的是一种“内圣外王”的价值追求，这些都是个人发展的目标。当然，对国家和民族而言，倡导家风建设及其品德养成具有“保江山”“稳民心”的功能。此外，以朱熹的《家礼》为例，以礼仪形式存在的家风，要求家庭成员遵行礼仪，其最终目的也是实现人的成德目标。可见，当今家风建设也要重视德性的培养，强调道德责任感和历史使命感，坚持集体主义价值取向，“发扬不计个人得失与成败，不问个人安危与荣辱，以天下为己任的精神”[③]。当然，在新时代家风建设的过程当中，我们既要参照古代“内圣外王”的目标，又要借助相应道德规范，譬如，需要家庭美德、职业道德和社会公德等普遍道德规范的参照，并在这过程中实现普遍道德规范的内化，实现个人品德的养成。

三　情理交融性

苏联著名教育家苏霍姆林斯基说过：“世界是通过形象进入人的意识

---

① 《论语·子罕》。

② 《孟子·尽心上》。

③ 张应杭、蔡海榕：《中国传统文化概论》，上海人民出版社2013年版，第252页。

的。儿童的年龄越小，他们生活经验（对于善与恶的理解，对于真理和谬误的理解）越有限，那么生活中鲜明的形象对于他们思想的影响就越强烈。”家风建设以及从中实现社会普遍道德规范的入脑、入耳，实现品德的养成，也必须注意形象直观的问题。回顾历史，形象直观、情理交融是家风建设及个人品德养成教育中的一个显著特点。

（一）运用绘声绘色的文字描述

家训作为中国传统家风建设的重要载体，是中华传统文化中极其鲜活的部分。家训作为启蒙教材，在文本的编纂过程当中，运用绘声绘色的形象文字描述，将经典文本中那些晦涩难懂的名词短语和道德规范形象化、具体化，来符合普通民众的思想道德水平的具体实际以及未来发展需要，进而将社会普遍道德规范在潜移默化中入脑入心，逐渐形成良好家风。一方面，采用形象化的文字描述。[①] 中国传统家训借助一些人人皆知的人和事，来解释说明家风建设和个人品德养成的基本道德规范。譬如，《颜氏家训》中记载正反两方面案例情况，有些宦官子弟因为家室尚有余绪，便不学无术，“全忘修学”，在谈论赋诗之时，难免“塞默低头”，令人痛惜，“长受一生愧辱”[②]。同样，“延颈企踵，甚于饥渴”等形象文字描述，动人心弦。另一方面，运用比拟的写作手法。通过对传统家训的考证发现，很多家训文本运用大量的拟物手法，来充分调动个体的五官功能，达到社会普遍道德规范个体化的效果。譬如，颜之推告诫弟子交友之时，采用拟物化手法，形象指出：“是以与善人居，如入芝兰之室，久而自芳也；与恶人居，如入鲍鱼之肆，久而自臭也。”弟子们可以很清晰体会到交友的原则标准。由此可见，如今我们在编著相关教材时，也要注意运用形象生动的语句，丰富写作手法，由抽象到具体，由复杂到简单。此外，传统家训中通过类比或以简单的事物说明难懂的问题，将关乎国家和民族存亡的大道理讲清楚。同时，采用人们常见的模范人物和耳熟能详的形象事件，来展现人格修养的深刻道理。譬如，关于“悌”的家庭美德教化，借助形象的描述再现幼小兄弟同根生长的熟悉情景，明确一家之亲，不过夫妇、父子、兄弟三者而已，唤起兄弟

---

① 符得团、马建新：《古代家训培育个体品德探微》，中国社会科学出版社 2012 年版。

② 《颜氏家训·勉学篇》。

姐妹之间的手足之情。当今社会，由于各种各样的复杂因素，家规、家训等已经流失，很少有家庭健存完整的家训、家规。因此，我们可以考虑重塑新时代家训家规等文化，在这过程中注重运用生动的语言、拟人的手法以及形象的案例，等等，同时，当今社会多为核心家庭，在日常生活中父母长辈要有意识注重堂表兄弟姐妹之间情谊的维系，以利于整个大家庭中家训家规的落实。

（二）创设生动形象的生活化情境

在中国古典美学中，“情景交融”与“心物感应”是相互连接与沟通的两个重要美学命题。“情”与“景”通过各种途径达到交触，会构成“意象”“意境”和“境界”等。家庭成员，尤其是未成年人个体，思想复杂、情感丰富、个性张扬，是富有能动性和积极性的主体。因此，个人品德养成只有动之以情，晓之以理，情理交融，才能启开受教育者的心扉，使其思维同步、心声共鸣。理是开启人之心扉的钥匙，情是沟通人之心灵的桥梁，情理并进，才能收到最佳教育效果。一般而言，运用情感是家风建设中实现个人品德养成的一个重要因素。离开情感的运用，家风建设往往效果不佳，同样，个人品德养成也会显得苍白无力。中国传统家风建设中，不乏运用情感去做相关工作的元素，以增强个人品德养成的感召力，激发受教育者的精神，从而促进受教育者思想的转化、品德的形成。古代学者在家庭教育中，相当注重对儿童兴趣的关注与培养。正如宋儒程颐曰“教人未见意趣，必不乐学”。古人通过歌舞、诗歌等对儿童进行思想品德和知识教育，“略言教童子洒扫应对事长之节”①。譬如，朱熹的《训蒙诗》、刘克庄的《千家诗》，等等，浅显易懂，便于儿童歌诵，以“顺导其志意，调理其性情，潜消其鄙吝，默化其粗顽”。此外，传统家风建设中，还随时随地注重“以情化人”，作用于品德养成。情通进而助于理达，古人明确在品德养成教育中，充分运用父母长辈与子孙儿女之间的血缘亲情，用爱心去换取孩子们的信任，用温暖去消除彼此之间的隔膜。正如白居易说：“感人心者，莫先乎情。”试想而知，如果把社会道德规范比作种子，那么，情感就是春风化雨，教育者只有做到情理交融，即在说教时，保持和贯穿愉快、亲切、和悦的情感，

---

① 鄢建江：《朱熹〈小学〉道德教育理论研究》，华龄出版社2006年版。

才能激起受教育者相应的情感体验，从而使他们心情舒畅地感受真理、接受真理，从中养成良好品德。正可谓“血浓于水”，任何友情都替代不了父母子女、兄弟姐妹间的亲情，这也是在家庭之中实现品德养成的优势所在。

（三）采用启发式的语言对话

语言是民族精神的积淀和外化，它随着民族的成长而发展，承载着民族的历史和文化。同样，语言或话语是人类生存的关键，借助语言可以进行情感表达、人际交流甚至是理性思考。苏霍姆林斯基说过：“对语言美的敏感性，这是使孩子精神世界高尚的一股巨大力量。这种敏感性，是人的文明的一个源泉所在。”古代家风建设过程中虽然存在着道德灌输教育，但是，其中不乏父母与孩子共同参与、互促共进的元素。譬如，“不愤不启，不悱不发”[①]，父母家长注重孩子的主动性和积极性，借助语言进行启发式教育。“愤”即“心求通而未得”，“悱”即“口欲言而未能”，“启”即“开意”，“发”即“达辞”。在孔子看来，如果学生在学习过程中未能达到“愤”、“悱”的状态，教师不能越俎代庖，只有在学生“心愤口悱”时，教师才给予适当启发，学生也才能举一反三。孟子还把启发式教育形象地比喻为“引而不发，跃如也”[②]。所谓“君子之教，喻也”。教育发展到今天，不论是家庭教育，还是学校教育，人们已经意识到孩子、学生不是消极被动地接受知识的“容器”，注入式教学严重阻碍了学生独立思考能力和独立学习能力的发展。由此，不论是父母长辈，还是人民教师，要根据学生身心发展的不同特点，采取“启发式教学”，充分发挥其潜能。譬如，家庭之中，父母长辈便是子孙儿女的教师。父母长辈在日常家庭生活中必须善于启发诱导子孙儿女，让子孙儿女自己独立思考、自主判断、寻求真理，在分析问题和解决问题中，逐步内化社会普遍道德规范。此外，作为成长中的个体，尤其是未成年人，有着深厚的好奇心和想象力，父母长辈可以借助这一特点，设计相关问题，引导孩子们思考和想象，同时培养孩子的创造思维和能力。

---

① 《论语·述而》。

② 《孟子·离娄下》。

四 具体操作性

奥地利生态学家劳伦滋在动物心理实验研究中发现了“印刻”① 现象。当然，人类个体优于其他动物，其出生所在的家庭是关键的教育时机，而在此时机的教化，很关键的一点就是要实现教化内容的明确具体。譬如，父母在传授道德知识及品德养成教育中，需要有明确的内容和目标，所采取的奖惩措施也需要明确、具体且合理适宜。传统家风建设过程中，制定明确的内容和目标，且借助家训、家规等具体的标准，来为个体品德养成提供借鉴。

（一）目标明确，内容详细

一般而言，社会普遍道德规范，譬如，家庭美德、职业道德、社会公德等，需要渗透于各个层面的教育，并且在教育内容、目标，甚至在方法层面都要有所反映和体现。在“尚德”“内圣外王”等氛围作用影响下，道德教育、人格教育、“立德成圣”等成为历代教育的核心和宗旨。显然，从教育的目的意义上来分析古代的教育，其目标主要是“育人”“成德”和“成圣”的教育。譬如，孔门弟子及其后人对孔子的“心向往之”，体现对孔圣人的向往，也是自身学习、进步的目标。同样，后来孟子强调人们应该“如舜”，做像“舜”一样的有德之人，则更为明确地表达追求完善人格的目的。可见，“成德”“成圣”是古代教育相当明确的目标之一。新时代的家风建设及其品德养成，也需要有明确的目标。简单来讲，便是培养服务和服从社会发展需要的建设者和接班人。同样，古人家教的内容主要有品德养成和知识学习两方面，内容相当详细，尤其是家风建设中品德养成方面，涉及古人是如何教导子女做好人的，是如何关注子女的德性和品格的，其中涉及立德、修身、处世等详细的内容。在此，荀子特意强调人格的完整，甚至说是圆满才能实现“成人”，所见、所闻、所想、所言等都紧紧追求并体现完美的人格。只有如此，

---

① 劳伦兹实验研究发现，刚刚会走的幼小动物倾向于追随它在出生后看到的第一个活动的客体，并很快与之建立依恋关系，“模仿”依恋对象的举动，即“印刻”现象。若将该现象联想儿童教育，反映出两个问题：其一，初步模仿对象的重要性，尤其是家庭中的父母长辈对新生儿的影响；其二，“时机”的重要性，家庭教育中把握关键的时期、阶段显得尤为重要。

人格才能尽善尽美，才能“成人”。所谓，“德操然后能定，能定然后能应，能定能应，夫谓是成人”①。此外，在方法上也体现出相关的明确具体的思路。朱熹总结出了循序渐进、熟读精思的读书“六法”，也体现具体明确、循序渐进的思路，融合了道德修养、治学精神和学习态度的综合要求。可见，不论是家风建设，还是品德养成教育，以及“治家”“治学”“治教”，都需要有明确的目标、内容和方法，这样才能有方向、有动力。

（二）家训昭示，家法惩戒

曾国藩曾指出：“凡家道所以持久者，不恃一时之官爵，而恃长远之家规，不恃一二人之骤发，而恃大众之维持。”可见，家庭绵延不断、传承发展的关键在于有一个能真正使家庭成员共同遵守的家庭规则。家庭中对其子弟子孙教育的最有效手段是家训。重视家训教育，利用家训昭示，是中国古代家庭教育的重要特点或是重要传统，也是家风建设的重要路径。中国古代借助家训进行家风建设，认为个人的成功不仅意味着个人的人生价值的实现，同时也是家族与祖辈的人生价值的实现。古代的家训形式多样、内容丰富，既有篇幅宏大的完整家训，也有片纸短章的口传心授，内容涉及为人处世、求学为官等多个方面。在全面、实用的基础上，家训具有简明、具体的特点，这不仅利于良好家风建设，而且发挥了积极的社会作用。同时，在家风建设中，除了家训的教导，也有家法家规的惩戒，在“家法家规”中有明确、具体的惩罚力度和惩罚标准。基于家训文献资料分析，唐朝以前的家训文献，其主要内容都是劝谕、告诫性的，大多是正面引导。而宋代以后，家训文化逐步发展为“法”的形态，大多家训文本都包括劝调和惩罚两部分。总之，家庭或家族是中国古代社会的基本细胞，几乎每个家族都有明确家族成员权利义务关系，教化、调整、规范家族成员行为的家训、家法、“家约”“族法”等。虽然形式各异，但内容大同小异，不外乎道德的教谕、行为的戒条、善恶的褒贬及纷争的平息方式和手段，等等。虽然它们主要表现出作为道德规范的内在特征，但同时又具备了作为法律规范的诸多要素，对于子女的健康成长、家庭的安定幸福、让会团结进步、

① 《荀子·劝学》。

国家的兴旺发达，都有重要影响，也是中华传统文化资源中的瑰宝。当今，党和国家重提“家庭”“家教”“家风”，使得重塑新时代家训、家规成为必要。

第四节　传统家风建设中养成个人品德的方法

俗话说：“父母是孩子的第一任教师。”《三字经》提及“养不教，父之过”。自古以来，重视对子孙儿女的家庭教育，都是每个家庭所必须面对，不可回避，且需要认真对待的问题，这也是家风建设的题中之义。中国有着重视家风建设的优良传统，几千年来日积月累的丰富的、科学的、全面的家风建设方法、经验，是古人留给我们的一份宝贵的文化遗产。古今家风建设在内容与范围上都有所区别，譬如，现代社会的开放性，家教需要学校辅助教育以及社会支持等。而在古代，由于学校与社会教育极不发达，再加上古人对家庭的依赖性强，古代家教要比现代家教的范围宽泛。但是在传统家风建设中积极的、科学的方法，在个人品德养成方面依然具有时效性和应用性。因此，我们有必要从传统家风建设中探求养成个人品德的方法。

一　养正于蒙，培养道德认知

《易经》记载：“蒙以养正，乃圣功也。”显然，蒙童时期的教育尤为重要，而且尤其需要科学、适当的教育理念和教育方法，要在“智愚未有所立”的童蒙时期就开始对其进行教养，使之走上正道，形成基本的道德认知，从而为将来的学习打下坚实的基础。儿童的道德发展表现为认知结构由萌芽、发生、发展到不断巩固提高的过程。古人从孩提时起就接受正确的教育，譬如，“三代时人，自幼闻见莫非义理文章”①，“古人于孩提时已教之礼”②。张载也曾提及“‘蒙以养正’，使蒙者不失其正，教人者之功也”。可见，使孩子在孩提时期就接受正确的教育，这是每一位家长和教师的责任。当今，我们的家教，尤其要注重“启蒙教育”。

---

① 《经学理窟·义理》。

② 《经学理窟·学太原上》。

王夫之在《张子正蒙注序论》中称“谓之《正蒙》者，养蒙以圣功之正也。圣功久矣大矣，而正之惟其始，蒙者，知之始也”。《正蒙》就是要求人们在孩子年幼的时候，便教给他们“正学正德”，正可谓塑形，打好基本的“胚模”。同样，孔子自称十有五而志于学，不是说十五岁以前不曾学习，因为“直自在胞胎保母之教，已虽不知谓之学，然人作之而已变以化于其学，则岂可不谓之学”。任何个体在母亲体内作为胞胎之时就已经开始受外界的影响，而且“发源端本处既不误，则义可以自求”[①]。在小时候接受正确的教育，长大了自然可以自己去探求义理。反之，“其始不正，未有能成章而达者也”[②]。所以，善教人才，胎婴为早，蒙养为先。可见，早期蒙童时期的学习和教化对个体的一生的重要作用。

同样，中国传统社会之所以重视家风建设，是因为古人十分重视子女的早期教育，甚至要从胎教抓起，其明确婴幼儿初期的道德认识所具有的具体性、肤浅性以及易变性等特征，重视“蒙教”，真正实现“养正于蒙”，为逐步实现品德养成奠定基础。在此，有必要简单了解古人养正于蒙的方法，从中提取可借鉴的元素，应用于品德养成教育。其一，注重胎教。朱熹认为：“子之初生，不可不慎。”类似，“正其本，万物理。失之毫厘，差之千里”[③]。可见，“幼稚之时，使其习与智长，化与心成”，必能“少成若天性，习惯成自然”。在这之前，古人也提及胎教，这也体现“正本”“慎始”的观念。《大戴礼记·保傅》上记载：“古者胎教，王后腹之七月，而就宴室。”这是说母亲妊娠 7 个月以后要住到幽静的房间里，言谈举止要格外安详，遵守礼仪，沐浴良好家风的熏陶，给胎儿以良好的感化。孩子出生后，尚在襁褓之中，便要有意识有目的地对其进行系统的教导。此时，我们联想到当今的“早教机构”，体现着当今家庭和社会对教子宜从早开始的认同。但是，孩子家长作为首任老师，也不能将其完全依附于“早教机构”，而是要从“自修”做起，因为孩子处于“婴稚时期”便能够体察到旁人的喜怒哀乐，家长们要将孩子

---

① 《经学理窟·义理》。

② 王寿南主编，王德毅等著：《中国历代思想家 宋明 1》，九州出版社 2011 年版，第 173 页。

③ 《大戴礼记·保傅》。

的“早教”落实到家庭的方方面面，追求“使为则为，使止则止”[①] 的效果。其二，早教的科学依据。关于早教，具有科学、坚实的理论与现实依据，譬如，道德认知的源发与发展规律、先入为主的“印刻”现象以及“积重难返”的特点等，都是历代思想家关于早教阐释的科学依据。孔子曾曰：“少成若天性，习惯如自然。”颜之推指出：“人生小幼，精神专利，长成以后。思虑散逸，固须早教，勿失机也。”如果错失早教的时期，而养成骄慢的习性，则必然会日积月累，久而久之“终成败德”。朱庆澜还借助“染缸”形象比喻孩子的成长过程。个体首先出生在家庭当中，在家要经历3—6年才能逐渐步入学校，这是第一道染缸，紧接着学校阶段是第二道染缸，步入社会是第三道染缸。其中，最关键的便是人生的第一道染缸。我们追求良好家风的建设，从中注重品德养成教育，力争为孩子染上“红底子”，后期便会逐步实现“大红”“朱红”；反之，若在不良家风的熏陶下染上了“黑底子”，则会影响后期良好品德的养成，甚至若再遇后期的不良影响则会“层层加黑”。可见，新时代的品德养成教育，也要“养之于幼”，正其见、其闻、其视、其言，等等，以达到端正无邪的效果，这也是后期品德养成教育的前提和基础。

二　因人施教，陶冶道德情感

“因人施教”是古代重要的教育思想之一，其由孔子首创。不同的个体之间必然存在差异，就像世界上没有两片完全相同的叶子一样。每个人因为先天因素、后天阅历、知识储备、兴趣爱好等元素的不同，其之间必然存在差异。因此，不论是家庭教育，还是学校教育都应实事求是，从实际出发，针对不同类型的个体采取不同的教育内容和方法，以切合受教育者的实际和发展需要，进而激发其情感认同。孔子在这方面作了成功的探索，他对七十二个得意弟子的个性了如指掌，施教时有针对性地采取不同方式方法。同样，宋代袁采提出“性不可强合”的思想，他认为父母与子女以及兄弟姐妹之间的关系乃较为亲密特殊的关系，但是家庭矛盾不可避免，其原因之一是没有重视对方个性，正如《表民世范》

---

① 《颜氏家训·教子篇》。

记载“盖人之性，或宽缓、或褊急、或刚暴、或柔懦、或喜娴静、或喜纷拏、或所见者小、或所见者大，所禀自是不同”。可见，教育具有很强的“个体化”特征，离不开“自我教育”的环节。然而，激发受教育者的自我教育，其中情感的渲染和渗入必不可少，这也可以唤起受教育者的情感共鸣，陶冶道德情感。诚然，家庭教育所面对的是广大家庭成员，尤其是未成年群体，不同阶段有着不同的道德情感相伴相生，同时产生的还有喜、怒、哀、乐、爱、恶、欲、惧等情绪。大量案例证明，父母“家长”或“长者”了解个体在不同年龄阶段上性情的变化，适时施以正确的教导，这也是品德养成的重要方法。

经过前面分析，我们也了解到家训是面对众多子孙后代的训诫，也是家风建设的重要载体。家训中富有“因事而化、因时而进、因势而新”的教育理念。这也为我们新时代品德养成教育提供经验借鉴。其一，遵循孩子的身心特点，充分激发兴趣爱好。传统家风建设过程中，在落脚于孩子教育层面，十分注重遵循、顺应孩子的身心特点，反对对孩子个性、兴趣爱好的忽略和压制。王阳明曾指出：“近世之训蒙稚者，日惟督以句读课仿，责其检束，而不知导之以礼；求其聪明，而不知养之以善。鞭挞绳缚，待若拘囚。”可见，我们进行品德养成教育要基于幼儿的身心特点及其变化发展规律。譬如，婴幼儿时期，更多的是一种感性的体验和肤浅的认识，此时，在品德养成教育方面，较为有效的当属“诱之以诗歌”，将“孝悌忠信，礼义廉耻”类似所谓的“专务”① 渗透于诗歌当中。以如此的方式不仅易记，而且“易生其感发之心”，以陶冶性情、“发其志意、导之习礼”，并“开其智觉”。同样道理，相应的“故事法”“寓教于乐”以及“社会实践”等是品德养成教育的有效形式和方法。可见，知子以施教，除了要注意孩子的兴趣外，还要了解儿女的气质秉性，注意调和弥补，劳逸结合，促使他们全面发展。其二，按照循序渐进的原则，迎合不同阶段的规律。品德养成教育必须根据儿童不同成长期的生理、心理特征以设定适当的内容、目标，切忌缺乏力度和过犹不及两个极端。譬如，循序渐进与“揠苗助长”便是两个鲜明的对比案例，引

① 专务，一方面是动词，指专心致力；另一方面是名词，指专心致力之事。参见《传习录》卷中：“今教童子，惟当以孝弟忠信礼义廉耻为专务。”

人深思。朱熹教育思想中，分“大学”和“小学”教育，其中“小学”阶段，授以基本的行为规范、洒扫习惯即可。同样，王筠以学习书法为例，作了形象比喻，“小儿手小骨弱，难教以拔蹬法，八九岁不晚”。大量的案例表明，古人早期的家庭教育，遵循“学不躐等”教育原则，根据儿童的年龄特点进行有针对性的教化，注重道德情操的培养，“日复一日，月复一月，年复一年，毫不放空”，来助推品德的养成。当然，许多孩子家长“望子成龙、望女成凤”的心情急切，鼓励孩子参加文化课辅导班、音体美特长班，等等，这在某种程度上会促进孩子的成长进步，但是否真正符合孩子身心发展规律和需要，这需要家长们“因材施教”，根据自己孩子的兴趣爱好和学习阶段，有针对性地参与学习。同时，注重对孩子尤其是未成年时期，施以优秀传统文化，譬如礼仪文化、诗词文化等方面的熏陶，来感染和激发孩子们对生活，甚至是对人生的体悟，以陶冶孩子的道德情操。

三 严慈相济，塑造道德意志

品德养成教育中“奖励”与“惩罚”相结合，是有效的教育手段和方法，其以塑造道德意志为枢纽，既可以鼓励和引导受教育者积极向上，又可以预防和矫正不良品行。严慈相济是传统家风建设的重要方法，主要强调的是父母长辈在家风建设及品德养成教育中的重要作用。正如孔子的“为人父，止于慈”的观点。可见，儒家教育思想，将“严”与“慈”结合使用，提倡“严慈相济”的理念。同样，颜之推作为传统家风建设的典型代表，也指出“父子之严，不可以狎；骨肉之爱，不可以简。简则慈教不接，押则怠慢生骄”①；司马光提及的“慈面不训，失尊之义；训而不慈，害亲之理。慈训曲全，尊亲斯备”②，从中都凸显了“严慈相济”的重要性以及相关理念。可见，在具体教育过程中，父母双方作为家风建设及其品德养成教育的主导者，如果只是一味地慈爱而缺乏训教的成分，便会逐步失去威严。（婴幼儿时期，孩子较为感性，缺乏理性认识，所犯错误也在所难免。但是，如果父母长辈只是单纯的训教，而没

---

① 《颜氏家训·教子第二》。

② 《涑水家仪》。

有慈善之爱，则会伤及孩子内心情感，也不利于孩子健康成长。）只有严慈结合，才能很好树立父母威严并维持家庭亲情。此外，清代学者在“教子宜严”中，增加了新鲜元素，认为“严”不仅包括对子女的严，而且包括父母家长自身的严。也就是说，为人父母者要严于律己，这便使得“严慈相济”的教育思想更加丰富。由此可见，慈严相济的教育方法可以作为传统家风建设及其渗透在其中的品德养成教育的重要方法。

“严父慈母”的说法，反映了父母双亲在教子中所扮演的不同角色。教子中的严与慈，表现了教子方式中的“文武之道，一张一弛”两方面的结合。子女教育既不能过严苛责，又不能溺爱放纵，应严慈有节，把握好其中的尺度，在适合的力度和适宜的节奏中塑造道德意志。其一，教子须严。古人家教历来重视教子从严的手段，主张对子弟加以严格的管束，包括适度的体肤之罚。《韩非子·六反》篇中说：“父簿爱教笞，子多善，闲严也。”认为薄爱加棍棒，培养出的孩子多是好的。《吕氏春秋·荡兵》上又说：“笞怒废于家，则竖子婴儿之有过也立见。”也认为棍棒式的惩罚在家教中是不可缺少的环节，在某种程度上可以磨炼孩子的意志。颜之推将对子孙的体罚教戒看得像国法一样的重要，主张从严教子。他认为父母应保持对子女进行必要的惩罚，并解释说：“凡人不能教子女者，亦非欲陷其罪恶，但重于呵怒，伤其颜色，不忍楚挞，惨其肌肤耳。当以疾病为谕，安得不用汤药针艾救之哉？又宜思勤督训者，可愿苛虐于骨肉乎？诚不得已也。”① 一般而言，儿童天生具有乐嬉游而惮约束的性情，从儿童的成长过程来说，一定程度上的严责也是必要的。因为一味地放纵，只能使其玩心难收，任意胡为，不利于健康成长，反之，若给予适度的体罚，可以使孩子感性地认识到相关问题。当然，对孩子的体罚要有理、有据、有方、有度，切忌严之过度。此外，父母长辈要让孩子接受必要的磨炼，虽不必采取“苦心志、饿其身”的方式，但也可以采取某些方式，譬如城市的孩子可以到乡下或者说偏远地区进行生活体验，在相对艰苦的条件下磨砺自己意志，这对孩子的成长具有很好的辅助作用。其二，教子要慈。慈爱在子女教育中是非常重要的，父母的关怀，家庭的和谐温暖，是子女成长过程中不可缺少的因素。家

① 《颜氏家训·教子》。

庭教育与学校教育比起来，有着后者所缺少的天伦亲情关系。“慈”与“严”相对，也可理解为“宽”。或者是教育态度上的慈爱，或者是教育方式上的宽松。清朝崔学古在《训古》一书中提出在家教和启发教育中实行“爱养”的方法。崔学古认为家长对儿童的教育，在六七岁时，不问智愚，皆应多奖励和鼓励，让他们知道读书的好处，不能视此为苦差事。八九岁时，可略用教笞以示威严，或一两月或半年一次，不可多用。当今的父母长辈，望子成龙、成凤，往往存在两个极端，或爱之过度，或训之过严，均不利于孩子的健康成长。身为父母长辈要将爱养和严责结合在一起的，且教子中严与慈都应有一定的尺度，否则就会走向两个极端。过严了，就成了棍棒式的教育；慈过了头，又会产生溺爱问题。唯有严慈相生、刚柔相济，从“严”入手，用“爱”引导，才是正确的教育方法。

四　知行结合，规范道德行为

传统家风建设中最突出的特征是身教言传，这也是品德养成的重要方法。尽管在一定的家风作用下，父母长辈对子孙儿女的品德养成教育，有的是无意识的，有的是有意识的，但这种承传是与生俱来的、客观存在的。《说文解字》提及“教”字是“上所施，下所效”。可见，长幼之间的“示范”与“模仿”是“教”与“学”的源头。当然，后来逐步延伸，成为我们通常所说的言教与身教。其除了有教育形式上的区分外，还有对教育者自身品德的要求。也就是说，言教与身教的结合，教育者除了言教他人外，还要树立起引导他人或供他人仿效的榜样，以自身的行为进行潜移默化的教育，这一点在品德养成教育中更为重要。明代吕德胜在《示儿语》中说：“老子偷瓜盗果，儿子杀人放火。”虽然将环境对人成长的影响作用绝对化了，不过其积极意义还是不可否认的。清人汪汲也有类似的训诫：“父兄暴戾，子弟学样。父兄幸或免祸，子弟必有贻殃。”[①] 此外，传统家训和大量史料都突出反映父母长辈本身品行的重要性。譬如，元代郑太和在《郑氏家范》中要求“家长专以至公无私为本，不得徇偏，如其有失，举家随而谏之”，又说“为家长者，当以至诚

① 《座右铭类编・贻谋》。

待下，一言不可妄发，一行不可妄为，庶合古人以身教之之意”。

毋庸置疑，在家庭之中，教育者与被教育者之间朝夕相处，家风的特性也证明了教育者的言行举止以及教育活动中很多是无意识进行的，这就更需注意言教与身教的一致性。譬如，《白虎通》上记载：“父者，矩也，以法度教子。”由此可以联想，家庭的家训、家法，不但适用于子孙儿女，而且也是对父母长辈的基本要求。言传身教的方法有其直接表现，也有各种样式。其一，言传身教的直接体现是以身作则。由于家庭的父母长辈与子孙儿女长期生活在一起，而且家庭成员之间的亲情、血缘等的特殊性，决定了家长对子女的教育有着特殊的作用，正如颜之推所提及的“所亲”“所服”[①] 的原理。譬如，针对品德养成教育的某一道德规范，人们总是相信或者说听从所亲近和信服的人。可见，家风建设过程，家长的表面上的言行举止以及内心的“三观”必然在潜移默化中作用于儿女子孙。康熙在其《庭训格言》中曰：“凡人有训人治人之职者，必身先之可也。《大学》云：‘君子有诸己而后求诸人，无诸己而后非诸人’，特为身先而言也。”可见，凡教育人、管理人之人，应率先垂范，正可谓“欲法令之行，惟身先之，而人自从”[②]。这从帝王的角度阐述了身教的重要性。父母的言行对子女的影响尤为深刻，作为家长要加强修养，以身示教。其二，言教的方式有多种多样，有启发引导式的循循善诱，有苦口婆心式的谆谆教诲，也有絮絮叨叨的叮咛嘱咐。不论何种形式，前后一致，表里如一，是言教的基本原则，这样才能引导孩子养成良好的道德行为。而且，教子者不但要言而有信，还要前后一致，有连贯性，不能朝令夕改。北宋的理学家二程兄弟指出家长的日常活动对于幼儿的成长的深刻影响，明确“勿谓小儿无记性，所历事皆不能忘”[③]。当然，做父母的不要对子女有所偏爱，应一视同仁。总之，父母教子，言与行要一致才有说服力，而潜移默化的身教，又能使子女感受更深，进而在社会化与个性化的过程之中生成良好的道德行为。此外，古人不仅重视以身示教，还注重相机而教、借物寓理的教子方法，将教

① 《颜氏家训·序致第一》。

② 赵润田：《康熙教子秘语》，东方出版社 2014 年版，第 200 页。

③ 阎爱民：《中国古代的家教》，商务印书馆 2013 年版，第 194 页。

育渗透在日常生活当中，遇事则说理，视物则告知。这类似于陶行知的“生活即教育”的理念，即蕴含生活中有教育、生活之中要教育以及教育伴随人一生的生活。譬如，唐太宗以“饭”“马”“舟”等具体事物，引导家人懂得爱惜粮食、爱护马匹、热爱百姓的道理，形象生动，言简易懂，也利于子弟明确、掌握相关道理。古代这些以事为教、借物晓理的方法在家训中随处可见，这也都是当今品德养成教育可借鉴的重要方法。

第三章

家风建设中养成个人品德的理论支撑

人的存在像一根“红线”存在于自然史和社会史之中，使两者密切关联、相互制约。而且，社会各界势必涉及“现实的人”研究这一重要命题。马克思也曾指出：“自然科学往后将包括关于人的科学。”① 社会历史变化发展的规律实际上就是人的活动规律。因此，不论是研究家风建设，还是探究其中的品德养成，都需要从个体的人着手。人既有自然关系上的生物性，又有社会关系上的社会性，这使得品德的源发与养成成为可能。因此，基于个体的视角探究品德的发生十分必要。当然，我们探究在家风建设中的品德养成，首先要明确品德养成的阶段、动力及其规律，在此基础上分析家风建设的育德因素与机理等。我们可以借鉴场域理论、社会文化理论、道德发展理论以及符号互动论、结构功能论和群体动力论，分析在家风建设何以可能养成个人品德。同时，需要借鉴马克思主义相关理论和学说，思想政治教育的“环境、过程、管理”理论，以及社会主义核心价值观的“精神支柱”和“价值标杆”，将其应用于新时代家风建设及品德养成。

第一节　个人品德养成的源发与机理

人既是一个社会实体，又是一个自然实体，乃社会属性和自然属性的统一体。人类就其生物性而言，与其他动物有相似之处，需外界“能

① 《马克思恩格斯全集》（第42卷），人民出版社1979年版，第128页。

量”的基本补给，有着生老病死、繁衍后代的生命规律。但是，人又具有特殊“脑组织”，能够产生意识，这是人与动物的重要区别，也使得个人品德的源发成为可能。当然，人类彼此之间能够合作、互助、共享，参与经济、政治、文化以及各类社会生活实践。人类有意识地创造、丰富和传承各种各样的文化（含家庭文化等），实现着人类社会在更高层次的延续和发展。其中不乏各类伦理道德规范的传承创新与个人品德的培育养成。但是，个人品德的源发并不是先天的，也不是先验的，而是在实践基础上社会性与生物性彼此作用的结果。各种各样的实践，引起了人的思想、心理、品德等的运动变化和发展，进而也使得品德的养成成为必要。

一 生物性与社会性源发向度

（一）生物向度之可能

众所周知，人是一个自然存在物，有其相应的自然属性。正如马克思将“有生命的个体存在”视为“人类历史的第一个前提”[①]。生物各有其类，每类自有其性，人类也有自己的本性。当然，马克思在不否认人的自然因素在人类生命活动中具有一定影响的同时，反对把人看成纯粹的“自然人”。从生物的层次说，人有普遍的生物性，譬如，生物性的遗传，食、穿、住、用、行等基本生活。然而，人是自然界长期发展的最高产物，作为特殊群体，具有与一般动物所不同的肉体组织和生理机能。譬如，人具有人脑和感觉器官的细胞组织学特征及生理机能特征，能进行语言与思维活动并相互传递文字信息和交流的特征，借助于此可以从事各种实践活动等，这是人与动物的重要区别。可见，生物性的本能反应、生物遗传以及人类特殊的“本性”等，是品德养成的可行性前提。

其一，个体生物本能反应：品德生成的可能性。人类总是本能性地努力生存生活，一方面寻求食物，以维持生命，另一方面尽力自卫，以保护生命。当然，此乃生物群体最基本，且十分普遍的通性。由此人与动物或生物共有趋利、避害、探索等本能性的行为特征。但是，人的此类表现形式更为复杂化、多样化。以人类的趋利行为为例，人类不仅趋

① 《马克思恩格斯选集》（第1卷），人民出版社2012年版，第158页。

向于简单层面的谋生，而且总是趋向与其生存条件相关的各种需求与欲望的满足，谋求比现实更美好的生活，等等。人们天生的趋利行为，激发人们去恶向善，使得品德的养成成为可能。而且我们在品德养成教育时可以采取相应的奖惩机制，来激励品德的养成。然而，人类是群居性动物，当人类已经进步到在群居中求个体的生存，有了“向类相惜”的同情心之后，这一点已经超出生物性本能，是一种可贵的情感作用。古代许多哲学家相信人性中含着可贵的成分，譬如，“人之初，性本善”的人性思想中包含的智慧、善良、友好等可贵的品质，使人在实际经验之上，能够进行交流、合作，具备价值判断、价值选择的能力，甚至人类可以通过反思，以避免自己的意图、希望、信念、行为沉于虚妄或空想。由此，人类才进入伦理道德的文化层次，这是人类的高级之处，也是品德塑造的天赋。此外，马斯洛关于人有低层到高层、简单到复杂的需求理论，以最高层次的自我实现的需要为主导，各层级的需要彼此交织，形成层层递进的动力层级，显示人类具有从低级生物需求走向更高一级的情感、心理以及归属和自我实现的需求规律。由此可见，品德的养成是人的本能需求。

其二，先天的遗传因素：道德传承的条件性。遗传也是人类生物本能性的表现。譬如，婴幼儿初来人世，其基本特性的表现，显出气质的差别，有文静型的，有善动型的，有羞怯型的，有外朗型的，等等。当然，各种天性的差异性与其遗传因素以及在母亲怀中的胎教有一定关系，但更多的是一种生物性的本能体现。著名的心理学家 E. L. 桑代克非常强调人与动物的先天本性。在缩结过程中，后期言行举止所体现的感性、理性以及伦理道德规范等，映现了生命发轫之初所具有的性质。也就是说，“一个人终身的情况和作为乃他在起初所具有结构和在生前生后所感受的一切影响的共同效果”①。显然，这位心理学家是直接把人的行为和人的生物学意义上的“发生学”连在一起了。在他看来，人与动物的不同在于人类的基因有可能比动物形成更多的缩结。虽然此观点有些许欠缺之处，在一定程度上忽视了后天培养及环境因素的作用，但这在很大

① ［美］L. E. 桑代克：试误学习原理与《人类的学习》选读，北京师联教育科学研究所编译，中国环境科学出版社 2006 年版，第 18 页。

程度上反映的正是人类心理的优越之处，这也使得人类道德元素的继承成为可能。譬如，孟子相信人性善，源自天道生物之善的精神，坚持人人可以为善而成为君子。康德也相信善本在理性之中，譬如“正义”、“慷慨”、“仁慈”、“友善”等都应该是人本性中存在的。当然，从感性方面说，人都有“好恶”之情，譬如，荀子明确提出“目好色，耳好声，口好味，心好利”，主张“人之性恶”，这也是主张礼法兼治，进行有效的社会教化与社会治理的必然。然而，不论是“性善论”还是“性恶论”，个人与社会都需要重视道德教育。

其三，潜在的可塑性：品德养成的可能性。综观世界各地人群对食物的选择，皆因其物产而异。如沿海族群皆以鱼类为食，山林族群以肉类为食，内陆族群以谷类为食。食本是维持生命的必需品，各种食物都可以，只因一种食物取给方便，这种食物便成了习惯性的选择。这种随环境而生的适应便是人们可塑性在适应性方面的体现。当然，人们的适应性不仅体现在物质生活层面，还体现在精神文化层面。譬如，当今世界各地的人们流动性较大，离开常住地而迁居他处者比比皆是，而“入乡随俗”是人们可塑性的表现。人们不但要改变一些个体习惯，而且要放弃原有的某些信念，否则无法为当地人所接受，尤其是语言，若不学习当地流行语言，便无法与当地人沟通，因而造成生活的困难。基于此，人们在物质和精神层面的适应性所体现出来的可塑性使得个体学习成为可能，而人的学习能力可以遍及许多方面，其中伦理道德观念的学习是重要方面。与之相应，品德养成教育成为可能。张载甚至说，学习可以改变气质。而且，人的气质、气场有种不言而喻的意蕴，使见之者油然生出崇敬与欣羡之意。如此的特点，也可说是人类发展和进步的契机和关键，譬如，道德进步、情感提升、素质发展，等等，否则，人类可能永远停留在原始的状况中。此外，正如马克思恩格斯指出“有生命的个人的存在”的重要地位，人类在适应的过程中，靠着独有的智慧，在本能的生活以外，意识到自己的存在，认识到周围存在着许许多多抽象而无形的“关系”，知道自己与他人、社会以及自然的关系。同时，在这些理性认知之中，体现出人类的“明觉性”，人们意识到自己“不是在某一种规定性上再生产自己，而是生产出他的全面性”[①]，便会探索维持人与人、人与自然以及人与社会等关系的纽带，逐渐提出以社会道德来调节人们之间的社会关系。在这一过程中，道德逐步内化和外化，同时也就造就了富有良好品德的个体。

（二）社会性向度之必然

人是自然进化的结果，但更重要的，人还是社会劳动的产物，富有社会性。譬如，“人手的解放”、“人脑的形成”以及与之相应的“劳动”能力，从而形成的各种各样的社会关系等，使得人通过在社会中的人际交往最终从动物界分离出来。若从个人成长的角度看，人生下来还不是真正意义上的社会人，他必须经历教育、学习、交往等社会活动，才能成为社会的人。所以，从社会学的观点看来，教育不过是将个人社会化的极其重要的手段。譬如，“狼孩”的故事，便是很有力的反面案例。所以说，人的社会特性表明人生来就是一种可能性的社会存在，如果离开人的社会存在，把人视为抽象的、理念式的人，显然是错误的。正如费尔巴哈“没有从人们现有社会联系，从那些使人们成为现在这个样子的周围生活条件去观察人们”，而是停留在“抽象的人”上。所以，个人品德的养成是“后天发生”的，与人的后天经验、人们之间的交往、各种环境的影响以及自我教化修养有关，正如荀子所言，德性是“教使之然也”[②]。同样，古希腊的亚里士多德认为人的德性是由后天教育和行为习惯形成的，类似“先做一个简单的行为，而后形成的”[③]。一般而言，个体的社会性主要体现在意识性、群体性和对象性三个方面，这也使得品德养成教育成为必然，并且十分必要。

其一，意识性。一般而言，人是由身、心、脑等要素构成的系统，其中，人身是物质性存在，而人的心与脑在物质性存在基础上，具有非物质性，是精神性、意识感的表达。譬如，动物作为单个生命主体，从来不去想“我是谁”，而人类作为双重主体，会经常问“我是谁”“从哪儿来”等问题。不可否认，现实的人是富有意识的，有精神需要、精神

① 《马克思恩格斯全集》（第 46 卷 上册），人民出版社 1979 年版，第 486 页。

② 《荀子 · 劝学》。

③ 王海明：《伦理学原理》（第 2 版），北京大学出版社 2005 年版，第 175 页。

能力以及精神生活的存在物。人所具有的意识性特征使人与一般的动物区别开来，这也是人之为人的重要特征之一。人的各种精神因素与人的先天条件密切相关。譬如，人脑使得意识和思维的产生成为可能。当然，人的各种各样的精神因素更离不开人生存发展的社会条件。在很大程度上，意识的产生以社会为基础和中介，可以说是社会的产物。譬如，人的道德认知、情感、意志、信念等内容，都不是主观自生的，而是对人的社会生活的反映。意识必然有其被意识的“存在”，这种“存在”既可以是客观现实，也可以是客观现实中的客观存在物。不同的社会存在，对共同的对象，会产生迥然不同的观感。由此可见，联想人们的道德层面，人的道德认知的产生、道德情感熏染以及道德意志的培养等，无不受其所处社会中的各方面元素的影响。基于此，人的品德养成活动的各类因素必然深深地扎根于社会，深受家庭、学校、社会等影响，具有鲜明的社会色彩。此外，个体品德发生还必须以个人自我意识的增强为前提，只有当个人能够有意识地区分“我”与“他”，能够有意识地进行社会交往，并意识到自己在这种关系中所处的地位，意识到自身生存、发展和完善的需要，个体品德才可能发生。

其二，群体性。人的社会特性，还表现在人的群体性上。马克思、恩格斯曾强调人的社会活动的重要性，“任何历史记载都应当从人们的活动而发生的变更出发”①。人通过物质资料的生产劳动，发生了人与人相互间的交往，产生了合作的需要。可见，人总是在一定的群体之中生活，深受所在家庭或家族、邻里社区、工作单位、社会和国家的影响。这种群体性表现在人与人之间在劳动中的相互协作和通力完成上。有的即使不是采取直接的形式，但也存在着这样的合作性。人们的互相依赖协作存在于各种各样的地域、范围，采取多样化的合作形式。当然，通俗来讲，单个个体的某种能力或者说某种机能，譬如说嗅觉、听力等，远不如一般动物。但是，人们能够通过进化、发展，逐步成为自然和社会以及人类自身的“主宰”，其关键的原因之一，便是人懂得依靠集体的智慧和力量。正可谓“人能群，彼不能群也”②。可见，“能群”也是人类社

---

① 《马克思恩格斯选集》（第1卷），人民出版社2012年版，第147页。

② 《荀子·王制》。

会性以及积极能动性的体现，人们能够意识到协作重要性，并能实现彼此之间社会性的合作。同样，每个个体的人之间的群居、合作、协作，必然形成各种大大小小的群体或者说是集体，譬如，家庭、社区、民族等，而且各种群体中的个体存在依附式的“归属”①。由此可见，人们因为群体性存在而逐步形成的归属性，既说明人是社会性的存在，离不开他人和社会，而社会群体生活的稳定和谐必然需要有相应的道德规范和价值规则，又说明人的社会性是现实的、具体的，且不断产生“新的需要和新的语言”②。所以，社会上的每个人无不打上所属群体的烙印，形成人们常说的民族性、社会性以及品性，等等。譬如，在一定家风影响下的家庭成员，必然承载着家风的烙印，言行举止中体现了家风的优良与否。为此，马克思指出：“社会人的一定性质，即他所生活的那个社会的一定性质。”③

其三，对象性。个体除具有意识性和群体性之外，还是对象性的存在，这意味着个人体内凝结着自然和社会所赋予的自然力和生命力，内在地包含着对象性的东西。因此，个体必须有一个外部对象来证实和实现自己的个体化，而这是通过个体的认识和实践活动来实现的，其间穿插着主体客体化和客体主体化。譬如，个人认识和改造某个对象，扬弃对象的外在性，把它纳入自己的主体结构中，把自己作为新的个体再生产出来，其间发生了二重性的过程。一方面，个体在活动中把属于主体自身的东西，譬如智慧、才能、需要、个性，等等，物化在一个对象形式中；另一方面，对象扬弃了自己的外在性，成为主体的本质力量。这个过程，是个人体力和智力的发挥，而在对象化活动中，个体不断地进行着自身的生产和再生产，把自身确立为一个现实的个人。因此，现实性也是人存在的一个基本特征。但是，不论是人们对象性的作用，还是现实性的存在，人都不能孤立地从事认识世界和改造世界的活动，而是需要在一定场域内与他人发生彼此的“对象性”关系活动，在这一过程

① 个体品德的形成是个体与社会相互作用的结果。由此，我们考察品德的发生，离不开个体道德所赖以生长的社会大环境和各种各样微观的生活环境，包括宏观上的社会环境、社会制度、风俗习惯等以及微观上的家庭、邻里、学校等。

② 《马克思恩格斯全集》（第46卷 上册），人民出版社1979年版，第494页。

③ 《马克思恩格斯全集》（第19卷）人民出版社1963年版，第404页。

中存在思想意识和心理情感的关系，进而结成各种各样的社会关系。社会关系的结成可以摆脱个人局限，使个体成为对象性或者是关系性的存在，在担当各种角色中逐步成长进步，这也是人的活动的基本前提。譬如，个体品德的发生在婴儿期已经开始。因此，家庭成为个体的“第一道德课堂”，家庭关系是个体的初始关系。这时，作为教育者的家长对个体品德的萌芽教育显得尤为重要。马克思正是抓住了人类对象性实践活动的社会特征，并通过实践活动揭示了人类的社会化进程。正是在社会实践中，社会与个人之间的互动，使个人逐步认清了自己作为社会成员对社会、集体的依赖性，认清了自己对社会的需要和社会对自己的需要，认识了自己对社会的责任、义务和权利。由此，相应的道德规范与品德的养成显得十分必要。

总之，根据生物性与社会性相统一的原则，可以了解品德的源发及家风建设中实现品德养成的过程。个人品德的根源或根据，可以从个体本身、自然与个体、社会与个体的依存关系中，从社会化的实践活动过程中去寻找。首先，明确任何个体都是生物性与社会性的有机统一体。因此，无论是研究家风建设现象，还是研究具体的品德养成行为，都要从现象深入本质，从个体的生物性和社会性两个方面出发。单纯研究某一方面，是不可能全面阐明相关问题的；其次，虽然任何个体都是生物属性和社会属性的统一体，但是，在社会生活中，就一般情况来讲，自然属性只是前提或者是可能，而社会属性对于品德养成行为的影响似乎更大一些。根据个体品德与亲社会行为的发生学研究表明，人与人在彼此之间的交往互动中，相互认知和理解，逐步形成各种各样的社会关系等，这也是个人品德发生的基础。譬如，“亲社会行为发展水平较高的往往是那些对他人的情感、处境有更为准确理解和体验的儿童”[①]。而且，正是在这个基础上潜移默化促使儿童形成对是非、美丑、善恶等的初步认识和判断，进而逐步形成道德感、责任感和义务感等。当然，在具体的品德养成教育行为中，也存在生物属性和社会属性起不同作用的现象。因此，应当具体情况具体分析，不能笼统地认为社会属性的作用都是最主要的。同时，正如马克思所言“生产劳动同智力和体育相结合……是

① 鲁洁：《人对人的理解：道德教育的基础》，《教育研究》2000年第7期。

造就全面发展的人的唯一方法"①。可见，实践活动是个体品德发生的基础，个体品德在认识世界和改造世界的实践活动中发生，又通过家庭、职场以及社会中的各种实践活动表现出来。

二　品德养成的过程、动力与规律

（一）不同时期的品德养成教育

一般而言，道德内化包括"虚一而静"的接受阶段—"以身体之"的体认阶段—"知行合一"的信奉阶段。② 与之相应的胎儿期、婴幼儿期、儿童期、青少年期以及中老年期等，具有不同阶段的身心特点与思想发展规律及要求。其中品德养成主要集中于从胎儿到青少年阶段，在家风建设过程中需要结合不同特点和规律，采取不同措施和方法进行品德养成教育。

其一，胎儿期。中国是世界上较早实施胎教的国家，古人特别强调事物的开端，把"气源"视为决定事物发展的关键，尤其在儿童教育方面，格外重视"正本慎始"，由此逐步产生"胎教"。胎教的前提是"优生"，利用生物学、医学、遗传学等科学知识，保证最优化基因以及胚胎的健康。譬如，胎教可以利用物理、生物和化学反应，相互作用，调节母体孕期的内外环境，干预胎儿大脑发育，以改善生命体质、启迪智慧能力，促进胎儿健康成长。正如历史篇所提及的，关于胎教主要有音乐胎教法、抚摸胎教法、语言胎教法以及光照胎教法等。

其二，婴幼儿期。个体出生伊始，身心发展开始萌芽。出生一个月后，可以通过吮吸、握爪、眨眼等无条件反射感受外界环境。半岁之后，肢体动作迅速发展，语言开始萌芽。一般而言，1—3 岁为先学前期，高级心理过程逐步出现，其中 1 岁左右开始理解语言，2 岁左右开始叽叽咕咕说话并模仿大人，到了 3 岁，具有初步语言功能。3—6 岁是学前期，是心理活动的奠基时期，也是个性形成的最初阶段，具备活泼好动、思维活跃等特点。婴幼儿期，父母长辈要尽可能早一些启发孩子心智，培养良好的睡眠、饮食、排泄习惯，尤其要重视与孩子的早期交流，顺利

① 《马克思恩格斯选集》（第 2 卷），人民出版社 2012 年版，第 230 页。

② 胡林英：《道德内化论》，社会科学文献出版社 2007 年版，第 135—141 页。

过渡“心理断乳期”，为形成良好的品质打下基础。

其三，儿童期。告别婴幼儿期之后，大概6岁，儿童正式步入义务教育学校。自六七岁至十一二岁，这是个体一生发展的奠基时期，一般具有身体发育较缓、认识能力提高、情绪较为平静、“小集团式”的交往方式等特征。同时，这一阶段孩子的依赖性、模仿力、可塑性以及吸收能力极强，也是品德养成教育的黄金期。此阶段，父母长辈在保证基本的起居饮食基础上，尤其要注重学习习惯和品德习惯的培养，科学合理安排学习任务、激发学生的学习兴趣、启发学生独立思考，要配合学校使儿童在德智体美劳各方面得到发展，逐步培养集体主义精神，树立崇高的“三观”，为成长为社会有用之才奠定基础。由于个体在道德发生初级阶段上具有表面性、脆弱性、不稳定等特征，在这种情况下，如果家庭、学校、社会对儿童的道德要求一致的话，儿童就容易形成良好的个体道德，由此，寻求学校配合显得尤为重要。

其四，青少年期。根据心理学家研究表明，十一二岁至十四五岁是少年期，十四五岁至十七八岁是青年初期，可见十一二岁至十七八岁统称为青少年期。青少年阶段正值青春发育期，其最大特点就是生理上的蓬勃成长、急骤变化，譬如身体外形骤变、脑神经敏锐、性器官逐步成熟，同时，青少年阶段的抽象思维、逻辑思维、辩证思维等逐步发展。当然，该时期的青少年的独立性和判断性有了显著发展，且随着社会性的发展，其思维品质矛盾开始出现。此阶段，父母长辈要确立理想信念教育，协助孩子立德树人，同时，培养勤俭节约、坚忍不拔、开拓创新等优良品德，塑造完美人格。此外，由于内外环境的影响，青春期的孩子容易衍生焦虑和烦躁，家长要协助教师，寻求解决方法，尤其要克服第二次“心理断乳期”，保证未来顺利发展。

（二）品德养成的规律

任何社会都极其重视对人们进行道德教育，并按照社会的道德要求去影响和培养人们的道德品质。但是，任何个人对社会的道德要求都有一个认识和选择的问题。也就是说，对个人而言，道德品质的形成要经历一个自觉的、由认识到实践的过程，其中穿插着知、情、意、信、行的矛盾转化过程。人们只有在实践过程中自觉地进行道德修养，切实培养自己的道德情感，锻炼道德意志，形成某种道德信念，在道德情感、道德意志和道德信念的支配下，才能使道德认识转化为道德行为，并且在经常的、一贯的锻炼和修养中，养成道德习惯。这种道德习惯在人们的行为中稳固下来从而成为人们的道德品质。

其一，“道德冲突规律”。个人品德的养成，需要面对各种社会道德规范，譬如家风建设过程当中，必然需要从中渗透社会普遍道德规范，而且需要处于一定社会环境背景下。这个过程，不仅根源于主体自我发展需要，而且根源于社会生活的外在需要。当然，这种内外需要也产生于现实的道德冲突。一般而言，道德冲突包括两个层面，第一，社会中存在不同道德体系，涉及善恶的判断，其之间必然存在对立和冲突。第二，即使同一道德价值体系，其内部也存在不同层次上的冲突，这主要是程度上的对立冲突。由此可见，不同类型、不同层面的道德冲突是客观存在的，如何引导人们择选“善德”，并尽可能趋向“大善”，关键在于“三观”的影响。由此，新时代家风建设，要借道德冲突规律，借助良好家风的熏陶，规范个人“三观”，这是解决道德冲突的关键所在，也利于品德养成的实现。

其二，“道德教育规律”。教育思想家夸美纽斯曾提及“人只有凭借教育才能成为其人”。个人品德的养成是一个学习、理解、内化和践行社会道德规范的过程。在个人品德养成过程中，科学、正确的道德教育，传授相应的伦理道德规范，对于个人品德的养成产生重要作用。家庭道德教育是重要的道德教育，既可以对个体品德养成具有定向作用，又可以确立理想人格，同时还为个体道德的自我完善提供指导。巴拉诺夫概括了品德养成的过程，即接受和反映外界教育影响的刺激—形成动机—在内心实现动机和相应行为形式结合—在活动中动机变为行为，行为变为习惯—习惯的形成和巩固—品德养成。个人品德养成的过程反映个体品德的形成规律，与品德结构相适应。基于此，道德教育的过程规律，涉及提高道德认识、培养道德情感、磨炼道德意志、形成道德信念和养成道德行为习惯五个方面。

其三，“日积月累规律”。荀子《劝学》中记载：“积善成德，而神明自得，圣心备焉。”个人品德的养成不是先天而成，也不是一蹴而就，而是后天持续不断的善德、善行日积月累的结果。正如亚里士多德在《尼各马可伦理学》中所言：“德性是由于先做一个一个的简单行为，而后形成的”，正可谓“积善成德”，这也是个人品德发生和养成的基本规律。从横向来讲，个人品德包括道德的知、情、意、信、行，是多者的统一；从纵向来讲，个人品德是每一个体一生的全部道德行为的综合。因此，纵横两方面说明，只有在长期的、系统的、一以贯之的道德行为中表现出来的，才是良好品德养成的意义和价值所在。当然，在日积月累养成个人品德的过程中，也伴随着前进性与曲折性相统一的规律。这一过程的总体方向是前进的、上升的，但不可避免某一阶段或者某一方面的停滞，甚至是倒退。这一过程，也是一个“扬弃”的否定以及自我否定的过程，个体在“旧我”与“新我”的相互作用和影响下，不断地深化、拓展。

（三）品德养成的动力系统

个人品德的养成是内外部条件作用的结果，当然，这其中也有一定的动力系统，主要是道德需要和道德实践。

其一，道德需要是个人品德养成的内部动力。道德需要在个体品德结构中处于决定地位，也是品德养成的内部动力。个体的品德结构，包括知、情、意、信、行等子系统。品德养成过程，伴随着各层面的矛盾转化，必然要面对各种社会现实，甚至是利益冲突，“这种反映所包含的内容不是客观事实、现象本身‘是什么’‘怎么样’，而是主体自身与这种客观事实、现象之间‘要不要’‘该不该’的关系”①。正如在“规律”部分所分析的“道德冲突论”，这个过程不论是个人内在与外在，还是几个环节自身之间必然存在矛盾和冲突，都需要良性转化。这也体现道德知、情、意、信、行等子系统之间相互联系、不可分割的特点，都离不开道德这一元素。这也引导我们继续深入思考，类似子系统之前的环节是什么，或者说其源发动力是什么。仔细分析，不论是道德认知、道德情感，还是道德行为等，都离不开某一根本元素，那便是道德需要。需要可谓人类一切行为的源发动力，同时“个性积极性的源泉是各种不同的需要”②。个体道德认识建立在道德需求基础之上，而且道德需求贯穿于“知情意信行”的转化当中，同时又是判断品德养成的重要指标。可

① 鲁洁、王逢贤：《德育新论》，江苏教育出版社1994年版，第189—190页。

② 刘冬梅、孔德英等：《心理学基础与应用》，河北大学出版社2012年版，第127页。

见，道德需要是实现道德认识向道德行为转化的重要环节，也是品德养成的内在动力。

其二，社会实践是个人品德养成的根本动力。正如马克思所言，“在人的实践中以及对这个实践的理解”[①] 中合理的解决神秘的理论。在一定程度上讲，“实践”被理解为伦理学的范畴。按照康德的观点，只有按照“纯粹实践理性”的法则，也就是说按照人们与生俱来的那种“先天道德律”所采取的认识世界和改造世界的活动，才是具有道德意义和道德价值的“实践”活动。此观点，虽然存在缺陷，但是联系道德层面与之相应的品德养成，显然较为有理，且有很大的借鉴意义。这也类似于马克思所言，“生产者也在改变着，炼出新的品质，通过生产的发展而改变自身，造成新的力量和新的现象……”[②] 如此的观点，相似点均为突出实践的效用。当然，社会实践创造了个人品德养成的条件，对个人品德养成的推动作用是全面的。譬如，各种各样社会关系的创造和形成，逐步形成社会关系网，使得个体在社会关系中扮演着不同角色，实现着社会化，而且推动个人从无到有、从他律到自律，逐步成长为有良心、有道德、有德行的人。正如亚里士多德所言：“实践”是追求和实现“善”的活动。可见，人类所追求的那种高尚的“善”“德性”以及人人、家家所向往的“幸福”，都存在于具体的“实践”过程中。此外，随着社会实践活动的不断深入，人们的劳动对象的范围和深度不断拓展，由此产生一系列新的道德现象，这也就需要新的道德规范来与之对应。可见，社会实践活动，譬如家风建设也是一种实践活动，能够在基于一定道德规范的前提下，与时俱进，不断切实地提出新的道德要求，促使个人品德的发生、养成以及发展处于一个永不止息的过程。

基于此，中国学者章志光依据动力系统的观点，提出了包含品德生成、执行和定型的品德养成逻辑。品德生成，指个体从非道德状态过渡到开始出现道德行为或初步形成道德性时的心理状况；品德执行指个人在道德性生成结构基础上发展起来的更有意识的对待道德情境，是道德性向品德过渡的一种形式；品德定型指个体所具有的品德的比较稳定的

① 《马克思恩格斯选集》（第 1 卷），人民出版社 2012 年版，第 140 页。

② 《马克思恩格斯文集》（第 8 卷），人民出版社 2009 年版，第 145 页。

心理结构，即形成了稳固的状况。由此可见，品德养成教育并非“一日之功”，而是一个阶段性和永恒性的过程。

第二节 家风建设中的育德因素与测评

我们将人体视为一个系统，人的隐性成分，譬如思想、情感、心理等都是开放的制动控制系统。也就是说，人是在各种各样需求的支配下，不断地与外界进行信息、知识、能量等的交换，同时，实现思想、情感、心理的导向、调节以及定式效果。人通过将反映结果与需要、目的相对照，来调节自身的行为活动。所以，从系统观点看，人的心理是一个面对外部环境的信息控制的自组织系统。① 无论是“蓬生麻中，不扶自直”的古训，还是“孟母三迁”的典故，都明确说明环境对于个人成长的重要作用。“在许多情况下，道德教育的最好方法是努力改进个人做出道德决定时的道德气氛。”② 同样，在家风建设视角下对品德进行系统研究，既要分析它与其他系统的关系，又要研究它本身的结构与功能；既要系统地分析各种品德发展的研究类型，又要对研究结果进行系统的分析与处理。在此过程中，从宏观来讲，需要以家庭或家族为界点，了解家风建设的育德因素；从微观来讲，需要剖析家风建设中实现品德养成的各种机理结构，以及对品德养成进行必要的测评。

一 家风建设中的育德因素

柏拉图在《理想国》中写道：“开一个好头对于做任何事情都是最重要的”，他将孩子视为稚嫩阶段的事物，需要春风和煦般的教育，形成天然的亲近之感。由此可见，在儿童发展过程中，家庭是影响其社会化过程的首要因素。美国心理学家布朗芬布伦纳，提出了儿童发展的生态学模型，指出人类发展的生态学就是对人与人生活的环境之间相互适应的科学。人与环境的相互适应过程受环境之间的相互关系的影响，同时也受环境所处的大环境的制约，分为小系统、中系统和大系统。该理论的

---

① 林崇德：《品德发展心理学》，陕西师范大学出版社 2014 年版，第 111 页。

② ［美］柯尔伯格：《道德教育哲学》，魏贤超译，浙江教育出版社 2000 年版，第 167 页。

基本观点认为，发展是人与环境的复合函数，这里的发展指的是特定时间点上的发展结果，而不是发展的现象，发展不是即刻完成的，而是需要时间的。基于此，研究家风建设中的个人品德养成，需要以家为边界，明确影响个人品德养成的诸元素及其相互关系。一般而言，影响个人品德养成的环境可以分为内部环境和外部环境，其中内部环境主要有精神和物质层面因素，譬如家庭物质条件环境（生活条件、经济地位、生活方式等）、人际关系环境（家庭关系、家庭情感、家庭结构等）和精神意识环境（家庭价值观、道德素养、价值追求、教育方法等）。家庭诸因素决定着品德发展的方向、质量、特点和水平，家庭成员品德养成又反过来影响家庭的观念、关系、行为和气氛；外部环境主要是指学校环境、社区环境和社会环境等。

（一）内部育德因素

“社会教育是从家庭开始的。”① 个人品德养成的影响因素是关键问题，主要分为物质和精神层面。家庭中影响个人品德养成的物质因素主要是指家庭经济条件。那么家庭经济条件与个人品德养成的关系究竟如何，中外学者均有所调研。美国学者赫茨调研了 20 多个国家的 8—14 岁的 10 万名儿童，结果显示能否让孩子感到幸福并不完全取决于家庭的贫富。“家庭的经济状况和居住条件同儿童与青少年的品德之间不存在显著的相关。”② 不论家庭条件优越与否，孩子对待家庭条件的态度和行为直接影响着孩子的价值观。清贫的家庭，无疑对孩子的成长注入无形的压力，但是如此的家庭处境可以激发孩子艰苦奋斗、勤俭节约的优良品质；反而，富足的家境极易使人过于安逸，不思进取，不利于优良品德的养成。当然，如此现象并不是绝对的，关键在于父母长辈如何教导孩子养成良好的金钱观，做到“胜不骄，败不馁”。父母长辈要经常对孩子进行吃苦教育、挫折教育等，磨砺孩子的意志品质。与物质因素相对应，家庭中影响个人品德养成的精神因素主要是指思想、道德、文化、关系等，以及由此形成的家庭道德、心理、舆论以及教育氛围等非物质性因素。家庭的精神环境是客观存在的，涉及家庭成员的道德、心理素质，是思

① 艾欣：《家庭素质教育艺术》，内蒙古人民出版社 2001 年版，第 338 页。

② 王效红、张芳、刘春梅：《教育心理学》，吉林人民出版社 2004 年版，第 212 页。

想关系、道德关系、情感关系、心理关系等多方面关系的综合，且具有一定的隐蔽性，存在于家庭的方方面面，这也是家风的真实写照，对每一个体的影响是全面而深刻的。尤其是家长的思想道德素质，影响甚至决定着孩子品德养成的程度。思想道德素质较高的家长，心怀大局，善于辨别真伪、指向服务社会，会自觉地为未来社会培养合格人才，反之，思想道德素质较低的家长，认识较为肤浅，往往缺乏“大局意识”，意识不到需要为社会培养人才的重任和义务。

（二）外部育德因素

每一个体都是一种“文化的存在”，可谓“观乎人文，化成天下”。影响个人品德养成的外部因素，主要是指家庭之外对个体品德产生影响的诸元素以及元素之间的相互作用效果，主要涉及邻里社区环境、学校环境和社会环境等。每一个家庭都处于一定社区当中，社区环境，邻里之间的互动、互促，特别是文化环境直接影响着个人品德的养成效果。任何一个社区环境都是由多种复杂因素构成，譬如居民职业、文化背景、习俗、道德风貌等，具有具体可感性和复杂多端性，由此产生交互作用并影响着个体的成长和进步。社区居民之间可以通过各种活动，譬如最美社区、五好家庭等，将邻里之间连接起来，引导社区成员的价值取向和行为规范趋于一致，且可以调节和规范社会居民的言行举止，对个体品德养成产生春雨润物的效果。当然，学校与社区联合，可以共筑个人品德养成的整体环境。我们知晓，学校是有组织、有纪律的组织单位，是进行道德教育的重要场所，对个体人格养成具有重要作用。作为教育主体的教师群体，知识丰富、人格健全、教书育人、立德立能，可以为学生群体品德养成树立榜样，使学生从教师的言行中塑造自己的人格。不论是社区，还是学校，都处于所在社会当中，社会大环境影响着个人品德的养成。譬如，社会生产方式，即一定社会的生产力和生产关系对儿童与青少年的品德养成发展起着重要的作用。每一个体都处于社会当中，并受社会环境的影响，社会环境规定了品德教育的道德规范、引导着品德培养的价值取向、影响着品德养成的效果。此外，根据前面所谈及的“社会实践动力”，在个体，尤其是未成年人品德养成的发展条件中，应该十分重视各种各样的社会实践活动，譬如，社会上组织的各种亲子活动等，这是品德养成及其发展的直接基础。社会实践活动不仅能够能提高道德认识、陶冶道德情感、激发道德需要、锻炼道德意志、增进道德行为，而且可以检验品德状况，促进品德在实践活动中获得强化、巩固和提高。

二 家风建设中的育德机理

基于上述研究，我们发现个人品德并不是先天就有的，也不是自发形成的，而是在内外环境的作用下，经过自身学习、社会教化以及多种实践磨练逐步形成的。同样，家风的各种功效，并不是置于个体道德模式之外，而是通过各种中介环节渗透、积淀，内化为道德主体的个人品德。家风、家风作用中介、个人品德的生成三者相互配合，构成统一整体。家风的功能或者说是作用的发挥需要相应的中介，这也使得家风作用于个体成为可能。

根据个体道德知、情、意、信、行等方面的转化机理，我们明确影响其完善的主要有“观察学习、情感濡染、理论指导、评价激励以及生活实践等”[①]。其中，“观察学习”主要是突出榜样的效用。譬如，家长的示范导向作用，家长的言行举止对孩子具有感染力和影响，同时，家长可以通过强化手段，引导儿童自我管理、自我调节和自我控制，逐步建立稳定的自我效能感，进而利于子女品德的养成；“情感感染”，主要是指以家庭的亲情感染促进家庭成员的品德养成。“在中华民族逐步形成的历史过程中，人们在道德上的感情寄托，隐然有一个从亲情、乡情推而至于整个民族的过程。”[②] 可见，情感感染，对于巩固家庭关系、稳固家庭伦理道德具有重要作用，也是个人品德养成的驱动力；“理论指导”，主要是指家长将家风中所承载的思想观念、道德观点以及价值规范等传递给家庭成员，从而实现品德的养成。列宁在谈到工人对马克思主义的掌握时曾指出，如果需要让工人具备马克思主义意识，“这种意识只能从外面灌输进去”[③]。儿童的道德发展亦是如此。一个人刚出生，像一张白

---

① 王志强：《略论家庭德育环境的作用中介及其实现机制》，《宁波大学学报》（教育科学版）2013 年第 7 期。

② 朱小蔓：《情感教育论纲》，南京出版社 1993 年版，第 40 页。

③ 《列宁选集》（第 1 卷），人民出版社 2012 年版，第 317 页。

纸，没有道德观念，在家庭、学校和社会教育中，才逐渐形成善与恶、真与假、好与坏、是与非的最初概念。理论指导具有自觉性和直接性，可以借助马克思主义的“三观”以及最富时代性和科学性的伦理道德规范来指导家风建设及品德养成；“评价激励”，是指家风具有自身的评价标准，对家庭成员的品德素养等方面做出价值判断，并激励家庭成员向着理想的社会普遍道德的方向发展，力争形成符合社会发展需要的伦理道德规范；“生活实践”，也就是说家风渗透在家庭生活的方方面面，可谓家风与生活完全融合，这不仅是家风的本质使然，而且是家风建设的目的所在。除此之外，家风的德育机理中介存在传递机制、过滤机制、内外化机制以及反馈机制等。

三　家风建设中的品德测评

“品德测评”是一项技术，有基本的理论和方法，是教育学、心理学以及社会学所共同关心的重要课题。基于前面品德的界定，品德既不是个体所有外显行为的堆积体，也不是个体内部某种不可思议的臆想物，而是一种由个体行为表现决定的有序而特定的内外有机统一的特定系统。这种特定的系统综合反映着个体内部的认识、情感、意志、信念以及行为。换句话说，品德是自觉行为与习惯行为的统一体。此外，品德还具有稳定性、差异性等特征，是一种可以从不同时间与空间来测评的客体。同样，在家风建设过程中养成个人品德，也可以借助品德测评的理论与方法。品德测评不同于简单的品德评价，它是一种动态的过程，坚持“质”与“量”的统一，可以贯穿整个家风建设过程，更为关键的是品德测评涉及实践探索中决策、具体运行中调整、行为反馈中督导并及时促进和优化等环节。

在新时代家风建设中实现个人品德养成，需要与社会保持密切联系，借助时代的伦理道德规范作用于品德养成。同时，借助建设家风养成个人品德的过程具有反复性和复杂性，品德养成的效果也具有隐蔽性和潜在性，而且家风建设及品德养成的很多方法、规律仍处于探索之中。基于此，我们有必要将品德测评应用于家风建设及品德养成教育。一般而言，品德测评具有描述、评定、教育、反馈以及预测等功能。一方面，品德测评最为显著的特征是评定和教育功能。品德评定就是根据个体在日常生活中品德行为表现，参照一定的标准实施评定或价值判断。家风建设过程中所树立的测评标准、内容以及目标，具有定向作用，无形中为品德的养成树立目标和方向。另一方面，品德测评教育功能主要表现为改进作用。譬如在家风建设过程中，父母长辈与子孙儿女通过直接参与品德测评，或者说以“理想的品德”状况作为家风建设的导向和标准之一，及时获得品德养成情况，并不断强化、改进和完善家风建设情况。在这修正、优化的过程中，更重要的是着力于品德的养成教育，实现家风建设工作的优化与品德养成教育的互促共进。此外，品德测评过程中的重要原则便是“矫正”，经历醒悟、转变以及巩固三个阶段，实现个人品德的矫正以及巩固和稳定。

第三节　家风建设中养成个人品德的理论依据

康德曾说，只有“人”才独具美的理想，正像整个人类尽在他的人格里面。的确，人格类似于人品，大千世界，人类对自身人品的追求恰恰是人类追求自我生存价值的最根本的表现。人品凝聚着人的价值，负载着人的“价值生命”，体现个体价值与社会价值的统一。我们把品德养成作为一个问题，置于家风建设的过程中来探讨，此乃“问题意识”在日常生活中的现实表达。然而，产生于生活的真实问题又是一切理论的始源根基所在。在一定程度上讲，“理论史”就是“认识史”，“认识史”就是“问题史”，“问题史”就是“生活史”。可见，理论来源于生活实践，又会应用并指导于实践。同样，我们探究家风建设中的品德养成亦需要立论性理论依据，来明确家风建设中“何以可能”实现品德养成，同时，要借鉴应用性的理论，从理论层面分析“何以可能”更好地实现品德养成。

一　可能性理论依据

（一）场域理论

长期以来，实证主义社会学与人文主义社会学一直是社会学界的两大分歧流派。其中，以涂尔干为代表的实证主义社会学派不屑类似心理学的个人主义，强调立足社会事实。在他看来，“我们要探究社会性质来理解自身和周围世界，而不是个人的性质”①。人文主义社会学则持相反的观点，强调社会行动者的主体地位，并将其视为根本问题。正如马克斯·韦伯所言，社会学具有解释性的特点，乃“理解社会行动的科学”，并且“影响说明其原因”。基于此，双方各持一端，无法形成定式研究方法。直至后现代社会学的兴起，场域理论对此前长期对立的两种社会学认知基本模式进行了有效的调和，成为产生重要影响的元模式。其代表人物布尔迪厄认为“社会世界是由大量具有相对自主性的社会小世界构成的，这些‘社会小世界’就是具有自身逻辑和必然性的客观关系的空间”②，譬如，经济场域、政治场域、教育场域、艺术场域等都遵循它们各自持有的逻辑。如此一来，场域理论从多维视角剖析社会本质，且进一步细化各种场域，便于在场域之内借助各要素分析问题。20 世纪 90 年代中期以来，场域理论也引起中国社会学者的广泛关注。

关于“场域”，布尔迪厄这样说过：“我将一个场域定义为位置间客观关系的一个网络或一个形构”。总体而言，布尔迪厄认为每一个体都存在于不同类型、不同层次的场域之中，并受其影响。当然，这些场域除去通常所说的物理环境之外，还涉及信息、知识、能量以及其他潜在的“存在”等关联性因素。我们在家风建设视角下来研究品德的养成教育，主要是在家庭中探讨，而家庭必然属于某种场域，这也为我们借助场域理论提供可能。场域理论中，“场域”“资源”和“惯习”是三个相互支撑的核心要素，构成不断进取的广阔空间，成就了它作为一种认知元模式的魅力。

其一，“场域”。场域并非单个体，其更多的是一定位次中的关系或者说是网络，甚至是“一个构型”③。从关系的角度出发，是理解场域理论的第一步。按照布尔迪厄的观点，社会世界由彼此关联的小世界构成，也就是各种各样的客观关系的空间，即场域。因此，场域可以视为分析

---

① ［法］E. 迪尔凯姆：《社会学方法的准则》，狄玉明译，商务印书馆 2011 年版，第 13 页。

② ［法］布尔迪厄、［美］华康德：《实践与反思》，李猛、李康译，中央编译出版社 2004 年版，第 134 页。

③ ［法］布尔迪厄、［美］华康德：《实践与反思》，李猛、李康译，中央编译出版社 2004 年版，第 133 页。

社会的基本单位。同样，我们可以将家庭视为社会的基本单位的场域，且家庭具备场域的网络或构型，富有主客体、介体以及场域的其他构成要素，譬如资源和惯习等。此外，我们也可以将家庭及其家风建设视为"合作的场域"，这是场域的特殊形式，在这合作的场所和平台中，借助场域理论，使探讨品德养成教育成为可能。

其二，"资源"。在布尔迪厄看来，每个场域都有着特定的资源，涉及"经济资源""文化资源""社会资源"和"象征资源"①。家风，在某种程度上讲便属于"文化资源"，既涉及身体化的方面，譬如父母的品德修养、言行举止，又涉及客观化的方面，譬如各种有形的家训、家规，还涉及制度化的方面，譬如某一家庭或家族的整体声誉。此外，符号可以作为一种"象征资源"，包括"用来指导行为的所有规则、价值观、规范、分类、表象、图示等"②。其中，在现实情境中，语言往往是规则、价值观、规范这些符号系统的主要载体。所以，理解语言有助于我们更好地阐明和分析符号系统，同时语言的运用也是在家庭之中进行品德养成教育的重要艺术。

其三，"惯习"。"惯习"可以理解为"各种既持久存在的系统"，又"每时每刻都作为各种知觉、评判和行动酵母体发挥其作用"③。换而言之，惯习是在各种各样譬如经济、政治、文化等社会条件的影响、熏陶下，主客体在实践基础上经过内化—外化等循环往复而逐步形成的系统，其中既包含先天遗传因素，又涉及后天各方面的作用和影响，这也类似于家风的历代累积与传承。惯习是实践的产物，又潜移默化地左右和引导周围个体并反作用于人类的实践活动。我们可以发现，家风的建成在很大程度上可以理解为一种"惯习"。正如布尔迪厄所强调的场域中的"主观构成物"。这种构成物是客观存在的，但又具有独立性，类似于"集体潜意识"。当然，其最关键的是作为一种客观力量作用于个体。可见，家风可视为"集体潜意识"，存在于家庭场域之中，借助相关"资

---

① 关于"资源"有些学者也将其视为"资本"，譬如文化资本。这其中，既有修养、素质、技能等身体文化资本，也有类似书本、绘画等的客观化的文化资本等。

② 斯科特：《制度与组织—思想观念与物质利益》，姚伟、王黎芳译，中国人民大学出版社 2010 年版，第 89 页。

③ Pierre Bourdieu, *Outline of A Theory of practice*, Cambridge University press, 1977, p. 72

源”潜移默化作用于个体品德的养成。

总之，场域理论集中于“关系”的视角，既有宏观分析，又有微观解剖，三个元素彼此作用。我们尤其重视场域、资源以及惯习之间的相互塑造，这与在家风建设中养成品德有异曲同工之妙。如果按照场域理论，将家风与品德养成结合的话，可以用公式表示：惯习（家风）×资源（文化资源）+场域（家庭场域）=场域中个人品德。

（二）社会文化理论

社会文化理论是由维果茨基提出来的，他强调社会文化因素，譬如风俗习惯、价值观念、文化传统等，在人类认知功能的发展中发挥着核心作用。维果茨基创立社会文化理论的目的是克服因西方科学的实际材料与方法论基础冲突而产生的“心理学危机”。当时研究心理过程的各种观点基本可以分为两派：一类是沿着自然科学的研究方法，譬如，行为主义心理学在探索心理原因的过程中，追求研究的客观性、精确性、操作性等；另一类是追随人文学科的研究方法，强调对心理活动的描述和理解，主张对心理现象所蕴含意义的探索。自然科学取向的心理学关注自然属性方面的低级生物心理机能过程，譬如外界自然的基本刺激；人文主义取向的心理学关注具有文化属性方面的高级心理机能过程，例如注意、记忆、思考等。维果茨基从新的视角提出了关于人的心理发展理论，他没有把天性和后天培养简单拼凑在一起，而是主张把人融入文化之中。因此，维果茨基从马克思主义立场出发，针对传统心理学“人兽不分”的错误，明确指出“意识问题是心理学中的基本问题”，在内部心理和外部环境之间搭起了中介性的桥梁。也就是说，与维果茨基关于意识问题的意义的立场十分自然地、合乎逻辑地、紧密地联系在一起的是高级心理机能问题，这也成为维果茨基的科学研究重心。

维果茨基创立该理论的同时，通过研究得出了“高级心理机能”的社会起源理论。他尤其强调，高级心理机能的产生和发展是在一定社会文化当中，以工具、语言以及符号等为中介，譬如，儿童早期的心理活动是自然的，其在借助一定的“中介”与他人、社会的接触过程中，逐步形成社会历史的心理机能。当代家风建设过程中，也存在着各种各样的社会关系，更具体说是家庭成员之间、家庭之间以及家庭与社会之间相互作用而逐步实现社会普遍道德规范的“个体化”，这必然离不开个体高级心理的作用，同时也会作用于这个心理机能，为品德的养成奠定基础。

其一，活动说。维果茨基认识到各类社会活动中必然存在人们的意识活动，而且实践活动促使心理活动的变化，或者说，两者是彼此共进的。由此，我们也可以联系教学活动，阐明教师在教育教学过程中的重要作用。简单而言，“奠定教育过程的基础应当是学生的个人活动”，“教师乃具有教育影响的社会环境的组织者，以及调节者与监督者，社会环境乃教育过程的真正杠杆”[①]。同样，家风建设过程中也渗透着各种各样的活动，儿童个体与自己的兄弟姐妹、与邻里社区的同伴，尤其是儿童个体与成人之间的共同活动和实践。如此的社会性实践活动是儿童高级心理机能形成与发展极其重要的源泉。同时，父母长辈作为家庭“教师”，既要建构相关活动，又要发挥指导作用，在活动之中实现儿女子孙的品德养成。

其二，中介说。马克思主义经典作家在论述劳动活动时，提及以工具为中介的工具性特征。据此，维果茨基从培根“既不能单靠手，也不能单靠脑，只有靠它们使用的工具才更完全”的名言中获得启示，认为人类有“物质”和“精神”两种工具。可见，儿童社会性的发展正是在社会交往活动的基础上发展起来的。我们知晓，心理健康是品德养成的基础和前提，由此，家风建设过程可以借助作为人的社会生活与社会活动产物的文化，譬如，家训、家书等，借助“最近发展区”理念，运用精神工具，利用幼儿同伴交往的作用，给予儿童一定的关注和指导，使儿童的心理机能由低级上升到高级，实现道德各阶段的矛盾转化，并使心理机能、思想意识以及内在品德等发生良性质变。

其三，内化说。维果茨基把“符号”当作人的心理活动的工具，阐明“在儿童的发展中，所有的高级心理机能都两次登台：第一次是作为集体活动、社会活动……；第二次是作为个体活动，作为儿童的内部思维方式、内部心理机能”[②]。显然，这种由外部到内部、从集体到个体的

① ［苏联］维果茨基：《教育心理学》，龚浩然等译，浙江教育出版社 2003 年版，第 104 页。

② ［苏联］维果茨基：《维果茨基教育论著选》，余震球译，人民教育出版社 2005 年版，第 403 页。

过程的转化，实质上是人思想、心理等发展的“内化”机制。同样，家风建设过程中，个体的成长是一个逐步推进的过程，譬如，社会关系内化是幼儿品德养成、发展的重要途径。一般而言，对于个体早期所接触的人，尤其是在家庭初始场域中所形成的夫妻关系、亲子关系、兄弟姐妹关系等，直接决定个人品德养成情况。如果儿童与家庭当中的各种角色结成了积极向上的关系，或者说处于和睦友好的安稳状态，从中获得对象性的关于“道德”的正能量信息与积极评价，则儿童易于形成健康的道德品质；反之，则不然。

可见，帮助家庭个体成员，尤其是婴幼儿在其人生早期与周围生活的成人及同龄伙伴等建立积极的人际关系，创造利于品德养成的各类活动等，在活动中渗透“教”与“学”①，是家风建设的价值指向和重要任务，这不仅利于品德养成教育，而且可以实现儿童社会性的健康发展。此外，维果茨基认为内化是通过模仿机制形成的。家风建设过程中，对个体的关注，可以实现在原有发展基础上主动地、创造性地从心理间平台向心理内平台的转化。

（三）道德发展理论

追根溯源，“道德”二字起初是分开使用的。《礼·曲礼》注释道：“道者通物之名，德者得理之称。”后来，道德逐步指向社会意识形态层面，体现为一种社会规范，“是人类在共同生活中形成的对社会成员约束和团结作用的准则”②。根据上面研究，我们了解到，道德的源发、形成以及发展过程一般是从他律到自律的过程。但这种转化不是一次完成的，它随着个体道德的发生而向前发展，不断地由量变到质变，由抽象到具体，由片面到全面，由感性到理性，由不成熟到成熟，由不完善到相对完善。其中既有量的积累，又有质的飞跃，是阶段性与连续性的统一。

---

① 此处的社会文化理论，也可以引导我们深入思考相关的理论，譬如“社会学习理论”。班杜拉认为，学习需要探讨个人的认知、行为与环境因素三者及其交互作用对人类行为的影响。譬如，个体、环境与行为作为彼此的影响因素，相互影响地联结在一起的一个系统。联想家风建设，个体、环境（家庭内外环境）以及行为等这些因素之间彼此交互影响，共同作用于品德养成教育，这也是我们需要注意和探讨的。此外，班杜拉提及观察学习的重要性，这从中凸显了在家风建设与品德养成教育过程中树立家庭榜样，培养“重要他人”的重要性。

② 王云五：《辞源》，商务印书馆 2015 年版，第 1672 页。

关于这个问题，许多学者作了较为深入的理论研究与实证研究，提供了一些可供借鉴的资料，也为在家风建设中追求品德养成提供立论依据。

其一，埃里克森与皮亚杰的道德发展阶段论。埃里克森重视社会文化与个体修养的关系，认为现实生活中人的一生，可以分为八个道德发展阶段，各阶段有其特定的培养与发展任务。每一阶段的培养与发展任务完成的成功与否，决定个体积极品质还是消极品质的养成。譬如，第一阶段（0—2 岁）是儿童信任感与怀疑感的形成阶段，如果按照该阶段儿童特性与规律，进行舒适照料、营造安逸环境等，会养成良好的信任感。埃里克森关于个体人格品质发展阶段的观点也为品德养成教育奠定理论基础。类似，瑞士心理学家皮亚杰把儿童个体对社会行为准则和道德规范的认识大致分成三个阶段：前道德阶段（0—5 岁）—他律道德阶段（5—10 岁）—自律道德阶段（10 岁以后）①。可见，不论是埃里克森，还是皮亚杰的道德发展阶段理论，两者均认为，儿童的道德发展和认知发展一样是有规律性的，且是有相应顺序的。我们以社会普遍道德规范为例，起初，类似家庭美德、社会公德、职业道德等是“外在的东西”，且对个体富有义务性、责任性，甚至是神圣性的约束力。随后，经过认知、认同、同化等各种发展阶段，各类道德规范逐渐内化为内在规范，也可以说是成为个人的良心，此时也就是品德养成阶段。

其二，柯尔伯格的“三水平、六阶段”论。美国哈佛大学社会心理学家柯尔伯格提出的“阶段—层次”，即著名的“三水平六阶段”理论，其更多的是涉及“怎么样”的问题。个体道德品质的养成，以及道德评价、判断是由其过程决定的。柯尔伯格认为，个体道德发展过程中有三个大的阶段：“一是前习俗水平阶段，二是习俗水平阶段；三是后习俗水平阶段。”② 柯尔伯格从他的实验中得出了结论：个体道德的变化和发展存在规律性的方向和阶段，当然，个体与家庭、学校、社会等密切关联，

① 阶段一，儿童只是感性地认识社会普遍道德规范，到了阶段二，儿童已经达到合作阶段的前半期，将道德规范视为来自成人和社会，第三阶段，儿童则把道德规范当作人与人之间互相同意所订立的“社会契约”。

② 柯尔伯格将每个阶段又分为两个小层次，譬如第一阶段分“惩罚”和“服从的定向”两个层次，以此类推，总共六个层次，也就是“三阶段”“六层次”。

许多外在因素可能延缓、加速，但原则上的顺序和阶段不会改变。可见，每个个体发展的时间、程度和水平可能不同，但通过这些阶段达到道德上的成熟的顺序或步骤是大致不变的，因而不论是在家风建设中还是学校教育中的道德教育，必须有意识地了解教育对象的思想、情感、品德等所处的水平和阶段，有针对性地逐步按照各个阶段的特点、任务和模式去培养个体，这样才能实现个体品德养成的适当的、正确的时间、程度以及水平等。如此的“阶段—水平”理论，明确显示品德养成教育的阶段性和规律性，也为家风建设提供相应思路。

此外，还有美国著名发展心理学家卢文格提出的“四横、八纵”自我发展模式论，认为个体道德正是在这纵横交叉的状态中发展的。可见，类似埃里克森、皮亚杰理论、柯尔伯格的阶段层次论等，都肯定了个体道德发展的规律性，并且大体上摸索了发展秩序。同时，这些理论的一个共同点还在于把道德自律的培养作为道德教育的终极目标，注意从个人与他人、社会的互动中寻找个体道德发展的规律，尤其强调个人的心理内部矛盾和自我教育作用才是社会道德转化为个体品德的真正动力。由此，新时代家风建设中，要以个体成长为立足点，结合个体道德发展规律，以“认知发展法”为基本的教育方法，以形成道德自律作为品德养成教育的终极目的，刺激儿童在每一阶段的道德知、情、意、信、行的矛盾转化，进而实现品德养成。

二 应用性理论依据

（一）符号互动论

符号互动论，乃社会学的范畴，主要是借助人与人之间的彼此互动，从中分析、解释社会现象以及个体与社会的互动行为等。从理论来源上讲，现代符号互动论离不开马克斯·韦伯、威廉·托马斯、查尔斯·霍顿·库利等人前期所阐释的互动论思想。一般而言，学界将乔治·米德视为符号互动论的创立者。他侧重于所谓“具有自我”的个人，研究个人内在的思想、品德、情感与其行为之间的互动关系，以及在人际互动之中的个人的解释、计划、决策等，探讨了自我互动、自我调整、自我发展等，同时，在这一过程中尤其强调人与人之间的那种“镜中我”的“观照”，而且重点阐明作为中介的各种“符号”存在的价值与发挥的作用，从而奠定了符号互动论的基础。简单而言，符号互动论的理论部分主要是基于“人与动物的本质区别在于符号的支配”“人类的建构过程处于动态之中”“符号的互动需要生物学、心理学和社会学的合作”，同时，还涉及方法论部分，接下来会分析其为指导品德养成提供理论与方法层面的借鉴。

其一，关注个体的存在。乔治·齐美尔认为社会是由“无数小的综合体”拼接而成。人们互相观察、交流、互动，等等，“所有关系由此及彼地运行。所有这些关系可以是暂时的或是永久的；有意识的或无意识的，无足轻重或关系重大。这一切无休止地将人们联结在一起。这里是社会原子之间的互动，它们（指互动）说明了所有的坚韧性、弹性，说明了如此引人注目又如此神秘莫测的社会生活的全部颜色和一致性”。同样，美国著名哲学家、教育学家约翰·杜威也强调人们立足自身，进行自我调整，以适应环境的过程。他认为人的精神、思想、心理、观点等产生于人类调整自己、适应环境的过程之中，其中，人们的思考、思维发挥了工具性的作用。此外，米德的符号互动理论还特别强调了心智，即人具有理解和运用象征符号的能力，使人类的沟通可以突破直接沟通，拓展到间接沟通，且使人类的沟通更加精致与巧妙。可见，作为现实个体的人是重要的研究对象。如上所述，不论是家风建设，还是品德养成教育，必然涉及个体的思想、品德、情感及其行为等，同时，个体的人自身也应进行自我认可与自我关注，充分发挥积极性、主动性和创造性。

其二，注重社会的互动。我们知晓，人类有机体在生理上的脆弱迫使有机体内部或有机体之间相互合作，以求得生存。韦伯在《社会经济组织理论》一书中指出：“社会学是一门试图对社会行动作出解释性理解（interpretive understanding）以便由此达到对其（社会行动的）过程与作用之因果性说明的科学。”而且，只有“经由正在行动的个人（或很多个人）以行动虑及他人行为并且因此处于其过程当中，行动才是社会性的”。同样，查尔斯·霍顿·库利所提出“镜中我”[①] 概念，提及一个人

① 库利认为，“镜中我”由想象自身如何显现、别人如何判断这种显现以及在这过程中产生的感觉三部分构成。当然，库利“镜中我”主要是对社会事实的观察和解释。参见［美］查尔斯·库利《人类本性与社会秩序》，包凡一、王湲译，华夏出版社 2015 年版。

的自我观念是与其产生互动的其他人对于他的态度的反应，这就是说别人对他的态度恰似一面镜子，他可以从镜子当中看到自己的形象。可见，符号互动论高度强调互动的重要性，因为关键性的决定往往是在个人互动上产生的，即在齐美尔所谓“社会原子”水平上产生的。由此，我们谈论品德养成教育，在关注个体本身的同时，更需要强调个体之间以及个体与社会之间的互动。而且，个体互动当中，要注重积极、客观的反馈，以此产生正面带动，譬如，在家庭之中，父母长辈与儿女子孙之间良性互动，实现“玩耍阶段”—“游戏阶段”—“概化的他人”① 而逐步形成“自我”。当然，个体之间、个体与社会之间互动的中介便是符号互动论中所强调的符号，也是互动的关键，这在后面会继续阐释。

其三，符号是互动的中介。布鲁默与其他符号互动论者一样，认为人们的生活离不开“符号系统”。显然，符号是由人们创造并运用的，之后，人们便依赖于各种符号，将符号作为中介来进行个体之间、个体与自然、社会之间的互动，从而适应各种各样的环境以求得生存。其中，语言、文字等是重要的富有意义的符号。任何个人或事物在互动中彼此之间的意义不是固定的，而是通过解释过程来予以把握和修正的，并借助各种符号实现对他人和社会的理解。布鲁默认为，一个人其实是经过一种“自我对话”的过程来把握和交流意义的。譬如，某甲在向某乙倾诉不幸的同时，也是在向某乙解释不幸的原因，从而达到了陈述的目的。② 在家庭研究中，符号互动论特别注意研究家庭内部互动关系，认为家庭与社会、家庭中的人与人之间的相互作用是通过语言、文字等象征性符号和行为来实现彼此沟通的。其中，强调个人对家庭的归属感、家庭的内部凝聚力，注重人们固有的价值认知和评价对家庭事件和行为的影响，尤其强调沟通，主要是指符号沟通方式在家庭关系、家庭稳定与发展中的重要作用。

（二）结构功能论

结构功能主义分别从“结构”与“功能”以及两者的辩证关系出发，

---

① “概化的他人”由自身期待和社会标准构成。米德认为，当某一个体扮演“概化的他人”角色，即秉持社会主流态度，譬如，社会普遍道德规范，这时儿童的社会化便到了相对成熟阶段。

② 黎民、张小山：《西方社会学理论》，华中科技大学出版社 2005 年版，第 202 页。

基于人类社会的人与人、人与自然以及人与社会的各种关系，着重探讨了有关社会系统的系列重要理论问题。与之相应的结构功能论，是在以往有关思想（譬如孔德和斯宾塞结构功能思想资源等）基础上形成和发展起来的。他们认为社会自身乃有机整体，类似于生物有机体，存在各种元素和机能。人类逐次通过“社会细胞”—“社会组织”—“社会器官”，即按照家庭—种族—城市—社区的思路，逐步孕育、发展和不断扩充，从而引导人类迈向秩序与进步。简单而言，结构功能理论认为，社会乃组织结构系统，其中存在许多相互依存的部分，又存在社会体系、文化体系、人格体系、行为体系等相互影响的分支。当然，各构成部分彼此关联，其构成结构或者说状态是否有序，直接决定社会整体功能，并通过社会状态反映出来。当然，分支体系之间的排列组合与结构不同，所呈现出的功能和价值便会有所区别。新时代的家风建设也同样存在类似的结构系统，优化它们彼此间的作用，实现从“不平衡”到“平衡”的转化，可以较好地作用于品德的养成。

其一，四个体系之间存在密切关系。在社会学的概念体系中，功能是指“某种社会存在对于它所属的特定的社会单元（或群体、或组织、或社会等）所具有的确定的客观效果”。同样，结构是系统诸要素之间的联系方式，它体现了系统的秩序性和组织性。如果说结构是系统诸要素的内部相互作用，那么，功能则是系统及其要素对外部环境的作用。社会作为社会体系，它是一种相互关联着的因素和行为的联系纽带，其中伦理道德、价值规范等是文化体系的一部分，又与社会体系、人格体系有密切联系。当然，伦理道德和价值规范要成为行为准则和尺度，就应该实现其在社会体系中的制度化和常态化。相对于个人来说，又必须通过社会化过程，才能使这些伦理道德和价值规范内化与外化。结构功能论为我们新时代的家风建设及品德养成教育提供了新视角和新方法。譬如，我们借助家风建设来养成个人品德，首先应当把家庭看作一个品德养成教育的富有结构和组织模式的有机整体，其内在有它得以延存和发展的机能和特性。各子系统自身内部的相对均衡与协调，是实现其间以及与外界的物质、信息、能量的交换，实现子系统的协调和良性运行，进而共同打造支撑社会大系统良性运行的基础。帕森斯还认为，个人的行为一般来说取决于环境，而且有一套特定的制度化和内在化的规范适用于这个环境。同样，家风建设中行为者、环境、行为目标三要素相互作用，维持稳定的“输入—输出”的交换关系。

其二，系统内部各要素之间的优化。前面已经提及，结构功能论的各维度结构，可以从时间和空间结构来考察。社会时空结构可谓社会系统的基本属性，同时，正是宏观和微观的、时间和空间的社会结构“决定着社会系统的组织模式和运行方式”①。详细剖析社会结构，其内在联系和功效的生成必然有其中的内在模式。譬如，帕森斯“AGIL 图式”②，形象地表述了社会结构的维持和运转。同样，家风建设中要充分运用和借鉴“AGIL 图式”，适应新时代的变化、整合各子系统及其相关资源、维持平衡并处置问题，由此维持家庭的“共同价值观”③ 模式。可见，社会结构一方面体现为社会诸要素与各部分的相互联结和组合，是作为系统的社会机体的组织化、有序化的重要标志，另一方面，社会结构也是社会系统具有整体性、层次性和功能性的基础与前提。此外，帕森斯提出了“位置—角色”概念，强调结构与功能的统一。该理论类似于古代社会的“伦理秩序”，也就是说每一个体在社会结构中存在相应的“位次”，正是这些所谓的“位次”使个体拥有了身份和角色。每一社会体系，包括家庭系统，为了达到这种和谐均衡的发展功能，必须依赖彼此协调合作的结构运作，因为个人存在于“社会角色”④ 的结构中，其具有某种身份地位，是与其他成员之间的角色关系密不可分的。角色所持有的身份和所处的位置，必然需要有相应的行为规范和制度，这就是个人所必须，也是维持社会均衡秩序的核心问题。

其三，结构功能之家庭系统论。简单来讲，系统可以视为彼此关联、相互作用的“诸元素的综合体”。一个系统往往具有整合性、层次性、依存性、稳定性和变化性等特征。同样，家庭作为一个系统，亦具有上述

① 刘润忠：《试析结构功能主义及其社会理论》，《天津社会科学》2005 年第 5 期。

② 帕森斯认为，一般意义上讲，社会系统有适应（A）、目标达成（G）、整合（I）、潜在模式维系（L）4 种必要功能，以实现自身的存在、维持和发展。

③ 帕森斯与默顿相当重视维持社会秩序条件中的“价值”元素，认为社会价值观决定着社会追求的目标，社会普遍道德规范规定着为达到目标所可采用的手段。显然，基于前面分析，家风最深层次的内容便是“价值观”，这也是品德养成教育的价值引领，在后面我们会做相关分析。

④ 这里的“社会角色”，主要是指社会对个体的要求，即社会期望。

特征。家庭或家族之中，父母长辈与子孙儿女及兄弟姐妹之间在一定的伦理道德、思想情感、法律法规等基础上组成的这个整体系统中，同时又包含彼此影响的子系统，如亲子系统影响子女间的交往，而子女间的交往反过来又作用于亲子系统。但家庭系统并不是完全封闭的，其不断受到经济、政治、文化等外部环境因素的影响。关于家庭系统的研究较有影响的是贝尔斯克的理论模型与德国心理治疗大师伯特·海宁格家庭系统排列，在此借助相关理论进行分析。

关于家庭系统，我们知晓家庭系统与其子系统之间以及家庭各子系统之间存在着双向的影响过程。家庭成员，尤其是未成年人，是家庭系统中的一个组成部分，家庭系统对未成年人品德养成及其发展的影响主要通过家庭成员之间的互动，尤其是父母与子女间的互动、相互作用来完成。父母长辈的教养作用于未成年人的品德养成与发展，反过来，未成年人品德养成又反作用于父母的教养行为。家庭当中的个体，尤其是未成年人，正是在与家庭系统的各个成员互动过程中，不断学习社会普遍道德规范，不断实现个人品德的养成。可见，家庭系统中的诸多因素对未成年人品德养成总是产生着这样或那样的影响。其中，父母的人格及行为特征、家风整体状况、未成年人自身的特点及其所处的社会环境等对未成年人品德养成起着更为重要的作用。譬如，“婴儿以母亲为安全基地，探索外部世界，发展社交行为和探索行为，形成活泼开朗的个性”[①]。显然，个体对外部世界人或事的基本态度是积极的，还是消极的，在很大程度上是由亲子关系所决定的，亲子互动过程也会反过来影响父母的婚姻关系。总之，家庭系统内的子系统之间的影响都是双向甚至是多向的，这也是我们在品德养成教育中所要特别注重的问题。此外，我们知道，每一个体作为社会性的生命，不仅处于各种各样的社会关系当中，而且都隶属于某个或某些系统中。譬如，每一个体出生于所在的家庭，是家庭的成员；当然，步入学堂，又属于学校的一员；工作之后，又是某个单位组织的成员。显然，所隶属的系统之间的成员身份有交叉，构成完整的社会系统。那么，落脚于个体，个体本身又是一个具备身、心、情等各元素的系统。由此，个体在其自身系统内部元素的作用下，

① 黄希庭、郑涌：《心理学十五讲》，北京大学出版社2005年版，第93页。

也受社会系统的影响，这样交叉互促不断发展、成长。较多心理学家认为在儿童的成长过程中，遗传的生物因素和环境因素交互作用，其结果使儿童逐渐形成特有认知结构、个性特质、心理情感、行为习惯等，这些都是良好品德养成的重要前提。显然，家庭是个人成长的初始系统，或者说是基础性系统。

基于此，我们研究新时代家风建设，从中培育具有良好品德的合格社会人，进而推进和谐社会构建。一方面，我们必须更加自觉地以家庭为切入点，关注家庭的不同构成要素以及家庭与外界的关联，并以此作为达致稳定社会的重要参数；另一方面，要全面具体地分析和把握家庭各构成要素的角色、地位及其现实功能。不同家庭角色，必然要履行相应的职责，进行角色扮演，并遵循相应规范，而且，正如海宁格所提倡的“爱”的序列，借此积极推进结构与功能的统一，这也是家风建设的必然。当然，社会结构系统的完善、社会秩序的稳定乃理想或者是应然状态。同理，家庭内部秩序的稳定，譬如，良好家风的建成才是正常的状态，反之，则是反常的标志。

（三）群体动力论

人是群居的动物，从出生开始便生活在家庭、社区、学校、社会以至国家等群体中。17 世纪末期，霍布斯、洛克、孟德斯鸠等理性主义者开始研究群体。20 世纪初，法国社会学家涂尔干可以视为群体动力学的催生者，他特别关注人类在群体内的行为以及人机互动的过程，并强调个人的思想会在群体下产生持续改变的现象。后来，卢因将“场”理论用于研究群体行为，强调彼此关系、互动。研究“群体动力”，尤其要探究影响群体活动的彼此作用的各种因素与群体成员之间关系的变化和协调过程。卢因之所以运用其“场”理论来研究群体行为，是因为群体行为同个人行为一样，同样也取决于“内部场”与“情景力场”的相互作用。他认为，人的言行举止受到所处的群体内部各种情景因素的作用和影响，可以用函数表示：B = f（P，E）①。当然，群体的行为不是“加

① B = f（P，E）。其中 B 是个体行为习惯，P 是个体状态、特征，E 是个体所处的群体环境。也就是说，群体中（譬如某一家庭或家族之中）个人行为习惯，既是在个体状况基础之上，也深受所处环境的影响。

法”，而是“乘法”，需要集体智慧的结晶。每一个体从出生开始，便开始生活在各种群体当中，其中，家庭便是个体的最初生活群体，个体在家庭群体中彼此联系和作用，并深受家庭各种因素和情境的影响，逐步地成长发展。由此，借助群体动力理论，可以应用于新时代家风建设及其品德养成。

其一，明确群体的特征与构成要素。一般而言，某一群体中，群体成员相互依赖，在思想和心理上能意识到彼此的思想感情、道德观念、性格特征等的存在，由此，成员在思想、心理上以及行为上相互作用和影响。譬如，群体成员会自觉或不自觉地参照或模仿别人的行为。当然，群体的关键点在于使每个成员都有一种归属感，这也离不开群体凝聚力的效应。我们倡导家风建设，目的之一便是实现家庭的和谐，而家庭的和谐必然具备潜在的凝聚力，进而为品德养成提供良好的氛围。正是由于群体中的成员是彼此交流互动的，故群体动力也可以说是群体内互动的历程，而且，每一群体必然有不同的构成要素。一般而言，群体包括五部分：群体的背景因素、各种活动、规范制度、“思想行为”[①] 及其相互作用。群体的背景因素主要包括群体的各种条件、管理方式、道德规范、规章制度等。最终群体思想行为的形成又会反馈回去影响群体的背景因素、各种活动以及群体的发展等。霍曼斯系统模型虽只是一般性的描述，但在一定程度上有助于人们较全面地了解构成群体行为的各种内外变量，也为家风建设中所要特别注意的问题提供指导。

其二，知晓群体气氛的地位与建构机理。根据卢因的群体动力论，群体中各成员的行为是由其所处环境与其个性之间相互作用的结果。可见，良好的群体气氛对群体成员的思想、心理以及行为有重要的影响。一般而言，群体气氛主要受群体风气、管理方式、成员关系等方面影响甚至决定。群体风气是群体在日常工作、生活中逐步形成的、约定俗成的思想情感、道德规范、精神风貌以及行为习惯等，是一种非正式的、非强制性的行为标准。成员置身于群体中，总会受到整个群体风气潜移

① 群体构成因素中的“思想行为”，分为客观要求的思想行为、实际层面的思想行为以及最终体现的思想行为。当今，个体、家庭和社会处于密切联系，外在的普遍道德规范与个体、家风的实际情况，以及最终的境况，也是如此的道理。

默化的影响，耳濡目染就会形成与群体一致的行为方式，群体风气对行为有规范作用。群体中所谓领导者的领导、管理方式也是群体气氛的重要方面。譬如，专制型群体与民主型群体中的成员必然有较大差异。此外，群体成员间如果能形成一种相互尊重、团结合作、情谊深厚的人际关系，必然利于良好风气的形成。因此，在家庭中，为了使成员形成良好的家风，达到品德养成的目的，父母长辈一方面要了解子孙儿女的思想品德现状及其需求，通过各种内外在措施，激发家庭成员的积极性和创造性。另一方面，要根据家风建设中的育德因素，创造良好的物质环境和精神环境，作用于品德养成。

其三，沟通在群体中的重要性。一般而言，沟通就是指物质、能量和信息的传递，既可以在机器与机器之间进行，也可以在人与机器间进行，还可以在人与人之间进行。但是人与人之间的沟通有一些特殊的地方，譬如，人与人之间借助语言，不仅交流消息，而且交流思想、情感、态度、观念等。此外，人们彼此之间交流的目的在于人的行为的改变。群体本质上是一个动力性的有机体，并非静止状态的组织体，因此某群体内部的各项条件必须持续性、经常性的产生交互作用，包括成员与成员的沟通、领导者与成员的沟通、群体内外的互动等。一般而言，团体运作要经历初始阶段、转换阶段、工作阶段到结束阶段，其沟通运作过程有效顺畅，成员的期待愈易满足，组织的目标和个人的行为愈易达成和完善。我们以品德养成教育为例，在具体的沟通过程中，父母应该充分了解孩子的生理和心理特征，进而洞察孩子的内心世界，随时随地与孩子保持有形或无形的沟通。此外，父母长辈在引导孩子进行具体沟通的过程中，可以按照模仿、暗示、顺从等思路，使家庭成员之间由于相互影响，相互作用而引发趋于接近、趋向一致的类化过程，在此基础上逐渐形成群体规范，这也是家风形成的重要保障。

第四节　家风建设中养成个人品德的理论借鉴

自古以来，婚姻是两性结合的一种社会形式。建立在婚姻和血缘基础上的家庭是现代社会的细胞，也是社会生活的一种组织形式。家风作为一种客观存在，不管人们是否认识到它的存在，它都客观而实在地存在于家庭生活实践中，是社会风气的有机构成，甚至影响着社会风气的优良与否。基于此，我们有必要认识家风何以存在？它客观存在的前提和依据是什么？也就是说，家风存在的合理性和必然性在哪些方面？它是怎样发挥养成个人品德的功能？有何理论借鉴等。当然，家风既然是一种普遍而客观的实践存在，就应该以马克思主义理论为指导，在思想政治教育基本理论的综合视野中考量家风建设中养成个人品德的理论借鉴，进一步了解家风建设中养成个人品德的可能性，同时，借助社会主义核心价值观作为精神支柱和价值标杆，建设新时代家风，养成良好的个人品德。

一　马克思主义相关理论和学说

一般说来，婚姻家庭关系总要受一定的社会物质生活条件所制约。显然，从婚姻家庭的演变来看，一定的社会形态会产生与之相适应的婚姻家庭形式。人类的婚姻家庭关系，不仅可以从经济基础的变革中得到说明，而且也要受到政治、文化、法律、科技等上层建筑和风俗传统的巨大影响。由此，要分析家风建设并从中实现品德养成，探讨家风建设中养成个人品德的合理性与必然性，必须到马克思主义理论中去寻找理论依据。马克思主义关于社会存在与社会意识辩证关系的原理、人的本质的学说、人的自由而全面发展的学说等，为家风建设中养成个人品德研究提供了学理支撑。

（一）社会存在与社会意识辩证关系原理

家风建设过程离不开一定的思想内容、道德规范和政治原则，尤其是实现着相应的道德规范的内化，从中养成个人品德。由此，正确地认识人的思想从哪里来，如何形成和发展人的正确思想品德，是新时代开展家风建设中引导人们形成符合一定社会要求的思想品德的唯物主义哲学前提。毛泽东同志立足马克思主义关于社会存在与社会意识辩证关系原理，在《人的正确思想是从哪里来的?》一文中指出：“人的正确思想是从哪里来的？……只能从社会实践中来”，对人的正确思想的来源作出了唯物主义的回答。可见，深化对家风建设中养成个人品德的理论认识，必须以这一思想为基础，深入地把握社会存在与社会意识辩证关系的原理。

社会存在和社会意识的辩证关系问题是历史唯物主义的基本问题。马克思克服唯心主义历史观，提出“意识必须从物质生活的矛盾中，从社会生产力和生产关系之间的现存冲突中去解释”①，强调德国哲学“不是从人们……所想象的东西出发”②，而是“从直接生活的物质生产出发阐述现实的生产过程”③。社会存在主要是物质生产实践及由此产生的社会关系，社会意识指道德、政治、哲学以及风俗习惯等社会生活的精神方面。至于两者的关系，马克思恩格斯认为，“不是人们的意识决定人们的存在，相反，是人们的社会存在决定人们的意识”④。也就是说，要理解所处时代的社会意识，就必须先了解更深层次的东西，那就是该社会的物质生产方式。此外，马克思还进一步指明意识的属人性和社会性。马克思、恩格斯从现实的人出发考察人类社会和人的意识，指出人是“现实的”“可通过经验观察的”“一定条件下”的“发展过程中的人”。而且，人的存在本身是社会性的，譬如，“意识一开始就是社会的产物”⑤。此外，人们在各种关系性的社会实践中形成意识，有什么样的社会实践及其形成的社会关系，就会有什么样的社会意识。

总而言之，在马克思和恩格斯看来，任何一个历史时代的各种各样的社会意识，都是该历史时代社会存在的产物。可见，人的思想意识改变可追溯到最深层次的改变，即社会物质生活的改变。新时代家风建设过程中，以人的思想、心理，甚至是精神为实践对象，其关键一点在于促使人们形成符合一定社会和时代发展要求的思想观念、道德规范、政治观点等，从而养成良好的个人品德。社会存在和社会意识辩证关系的原理，奠定了家风建设中正确认识人的思想、心理变化、发展规律的理论基础。一方面，这一原理指明了人的思想乃社会意识范畴，其产生、发展变化的决定性因素是人们的“社会存在”。由此，人们的任何思想，哪怕是极为复杂、极为深奥的思想，归根到底，都根源于人们的社会存在，都可以从人们的社会存在中得到说明。可见，人们在不同时代所提

---

① 《马克思恩格斯选集》（第2卷），人民出版社2012年版，第3页。
② 《马克思恩格斯选集》（第1卷），人民出版社2012年版，第152页。
③ 《马克思恩格斯选集》（第1卷），人民出版社2012年版，第171页。
④ 《马克思恩格斯选集》（第1卷），人民出版社2012年版，第2页。
⑤ 《马克思恩格斯选集》（第1卷），人民出版社2012年版，第161页。

出和宣传的思想，归根到底都不是人的主观意志决定的，而是社会生活实践的客观要求。因此，在分析人的思想时，首先要分析人的社会存在，譬如，所处社会的生产力发展状况等。当然，家风建设及品德养成也需要立足当下，从现实社会出发；另一方面，这一原理指明社会存在之余、影响人的思想产生、发展变化的决定性因素之外，还有非决定性因素，即社会意识的因素。从意识的主体看，社会意识包括了个人意识和群体意识两部分。个人意识和群体意识的关系，是个别和一般的关系，也是互相影响的关系。群体意识离不开个体意识，群体意识要通过个人意识才能形成和表现出来，而且，个人意识还会给群体意识一定程度的影响，这种影响的程度随着具体的个人在群体中的地位、作用的加强而增大。同样，个人意识的形成和发展，也离不开群体意识，个人意识要受所在群体意识的制约和影响。所以，人的思想的状况及其变化，除了受人们的社会存在的影响外，还要受群体社会意识的制约。因此，我们在家风建设中分析个体的思想时，要树立全面分析的观点，既注意对物质影响因素的分析，又注意对精神影响因素的分析。家风建设要与社会物质生活实践结合起来，在解决人们物质生活问题的同时解决思想认识问题，且寓家风建设于人们家庭生活以及家庭之外的其他社会实践活动之中。在这一过程中，父母长辈先赋予特定的家庭实践活动以相应的内涵，渗透家风建设的基本要求，以主流价值观指导、引领家风建设的实践活动，实现社会意识—社会实践—社会意识的反复，进而再让子孙儿女在家风建设的实践中接受预设、潜隐的内容。此外，社会存在与社会意识辩证关系原理指明了人的思想对于改造客观世界具有巨大的能动作用。众所周知，人们认识和改造世界的活动总是主观见之于客观的过程，即在人的主观思想指导下认识和改造客观。在这一过程中，符合客观实际的正确思想对改造客观世界起着积极的推动作用，反之则起着阻碍作用、消极作用。因此，家风建设要在党和国家正确思想的指导下，塑造合格社会人，从而自觉有力地认识和改造客观世界，把正确的精神思想转化为物质成果。

（二）人的本质的学说

家风建设是塑造人的社会实践活动，是“成风化人”的教育。探讨、把握人的本质，是开展家风建设的理论必需。关于人的本质问题的认识经历了一个漫长的发展和深化的过程。马克思从所生活的年代的时代需要出发，在批判地吸收前人研究成果的基础上，科学地揭示人的本质，创立了科学的“人的本质学说”，指出人类自身解放的道路乃无产阶级斗争的需要。人的本质学说的形成，同马克思主义科学世界观一样，经历了一个从唯心主义到旧唯物主义，再到彻底的唯物主义的否定之否定过程。这个过程从马克思中学毕业论文《青年在选择职业时的考虑》对人的问题发表看法开始，到《关于费尔巴哈的提纲》写完为止，经历了十年左右的时间。这段时间大体可分为从中学毕业到大学毕业的把人的本质归结为“自我意识”——从大学毕业到退出《莱茵报》编辑部的把“理性”和“自由”看成是人类本性——从退出《莱茵报》编辑部到《德法年鉴》停刊开始重视人的本质的社会性问题——从《德法年鉴》停刊到《关于费尔巴哈的提纲》把人的本质归为在其现实性上是“一切社会关系的总和”四个阶段。

详细来讲，关于人的本质，马克思有两个著名的论断。其一，“自由自觉的活动”和“有意识的生命活动”。这里的“两项活动”，指的就是人的实践和劳动，这是人的本质特征的体现，也是人与动物的区别。其二，“一切社会关系的总和”学说。此乃马克思主义关于人的本质理论的核心内容。其中涉及几个方面内容：（1）个体的人富有自然属性和社会属性双重属性；（2）规定人的本质的是多种多样的复杂的社会关系；（3）各类社会关系处于动态发展之中，由此就决定了人的本质是具体的、历史的发展着的；（4）人的个性存在，并在认识和改造自然和社会中发挥着重要作用。此外，马克思在其他重要文献中还讲到人的本质问题，如“人的本质是人的真正的社会联系”①，此处主要强调社会关系是人的本质在现实的实现，而不是人的本质或本质力量本身。可见，把握马克思关于人的本质的论述，必须把上述两个论断结合起来进行理解，不能孤立片面地理解，两个论断是相辅相成、相互补充的。正如有学者所指出的：“对人的本质的把握，应当贯彻实践活动与社会关系相统一的原则。”② 由于决定人的本质的各种各样的社会关系受生产力这一根本因素

---

① 《马克思恩格斯全集》（第42卷），人民出版社1979年版，第24页。

② 陈志尚：《人学理论与历史》（人学原理），北京出版社2005年版，第100页。

影响，它是具体的、历史的、发展的，这就决定了人的本质不是永恒的，它有着明显的历史规定性。

诚然，人的本质是在实践中形成和发展的，也是在社会关系中体现的。社会实践和社会关系是丰富的，人的本质也是丰富的，而不是单一的。任何人只有在社会实践中，只有在社会关系之中，才能丰富自己的全面本质，增强自己的本质力量。家风建设作为以增强人们的本质力量为目标取向的活动，不能脱离人们广泛的社会关系而孤立地开展，尤其是要融入处理各种家庭关系的实践中去。一方面，明确个人是家庭关系之“网”上的“结”。基于马克思主义人的本质学说，我们不应该把人的本质看成孤零零的、凝固不变的“单个人身上所固有的抽象物”，而应该看成是作为“一切社会关系的总和”而历史地存在着和发展着的东西。就是说，每一个现实的人，其本质受社会关系影响，并随之发展，同时也总是随时随地、与时俱进的向社会关系之中去渗透、输入。个人品德养成的初始场域是家庭，家庭中的亲子关系、兄弟姐妹等各种各样的亲情关系是每一个体初步接触的社会关系。因此，人的本质在最初，在一定程度上反映着与其有关的家庭关系状况，而家庭关系又是家风的体现，可见，家风对人的本质的生成、发展具有影响和制约作用。另一方面，肯定家庭是社会关系之“网”上的“结”。不可否认，离开实践、社会关系等，家风建设及品德养成教育是空洞的。任何个体都生活在一定的社会关系之中，其中家庭关系是人们初始的、基本的社会关系。正如马克思所提及“每一个行业，都各有各的道德”①，“人们自觉地或不自觉地，归根到底总是从……实际关系中……获得自己的伦理观念”②。这就是说，理解人们的思想、道德，对人们开展家风建设，从中实现品德养成，必须联系人们的社会关系，既包括物质交换关系，也包括精神文化，譬如伦理道德关系，等等。正是在这些关系的扩展中，个人真正融入了类之中，个人的类的特性或社会性才得到了充分的发展。同时，这些关系拓展了人的视野、更新了人的观念、锻炼了人的才能，使人能够全面地塑造自己，为人的能力的发展创造条件。可见，从纵横两个角度来讲，任

---

① 《马克思恩格斯选集》（第 4 卷），人民出版社 2012 年版，第 247 页。

② 《马克思恩格斯选集》（第 3 卷），人民出版社 2012 年版，第 470 页。

何人，总是所处时代和社会的社会关系之“网”的“网上纽结”。总之，一切社会关系都是由人“适应自己的物质生产水平而生产出来的”①，一切社会关系都从人产生，又到人收拢，人是一切社会关系的始点、交点、支点、终点。同样，家风建设的出发点和落脚点也是“现实的人”。当然，忽略“网”上纵横交错的“经纬”关系，即每一社会关系，也就不能最后抓住这个“纽结”。所以，只有深入了解和正确认识一切社会关系，才能深入了解和正确认识作为“一切社会关系的总和”的人的本质。

（三）人的全面发展的学说

人的全面发展问题是人类恒久的话题，它寄托着人类无限的遐想和美好的追求。随着人类社会的发展，人的全面发展的思想也经历了一个从无到有、从低级到高级的历史发展过程，其内涵也随着时代的变迁而不断地被丰富和完善。历史上虽然对人的全面发展有着不同的理解，但其共同点是把人视为理性的规定，人的发展依赖于理性的改变。要正确辨析这些观点，就需要回到马克思的视野中。人的全面发展既是出发点，也是追求历程，更是落脚点，是马克思主义理论的旨归，也是教育的最终目的。同样，探究家风建设中的个人品德养成，也是人的全面发展的重要价值指向。因此，深入系统地了解和把握马克思关于人的全面发展思想的历史轨迹、现实阐释以及未来展望，对于我们进一步实践和探索家风建设及品德养成具有深刻意义。

马克思关于人的全面而自由发展的理论大致经历了一个最初探索、基本形成和成熟完善的阶段。追根溯源，马克思关于人的全面发展思想萌芽，可追溯到《青年在选择职业时的考虑》。文中关于职业的选择，马克思致力于指向“完美境地的职业”，“甚至最优秀的人也会怀着崇高的自豪感去从事它”②。在这里，马克思已经闪烁着自由自觉活动的思想火花。在《1844 年经济学哲学手稿》（简称《手稿》）中，马克思已经不是从人的本质出发考察劳动而是从劳动出发来考察人的本质。在此，突出“人占有自己的全面的本质”③ 以作为完整的人的特点。由此我们可以看

① 《马克思恩格斯选集》（第 4 卷），人民出版社 2012 年版，第 415 页。

② 《马克思恩格斯全集》（第 40 卷），人民出版社 1982 年版，第 6 页。

③ 《马克思恩格斯全集》（第 42 卷），人民出版社 1979 年版，第 123 页。

出，《手稿》中关于人的发展思想的论述是马克思人的全面发展思想的一大进步。后来，从《神圣家族》到《共产党宣言》的诞生，乃马克思唯物史观形成的标志期。同时，马克思关于人的全面发展思想也形成，正如《共产党宣言》中所追求的“每个人的自由发展”①。后来，《资本论》的诞生，标志着人的全面发展思想的成熟。简单了解人的全面发展学说及其发展历程，接下来我们结合研究需要，简单分析如下：

新的时代条件下建设家风，养成个人品德，离不开人的全面发展理论的指导，也就是说人的全面发展是家风建设及品德养成的根本价值指向。基于马克思关于人的全面发展理论，家风建设过程中最重要的是要从个人和社会的关系上阐明人的发展概念。个人离不开社会，同样，社会也需要个人。当然，如今的家庭，并非传统意义上的“封闭型”的家庭。由此，家风建设中要在社会背景之下，追求个人品德的养成。正如马克思将社会历史视为社会中个体发展的历史一样，只有个人品德的形成和发展，才能形成凝聚力和发展力，更好地促进社会的稳定和发展。接着，马克思关于人的全面发展思想，可以从内涵和条件两方面来为家风建设中养成个人品德提供借鉴。一方面，人的发展的具体内涵，即全面、自由、充分、和谐发展。马克思通过剖析资本主义生产关系的实质，基于人的解放、实现人的本质力量的目的，把主体性与主体能力作为人的全面发展的目标的本质，开辟了理解人的全面发展目标的新路向，阐明了人的发展应该是全面、自由、充分、和谐的发展。同样，家风建设过程也要在实现品德养成的基础上，追求个体的全面充分（需要、素质、能力以及关系的整体、充分发展）、和谐永恒（个人身心、人与人、人与社会以及人与自然协调、优化、可持续）发展。另一方面，人的全面发展也需要坚实的现实条件。同样，家风建设与个人品德养成也需要坚实的“外部条件支持”。马克思认为，人的全面发展首先必须以“发达的生产力”为基础。当然，人的全面发展还“取决于高度发展的生产关系”。由此，品德养成需要社会的支持，解放和发展生产力永远不能变，因为只有在新的生产工具、生产方式、新的社会交往方式相互作用下，才能为个人发展提供良好的条件，才能实现个人发展与社会进步的互促共进。

---

① 《马克思恩格斯选集》（第1卷），人民出版社2012年版，第422页。

此外，人的全面发展不能单纯依赖发达的生产力，还需要教育或训练。教育是“造就全面发展的人的唯一方法”①。同样，马克思也指出：“获得一定劳动部门的技能和技巧，成为发达的专门的劳动力，就要有一定的教育或训练。”② 显然，家风建设的任务并不单纯是实现个人品德的养成，更重要的是教育具有良好品德的人利用在训练当中掌握的知识和技能去认识、解释和改造世界。联系现实生活，那便是合格社会人的培养，最终致力于中国特色社会主义建设事业。

二 思想政治教育的“环境、过程、管理”等理论

在一定程度上来讲，思想政治教育是“作人”和“做人”的学问，其立足于人本身、致力于人的培育、追求于人的发展，从中实现思想观念、政治原则以及道德规范的个体化。我们在家风建设视角下探究品德养成，其本身也属于思想政治教育的范畴，而且，我们需要且必须借助思想政治教育的相关原理，运用其理念、方式、方法，以更好地实现良好品德的养成。

（一）明晰思想政治教育环境理论

一般来说，环境可分为自然环境与社会环境两大类。思想政治教育环境不同于一般意义上的环境，它是一种特殊意义上的环境，主要指对其产生影响的一切自然条件与社会条件的总和。人们的思想观念、道德规范和政治观点是在一定的时代背景和现实条件下萌芽、形成和发展的。同样，思想政治教育也是处于一定的环境并受环境的影响和制约。自然条件更多的是倾向于物质基础，其对人们思想、道德、政治观念和行为的形成和发展有一定的影响，但不起决定作用。社会条件，更多的是政治、文化等层面，以及各种社会关系等，它对人们的思想、道德、政治观念和行为的形成和发展起着主导性的作用，因而它是影响思想政治教育过程的主导性因素。同样，实现在家风建设中养成个人品德，也受自然条件和社会条件的影响和作用，可以从宏观和微观环境两个层面，并以家庭为界，从品德养成与环境的辩证关系进行探讨。

---

① 《马克思恩格斯选集》（第2卷），人民出版社2012年版，第230页。

② 《马克思恩格斯选集》（第2卷），人民出版社2012年版，第166页。

毋庸置疑，不论是家庭内在环境，还是外在环境，其对人的品德的形成和发展起着潜移默化的作用。根据对“家风建设的育德因素”的分析，我们了解到，影响个人品德养成的因素可以明确，家庭是影响个人品德养成的重要场所，与之相应的家风是实现品德养成的重要保障。当然，根据思想政治教育环境理论，其一，从环境类型来看，我们明确家风的建设又受社区环境、学校环境以及社会环境的制约，也就是说，作用于品德养成的是一个“环境系统”。可见，要建设良好家风并实现个人品德养成，需要优化家庭、社区、学校以及社会等多方面的环境。其二，从环境与品德养成的关系来看，个人品德养成与环境的关系并不是消极被动的，两者是辩证统一的关系。一方面，环境对品德养成具有制约作用，影响着品德的形成与发展。譬如，人们的道德水平受社会经济发展状况影响的同时，还受到家风、社会风气、人际关系优劣以及其他社会文化层面因素的直接影响。正如古语所言：“近朱者赤，近墨者黑。”当然，各类社会的现象是两面的，有的反映了社会生活的本质，有的只反映了社会生活的现象；有的体现了社会生活的主流与生机，有的只反映社会生活的支流和矛盾。因此，其对个人品德就会有两种截然不同的影响，前者会对人们的思想品德产生积极影响，后者则会产生消极影响。由此，我们要尽量营造正确反映事物现象的舆论，并使其影响成为主导力量，以陶冶情操、催人振奋，进而利于品德的养成。此外，各微观环境之间的良性联动程度影响着品德养成的效果。譬如，当家风、党风以及社会风气呈积极向上的态势且处于良好的联动状态，则能极大地促进品德养成教育的实施，反之，则不然。另一方面，个人品德的养成对环境又有着强大的能动作用，可以实现对环境的建设和优化。家风建设中的品德养成要以实现党风、校风、社风的优化为目标，追求社会整体风气的提升。此外，在处理品德养成与环境的关系问题上，必须防止和批判“环境决定论”和“精神万能论”两种错误倾向。

（二）借鉴思想政治教育的过程理论

人类的认识活动具有多样性和复杂性，每一种认识活动都有自己的特殊规律。但是，在人类的各种认识活动中，必然存在过程性结构，或者说某种模式规律，这也就是我们谈论的“过程规律论”。思想政治教育过程论是思想政治教育理论的重要内容之一，也是认识思想政治教育过程规律的重要组成部分。我们探究思想政治教育过程理论在家风建设与个人品德养成应用，将其作为一种独特的“生产”，作为对受教育者进行的全面影响，在受教育者身心上实现品德养成，实际是改造人和发展人的过程。毋庸置疑，只有将各类教育元素统筹到整个教育过程中，才能实现各教育元素的继起与互动，发挥教育作用。同时，要把家风建设及品德养成教育的局部过程置于整体过程中去研究，并且注重各过程的协调、优化，尽可能消除各具体环节、过程的摩擦，追求高效、高质，进而形成统一的合力机制。这样，可以实现两者各自过程，以及两者之间过程的有机统一，致力于品德养成。当然，如果离开了教育过程，教育效果便无法体现，家风建设及品德养成教育的实践便无从谈起。

一般而言，思想政治教育过程可以分为宏观过程和微观过程，或总过程与具体过程。显然，总过程包含具体过程，或者说由具体过程汇集而成，并通过具体过程表现出来。我们分析思想政治教育过程，可以从构成思想政治教育活动的基本要素谈起，譬如，主体、目标、内容、环境、手段和途径等。在此，我们联想马克思的劳动过程原理，思想政治教育过程的受教育对象，类似劳动对象，但受教育对象并非自然物，而是有身心规律、主观意识等，必然优于劳动对象；思想政治教育者除了智力和体力之外，还需具备品德、情感、修养等，这是高贵之处，也是品德养成教育的关键；此外，思想政治教育手段、途径等，也与劳动过程有相似之处。由此，我们基于教育要素分析，结合劳动过程理论，简单认为，思想政治教育过程就是教育者基于教育目标，借助手段和方法，作用于受教育者，同时，在这期间存在主客体的互促，进而使受教育者养成符合社会需要的思想观念、政治观点、道德规范的过程。紧接着，我们结合家风建设与品德养成教育，运用这一原理。其一，思想政治教育过程存在主客体，同样，家风建设与品德养成教育也存在主客体，必然是“施教”和“受教”的互动过程。一般而言，在家风建设过程中，父母长辈为“施教者”，儿女子孙为“受教者”。当然，也存在两者的彼此转换，在这一过程中，父母长辈与儿女子孙的平等、共存与协作，能使得家风建设良性运转，品德养成过程有序进行，并且能够在彼此联系的协调中存在和发展。其二，思想政治教育过程中，教育目标规定着社会需求和个体需要的统一。不论是家风建设，还是品德养成教育，其过程必然是促使个体社会化的过程。良好家风的建成，是社会的需要，但就具体过程来说，则必须考虑社会需要与个人的现状与发展规律，追求两者的有机协调与统一，才能更好地实现品德养成，致力于合格社会人的培养。此外，思想政治教育过程操作的整体性，体现的是综合施教的思路与策略。同样，家风建设过程中，除家庭之外，学校、社区、各种群众组织和团体以及大众传播媒介等都在不同程度作用于家风及其个人品德的养成。在这一过程中，家长要寻求教师的配合，充分调动尽可能的积极因素，遏制消极因素，利用一切可利用的资源和手段，并且协调和优化各方面因素，实现各要素的优化组合，追求整体功能的最大化，从而共同作用于品德的养成。

（三）运用思想政治教育管理理论

关于思想政治教育管理涉及多方面的研究视角。譬如，思想政治教育本身就具有管理性，是治党、治国、治企、治家乃至治世的科学；管理乃思想政治教育的载体；思想政治教育管理是运用管理理论、管理方法、管理职能对思想政治教育计划、组织、指挥、协调、控制的过程。综合各种观点，思想政治教育管理涉及两方面内容：一方面是管理中的思想政治教育；另一方面是思想政治教育的管理。基于如此的思路，家风建设中探究品德的养成自身便富有管理的元素，同时，又需要对家风建设进行管理，以建成养成个人品德的良好家风。家风建设与管理不是冲突的，而是统一的。首先，家风建设与管理的目标是一致的，二者都强调以人为本，都是以实现人的全面发展、提高人的思想道德素质以及满足社会发展需要为目的。其次，家风建设与管理既有自身的价值，也内含对方的价值，家风建设隐含隐性的管理，管理则表现为隐性家风建设。此外，二者在组织结构与组成要素上也具有相似性。家风建设由教育者、被教育者、环境和各种介体组成，同样，管理亦然。

思想政治教育的管理是中国共产党全面治国理政下的一个管理范畴，它是思想政治教育的制度管理、组织管理、队伍管理和各种管理工作的综合管理。同时，在一定程度上讲，各种社会管理的方式也需要体现思想政治教育的意义。当今的家庭并不是封闭式的家庭，同样，新时代的家风建设及从中追求品德养成也不是个体家庭的私事。可见，新时代的家风建设需要领导和管理，而且品德养成教育的领导和管理也是紧密联系在一起的，领导是高层次的管理，管理是被具体化的领导。因此，品德养成教育的领导和管理同思想政治教育管理一样，是人们管理活动的一种，当然也要符合管理的一般原理和基本原则。具体而言，其一，品德养成教育管理的系统原理。我们在家庭之中探讨品德养成教育，其管理是一个系统工程。管理者、教育者要把自己管理的家风建设活动看作一个系统，从而把握系统的功能、研究系统的结构、分析系统的联系，这一过程中应坚持方向目标原则、综合协调原则和发展创新原则。其中，方向目标原则指出家风建设必须有明确的政治方向；综合协调性原则引导家风建设需要整合人力、物力和财力，以及各方面力量，以发挥整体效能；发展创新原则需要在坚持正确方向的前提下，与时俱进、开拓创新，实现家风建设的传承创新。基于此，良好家风的建成，也会从中实现优良品德的养成。其二，品德养成教育管理的人本原则。在品德养成教育管理工作中有人、财、物、信息、时间等诸要素。人本原则就是强调在管理诸多因素中，“人”的要素最为重要。坚持人本原则就是要尊重人、关心人和理解人，在民主的原则下确立品德教育管理的内容、方式、途径，并在激励为主的原则下调动人们从事家风建设及其管理的积极性和主动性，力争引导广大家庭成员自我教育、自我管理和服务，进而实现家风建成与品德养成的并驾齐驱。此外，家庭对于品德养成教育的管理要坚持求实原则。我们要建成良好家风，追求品德养成，进而取得巨大的社会效用，就必须坚持理论联系实际的求实原则，一切从实际出发，实事求是，坚持实践是检验真理的唯一标准，做到不唯书、不唯上，只求实，不停留在本本、条条上，要按照家风建设、个人品德养成的客观规律办事，且在具体的管理过程中要实现全员、全过程和全方位的管理。

三 社会主义核心价值观的“精神支柱”和“价值标杆”理路

改革开放以来，随着时代的发展和社会的变革，人们的价值取向呈现多样化、层次性，甚至是复杂化倾向。诚然，中国特色社会主义建设事业需要主流价值观的引导和规范，也就是“必要支点”① 的问题。基于此，党的十八大以来，培育和践行社会主义核心价值观成为时代焦点和

① 《马克思恩格斯全集》（第27卷），人民出版社1972年版，第18页。

学术热点。新时代培育和践行社会主义核心价值观为家风建设及品德养成提供相应的“精神支柱”和“价值标杆”理路。也就是说，新时代的家风建设也需要将社会主义核心价值观作为“精神支柱”和“价值标杆”，以便为家风建设定位、定性，保证家风建设有方向、有目标、有标准，进而涵养个人品德。

（一）社会主义核心价值观的“精神支柱”力量

毋庸置疑，人们的生活离不开物质世界，也离不开精神世界。任何一个社会的主流价值观乃人们精神世界的体现，都反映该国家的意识形态和道德规范的基本价值取向。显然，主流价值观的塑造，表示一个国家稳定、有序，反之，则是混乱与动荡。可见，主流价值观乃国家和社会的“精神支柱”，同样，我们党和国家所倡导的社会主义核心价值观，也是个人、家庭、社会乃至全民族的“精神支柱”，规定了具有本质意义的“思想内核”。其一，社会主义核心价值观具有社会主义的“质”的内在规定性。由此，新时代家风建设过程中需要体现“质”的规定性，在中国特色社会主义制度的根本规定下，根植于中国大地，建设中国特色社会主义家风，并借助中国特色社会主义的主流道德规范来养成个人品德。譬如，我们历史篇也有所提及，优秀传统文化是我们的“根”与“魂”，新时代的家风建设亦需要与时俱进、开拓创新，对中华优秀传统家风文化进行创造性转化和创新性发展。其二，社会主义核心价值观所体现的“核心”意识，一方面体现核心价值观，乃价值判断包裹里精选出的“精神内核”，其自身富有崇高性、先进性和主导性、科学性和正确性；另一方面表明不论是在家庭，还是上升至国家，我们都要具备“核心”意识，时刻拥护党和国家的领导，既要维护个人小家庭的和睦稳定，又要追求“家国一体”，实现国家大家庭的和谐发展。当然，这就是新时代家风建设的价值指向，也是品德养成教育的必然旨归。此外，新时代家风建设及品德养成，亦需要主流价值观的规范和引导，其中，社会主义核心价值观便是最好的价值导向。譬如，家风建设可以以社会主义核心价值观为基本价值导向，作用于个人品德养成，同时，又可以实现社会主义核心价值观在家庭层面的落实、落地、落小，作用于新时代家风的建设和品德养成。

（二）社会主义核心价值观的“价值标杆”准则

改革开放以来，多元的需求指向与多重的价值取向层出不穷，社会出现社会多样化和个体特色化相结合的特点，也为个体“三观”的培育带来挑战。因此，面对多元复杂的社会形势所带来的负面影响，社会主义核心价值观的引领和整合，便成为必然和实然。众所周知，社会主义核心价值观涉及个人、社会和国家三个层面，一方面表现为价值取向、价值目标；另一方面是“社会判断是非曲直的价值标准”。前面绪论中我们提及，家风建设承载着社会普遍道德规范，从中在“风化”中实现社会普遍道德规范的“个体化”，即个人品德的养成。当然，社会主义核心价值观在三个方面，尤其是个人层面的“爱国”“敬业”“诚信”“友善”，乃新时代品德养成教育的价值指标。我们知晓，价值观涉及人们对人和事的观点、态度和看法，甚至可以体现人们的理想和信念。可见，社会主义核心价值观的“价值标杆”地位尤为突出，可以最大限度凝聚社会共识，凝聚民心、鼓舞斗志，引导民众向善、向上、向前。同样，针对社会主义核心价值观的具体内容，譬如，个人层面的“爱国”“敬业”“诚信”“友善”，是“公民个体的基本道德规范”①，也是品德养成教育的价值参照。简单而言，“爱国”涉及“疆土之爱”“人民之爱”和“文化之爱”等；“敬业”乃职业“认同感”“责任感”和“成就感”的有机统一；“诚信”与“友善”涉及人与人、人与社会以及人与自然的关系等。社会主义核心价值观的这些倡导和要求，都是新时代家风建设与品德养成教育的价值标杆。此外，社会主义核心价值观包括个人、社会和国家层层拔高的三个维度。新时代家风建设必然是一个层层拔高的过程，其中个人层面是最基本的，也就是说在家风建设中实现个人品德的养成是最基本要求，而更高的追求在于服务于社会和国家，追求社会和谐、民族复兴。

---

① 付洪、栾淳钰：《社会主义核心价值观：“必然性”“实然性”“应然性”有机统一》，《学习论坛》2017 年第 2 期。

第四章

家风建设中养成个人品德的现实分析

世界上任何事物的运动、变化和发展的规律，既取决于事物所处的时代环境及所依赖的客观条件，也取决于其自身的内部矛盾运动。家庭存在于社会之中，是社会构成的“基本粒子”，家庭、家风等有其自身的产生、变化、发展的过程。我们在理论篇提及，基于家风建设探讨品德养成教育，必然离不开基于家庭场域来分析相关问题。因此，有必要立足现实，以动态发展的视角，来分析当前中国的家风现状，明确存在的问题和不足，从中指明为什么要探讨家风建设以及追求个人品德的养成。此外，家庭的发展变化与社会的发展变化息息相关。无论是家风建设还是品德养成教育，均处于一定的时空条件下。因此，我们也有必要分析家风建设中养成个人品德的机遇和挑战。

第一节　当今家庭、家教、家风情况①

家庭、家教、家风随着时代和社会的发展发生了相应的变化。在当

① 此部分重点参照江苏师范大学伦理学与德育研究中心主任陈延斌教授所主持的国家社科基金“中国传统家训文献资料整理与优秀家风研究”相关研究成果。其中，关于当前中国家风家教现状的实证调查与思考的研究。课题组采用抽样与随机调查相结合的方法，对苏、鲁、豫、皖、京、浙、桂、川、陕、辽10省、市进行了当前中国家风家教现状的调查。调查共发放问卷6000份，回收有效问卷5642份，其中城市的有3462人，农村的有2180人，分别占总数的61.36%和38.64%。调查对象涵盖了国家机关工作人员、教育工作者、教育以外事业单位职工、国企负责人、企业员工、民营企业家和个体工商户、农民、学生、军人等群体。调查对象更多侧重小学、初中、高中、大学（含研究生）各阶段的孩子家长。部分参见张琳、陈延斌《当前中国家风家教现状的实证调查与思考》，《中州学刊》2016年第8期。

前时空条件下，三者必然具有相应的现状，是进步，还是落后；是优良，还是恶劣；是迎合时代发展，还是阻碍时代的发展，等等，这些都是我们需要探讨的问题。一方面，真正立足当前，切实思考家庭、家教、家风等的现状；另一方面，指向品德养成，针对现状思考、探究相应的对策和建议。在此，主要从社会大众对家庭、家教和家风等方面的认识和认可程度；家风对个体、家庭和社会的作用和价值；家庭、家教、家风的现存问题三个方面来分析。

一 社会民众对家庭、家风、家教的认可度

在先前的研究中，我们已经进行了相应论述：自古以来，家庭便是社会的细胞，家庭在抚养、教育等众多方面发挥着重要作用。历代思想家、教育家、社会学家等都高度重视家庭教育，且具有优良的家风传统。基于调研数据发现，当前社会民众对家庭、家教、家风的总体认可度较为乐观，有相当比重的人们对三者持肯定和支持的态度。

具体情况如下：其一，在对家庭的重要地位认可度方面。关于家庭作为社会细胞，应该将家庭建设作为社会建设重点的调查，分别有55.19%和38.89%的被调查者表示“充分赞成”与“部分赞成”。可见，绝大部分家庭成员对家庭建设的重要性是持充分肯定的态度，这也是令人欣慰的地方，可以为新时代家风建设与品德养成教育奠定良好的、潜在的群众基础。其二，关于家风和家教的认识情况。调查发现，广大民众对家教、家风、家训等家文化较为认可，大概有45.23%的被调查者认为有必要汲取传统家训精华，编写成富有新时代特色的家训，以促进新时代家风建成。当然，在这一方面，也有27.9%被调查对象表示说不清楚。这说明关于家训、家风的宣传、普及力度方面还需要适当加强，让广大民众充分认识到什么是家训、家风以及家训、家风等的重要性等。其三，关于孩子教育方面的调研，父母长辈均较为认可家教的重要性，且希望采取适当、科学的方法手段等提升家教的效果。其四，在谈及具体教育任务的承担方面，父亲、母亲、父母共同、老人（爷爷奶奶、外公外婆）承担孩子教育任务的比重分别为16.56%、32.43%、38.36%、11.24%。可见，当前主要由父母承担孩子的家庭教育任务，但是老人参与程度也占有一定比重，且在访谈中发现，该比重有进一步上升的趋势。

总之，根据数据我们可以发现，大多数的父母家长重视家庭建设、家教地位以及家风的培育。

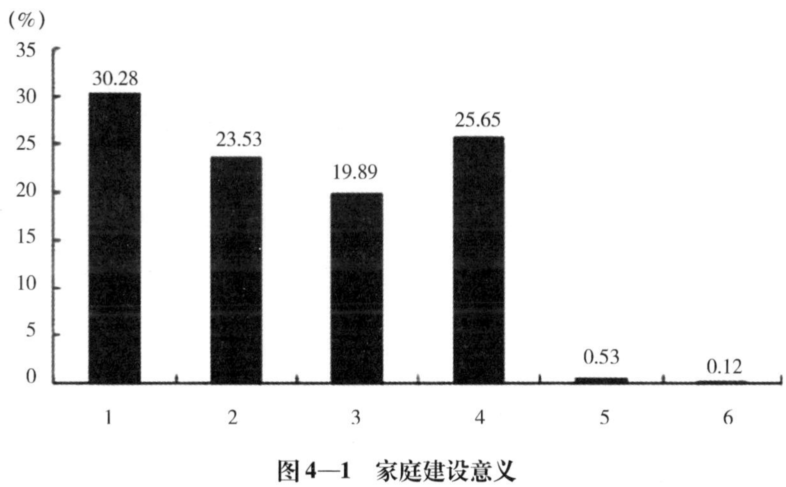

图4—1　家庭建设意义

说明：（1）家庭和谐社会才能和谐；（2）增进家庭观念及家庭和谐；（3）促进社会道德领域存在问题的解决；（4）促进社会风气改善；（5）没有什么；（6）其他

二　家风家训对个人、家庭、社会的贡献度

我们分析新时代的家风建设，从中探究品德养成教育问题，并非在家庭场域中孤立进行，而需要个体、家庭、学校以及社会的参与和配合。当然，了解家风与个人发展、家庭稳定以及社会和谐的关系对于建成新时代优秀家风，作用于品德养成、社会稳定、协调党风政风等又具有重大的现实意义。

广大民众对家训家风在个人、家庭和社会方面贡献度的认识情况为：其一，家风对社会风气的作用。“家是最小国，国是千万家。”在被调查者中，有相当比重的被调查者充分肯定家风对社会风气的影响，譬如，高达85.67%的被调查对象认为家风对社会风气影响很大或较大，仅有8.29%和0.92%的被调查对象认为家风对社会风气影响不大或没有影响，另外有4.57%的被调查对象态度不清楚。可见，大部分民众能够认识到家庭对社会的重要性。其二，家风对家庭教育的影响。关于家风与家教的关系，被调查者中，仅有1.61%的人认为家风与家教没有太大关系，其余均认可家风对家教的作用，譬如，利于提高家庭教育效果、引领家庭教育方向，反之，家教也是家风的体现，并有利于促进家风建设。其三，家风对个人成长、发展的重要性。不论是家庭的和谐、社会的进步，还是国家的繁荣富强，最终所依赖的必然是“现实的人”，而作为合格的社会人，其中必然离不开家庭的培养和造就。那么，家风在个人培养方面有哪些效用呢？如图 4—2 所示，广大民众的反馈情况如下：广大民众认为家风对“三观”的影响较为突出，譬如，“奠定人生观、价值观、道德观的基础”（31. 46%）；“为人处世的基本依据”（21. 8%）；“良好行为习惯与性格的培养”（25. 8%）。可见，广大民众能够认识到家风的重要性，且较为认同家风的重要地位。

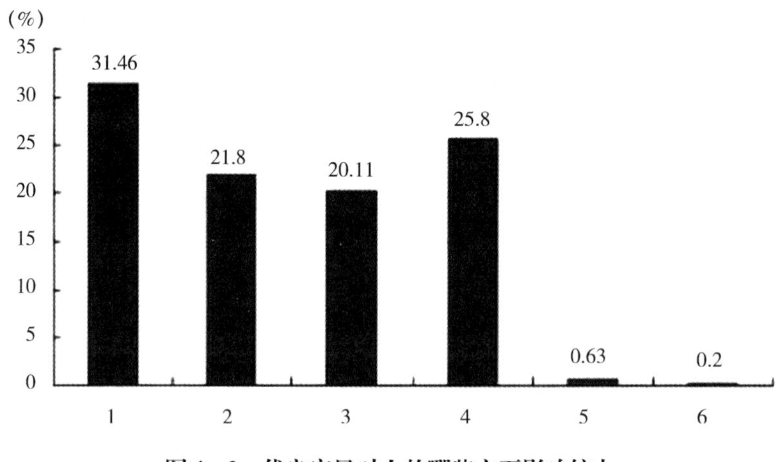

图 4—2　优良家风对人的哪些方面影响较大

说明：（1）奠定人生观、价值观、道德观的基础；（2）为人处世的基本依据；（3）有利于家庭的和谐幸福；（4）有利于良好行为习惯与性格的培育；（5）没有影响；（6）其他

三　家庭、家教、家风的现存问题

基于上述两方面调研情况，我们欣然发现，社会民众对家庭、家教、家风的认可度较高，并充分肯定家风对个人、家庭和社会的重要作用。但是，根据调研数据分析看，民众的这种认可度与家庭、家教、家风这三方面的实际情况出入较大。也就是说，家庭、家教、家风，尤其是家教和家风的现状不尽人意，存在相应的问题。

详细而言，其一，家庭方面。改革开放以来，中国社会发生了翻天覆地的变化，这也带来了中国家庭翻天覆地的变化。尤其是随着计划生育政策的实施，独生子女增多，家庭结构日趋变小，譬如，调研中发现，当前独生子女占 56. 15% ，非独生子女占 38. 85% 。当然，2015 年 10 月，中国共产党第十八届中央委员会第五次全体会议公报指出“实施全面二孩”政策。长远看来，这对于当前家庭结构趋小化、家庭模式简单化现象的缓解有一定作用。其二，家庭教育方面。对于个人品德的养成教育，父母长辈发挥着重要的主体作用。但是调研发现，父母长辈在家教方面存在一些问题，主要存在父母长期陪护不够、重“成才”轻“成人”教育等问题。调研发现，只有 22. 39% 被调查人群与孩子长期共同生活，单亲家庭和重组家庭、流动人口竟然占到 13. 72% ，难以为孩子提供一个温馨的家园，保证其健康成长。针对教育目标方面的调查显示，“望子成龙，望女成凤”仍然是教育孩子的主要目标，类似“不被淘汰”“考上好大学”“为父母增光”等的回答高达 63. 69% 。此外，如图 4—3 所示，家教中存在沟通少、溺爱、重智育轻德育等问题。其三，家风方面。基于“当前中国的家风状况评价”的统计数据，竟然高达 53. 11% 被调查者认为当前中国家风状况“不太好”或“很不好”，仅有 4. 22% 的被调查者认为当前中国的家风状况“很好”。针对当前家风现状的消极评价中，有 26. 75% 的被调查者认为社会不良道德风气影响家风情况；20. 68% 的被调查者从家庭关系层面考虑，认为亲子关系不佳，影响家风现状；还有 16. 04% 被调查者认为家庭观念弱化，也严重影响了家风建设及家风的积极熏染作用。此外，关于家训传承情况，仅有 5. 49% 的被调查者反映所在家庭中有相应具体的家训，如此低的比重也显示出传统家训流失严重。可见，立足现实，结合时代需要，树立新时代家训迫在眉睫。当然，调研中也有些积极反响，譬如，很多家长期望在专家或者专业部门的引导下，创建自己的家训家规；愿意配合学校和社会致力于孩子品德养成教育，以促进社会风气的优化；期望改善自己的家教方法，等等。

问题固然存在，但解决问题的方法也必然存在。根据调研也可以看出，家庭建设的潜在群众基础丰厚或者说民意积极。而且，不论是从个人发展角度，还是家庭稳定、社会发展角度，均有一个共同的出发点和立足点，便是“现实的人”，且在调研中发现家风对品德养成的重要作用，这也为新时代的品德养成教育奠定基础。

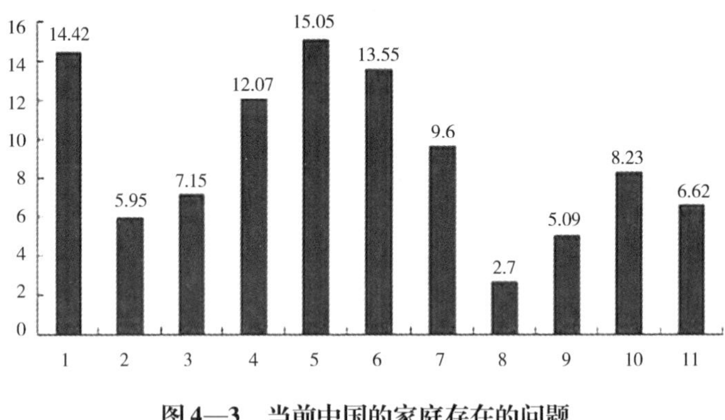

图4—3 当前中国的家庭存在的问题

说明：（1）过度保护；（2）过度严厉；（3）家庭教育以辅导课程为主；（4）重智轻德；（5）家长与孩子沟通少；（6）重视知识轻视能力培养；（7）重视身体健康忽视心理健康；（8）重视营养忽视保健；（9）忽视家风建设；（10）家长忽视自身学习和发展；（11）重视言教忽视身教

第二节 家风建设中养成个人品德的现实需要

马克思和恩格斯都坚定地将现实生活中的“生产和再生产”视为历史发展进程中的决定性因素。在物质和人自身的两种生产之中，人类自身的繁衍生殖，并不单指肉体上的生产，更需要精神上的生产。许多个体从属的初始场域是家庭，一个人所生活的家庭是一个人在一定文化熏陶下进行社会化的重要场域。同样，家庭是由个人组成的基本社会群体，是庞大的社会网络中的一部分。从微观看，家庭是细胞，其自身是一个自组织系统，但从宏观看，社会是由亿万个家庭组成，家庭是社会生活的基础和必不可少的组成部分。可见，在任何一个社会中，家庭都不是什么“个人事情”，而且，在时代的发展、社会的进步的过程中，任何一个社会都有权期望家庭完成一定的功能，譬如，繁衍生殖和教化育人功能。个人、家庭、社会以及国家存在层层拔高的逻辑提升和彼此作用的密切关联。不论是家风建设，还是在家风的建设过程中实现个人品德的养成，其本身便富有价值，而且可以迸发相应的意义，譬如协调家庭关系、培育合格社会人、凝聚社会共识以及协调党风政风等，这不仅是个人和家庭的需要，也是社会和时代的需要。

一 协调家庭关系，构筑新时代家风

众所周知，人只是在人与人的交往、互动中才能逐步成长、进步。作为个体的人，从诞生之日起，便与他人产生一定的自觉或不自觉的关系，并以此感受基本生活情境，体验生活的方方面面，从中掌握日积月累的伦理道德规范和历代传承的风俗习惯等。譬如，新生儿不具有任何社会经验，在同别人直接和间接的交往中逐渐掌握语言规范、基本技能、道德规范等。而且，马克思在《资本论》中写道："人起初是以别人来反映自己的"，也就是说将"对象人"看作"和自己相同的"。可见，每一个体在同处于各种社会关系中的他人的交际中可以认识这个人的某些品质，是自私还是无私、是乐于助人还是专门利己、是诚信还是欺骗，等等。我们将对象人的这些品质同自己的品质做一个比较，将自己的行为举止同周围人对我们所期待的行为举止进行对照，努力理解他们的要求，感受到他们的倾向。在这过程中，人的社会共同性或者是关系存在的最高发展形式是集体，譬如家庭，作为社会的最小单位，是社会各集体中的一个集体，与此同时，它也是集体生活中的一种形式，而正如《共产党宣言》中有关集体的那句话，即"每个人的自由发展是一切人的自由发展的条件"，这也属于家庭发展的最高水平。任何一个家庭，如果它想保存自己的家庭形式，就应当成为一个集体，在这个集体中，每一个成员需要具有较好的"换位思考"意识，明确自身是一种"关系性的存在"，以别的成员的利益为自己生活的目的，乐于帮助别的成员，乐于彼此承担责任，这也从中凸显出建设良好家风的重要性。由此可见，家庭作为集体，为个人的成长进步提供平台和场所，家风建设过程当中的"风化"和"联动"效用，实现着人与人、人与社会，甚至是人与自然的关系的协调，其中，更为重要的是实现家庭关系的协调，反之，家庭关系的协调又为家风建设及品德养成教育奠定基础。

苏联社会学家 А. Г. 哈尔切夫基于两种生产的需要，把家庭看作有史以来就存在的，由婚姻关系、血缘关系、亲缘关系以及生活的共同性和责任的相互性联结成的集体。在此，之所以用"系统""集体"术语，是

因为家庭对社会来说，是最基本的要素，是社会大集体中的有机小集体，同时，在家庭中客观存在着各种各样的相互关系。可谓“我” + “我” + “我” +… = “我们” + “我们” + “我们” +… = “家庭”。同样，苏联著名“家庭关系学专家”B. 索洛维约夫将家庭关系划分为生物关系、经济关系、法律关系、道德关系、心理关系、教育关系以及审美关系等主要关系。而且，在家庭中存在着所谓的家庭关系因果循环规律，即一切家庭关系彼此之间都具有因果关系。各个不同的、内容丰富的家庭关系是相互关联的，只要其中一个方面的关系发生变化，其他方面的关系不可避免地也会迅速发生或大或小的变化。可见，从家庭这一基本场域做起，协调最基本的家庭关系，构筑最基础的家庭信任显得尤为重要。家风在很大程度上会在各种家庭关系中呈现出来，而且家风建设过程中，很关键的一点便是协调各种各样的家庭关系，实现各种家庭关系的良性互动，从中构筑良好家风，这也是品德养成教育的基本保障。马克思明确指出，家庭，涉及“夫妻之间的关系，父母和子女之间的关系”[①]。家庭关系的调适在很大程度上讲又是夫妻关系和亲子关系的调适，因为婚姻是家庭的基础，而夫妻关系是家庭关系的基础，是维系家庭的第一纽带，同时，在此基础上生儿育女，繁衍后代，逐步形成的亲子关系、兄弟姐妹关系等是夫妻关系的延展，是维系家庭的第二纽带。此两类关系是家庭关系中最重要的内容，同样也是家风情况的主要体现。当今社会，“由传统的以纵式关系……为中轴的主干家庭向以横向关系……为中轴的核心家庭的转变，子女日益成为家庭生活的中心和重心”[②]。亲子关系日趋平等、民主，新式的家庭教育模式不断形成，这也是新时代家风建设的价值指向。新时代家风建设可以优化家庭成员的教育方向和教育力度，在潜移默化中实现亲子之间的“心理共生效应”，激发孩子的“自我教育”和“自我实现”，从中渗透普遍道德规范的内化，作用于品德的养成，作用于家庭关系的协调，促进良好家风的建成，以稳固家庭基本场域。

---

① 《马克思恩格斯选集》（第 1 卷），人民出版社 2012 年版，第 159 页。

② 周雪艳：《学前儿童家庭与社区教育》，复旦大学出版社 2014 年版，第 112 页。

二　塑造个体人格，培育合格社会人

现实的人存在于一定社会关系之中，并在各种各样社会关系的作用中成长、发展。“家庭起初是唯一的社会关系”①，如今，对于个人来说，家庭作为最早的一种社会关系的地位依然存在着，人的本质最早是在家庭中确立和实现的。譬如，婴儿开始时对社会是一无所知的，是一个自然性的“自然人”，要成长为一个具有社会性的社会人，一个被某一社会或群体所需要的人，他就需要学习社会或群体的普遍道德规范，遵循社会或群体的原则，逐步养成合格社会或群体的成员所应具备的世界观、人生观和价值观。具体而言，在这过程中，个体与父母结成一定的亲子关系，这种关系的亲密程度和方式，不仅作用着个体从学语、试步到谋生、自立，以及成长为社会人，而且直接地影响着儿女的道德认知、情感、意志以及逐渐形成的道德行为。与此同时，一定时代条件下的社会或群体又都具有自己的社会行为模式，并千方百计地对它的成员施加影响，帮助它的成员了解什么是对与错、可做与不可做，等等，从而使个体逐步形成符合社会或群体需要的价值规范和行为习惯，这也就是社会化的过程。美国著名的社会心理学家 E. 弗罗姆认为：“社会化诱导社会的成员去做那些要想使社会正常延续就必须做的事”，是“使社会和文化得以延续的手段”②。可见，个人的社会化，既是个体成长发展的需要，也是社会稳定和发展的需要。我们知道，家风建设承载着社会普遍道德规范，因此，家风建设过程中，不仅可以使家庭成员，尤其是儿女子孙知晓社会普遍道德规范，而且可以渗透社会的期待，使个体自觉地以社会普遍道德规范来规范自己的言行举止，养成良好品德，逐步成长为合格的社会人。

详细而言，新时代家风建设过程，必然承载着社会普遍道德规范。个体道德社会化是指个体逐步形成道德认知、情感、信念以及行为的过程，即个人品德的养成过程。当然，个人品德的养成离不开家庭，家庭

---

① 《马克思恩格斯选集》（第 1 卷），人民出版社 2012 年版，第 159 页。

② 张亚设：《生命周期：人类生命的毕生发展与优化》，同济大学出版社 2014 年版，第 175 页。

作为最主要形式的初级群体，在个体道德社会化中发挥着至关重要的作用。家庭是人生第一所学校，其中家风建设与人的理性发展相辅相成，其基本思路是：我是我—我是人—我是理性的人—我是具有公共交往理性的人。从逻辑上讲，单纯的“我”，还不具有伦理意义，一来没有与他人发生相互关系；二来“我”的原则规范仅适用于个体自我。“我是人”可谓伦理的开端，人之为人要具备人格、人性和人权。当然，人是感性与理性相统一的个体，个体要超过自然性，就必须从感性走向理性，这也是构建公共伦理道德、投身公共生活的内在要求。最后，需要实现“个体理性”到“公共理性”，建构譬如家庭、社区、社团等不同群体内部以及其之间的准则，实现人与人、团体与团体之间的凝合。[①] 与此相应，良好的家风则是促使个体实现良好品德养成的首要渠道：个体对道德意识的萌发、道德情感的培育、道德行为的塑造都在家风建设过程中潜移默化地进行着，而且个体所逐步形成的基本人生态度均印刻着所在家风的烙印。同时，个体在家庭中逐步成长为合格的社会成员，且步入社会后，成立新的家庭，繁衍后代，承担文化传递的责任。可见，人类文化首先是在家庭中传播的，家庭是人类文化孕育的摇篮。而人最初受家风的熏陶，即世界上绝大部分人最早的教师是自己的父母或其亲属。“家庭，而不是学校，是世界上最重要的教育机构。家长，而不是教师，是主要的启蒙教育者。”[②] 当然，我们也要警醒家庭对个人品德养成的两重性，若家风与社会主流文化，譬如社会主义核心价值观相一致，则对其成员的品德养成起着积极的促进作用；反之，则会产生消极的影响。譬如，某些不良家风中存在的“权力至上”“金钱万能”“有钱＝幸福”“明哲保身”等错误观念，如此的不良家风必然不利于养成正确的个人品德。因此，我们既要看到家风实现个人品德养成过程中的正向功能，又要看到其反向功能，并且，充分发挥其在推动个人品德养成方面的积极作用。不仅如此，个体道德社会化是一个持续发展的过程，个人品德的养成也要经历“学龄前之家庭和幼儿园”—“学生期之家庭和学校”—

① 孙抱弘：《从“人”到“好人”——公共生活与青少年品德养成》，黑龙江教育出版社 2013 年版，第 17—23 页。

② 胡玉敏：《家庭是教育的主阵地》，河南大学出版社 2013 年版，第 14 页。

“工作期之家庭和社会”等阶段。可见，不论在哪个阶段，个体道德社会化始终不能完全脱离家庭场所。这也凸显了家风始终发挥着对个人品德养成的关键性作用。

三　凝聚价值共识，维护社会的稳定

当今世界是一个全球化的世界，全球化是以经济全球化为核心的，包含各国、各民族、各地区在政治、文化、科技、军事、价值观念等多层次、多领域的相互联系、影响、制约。由于社会思潮的复杂性、多样性和多变性，也由于人们认知水平与思想境界的高低差异，必然造成道德是非分辨的不易。类似现象，不仅存在于社会方方面面，也存在于不同家庭之间或者是家庭内的成员之间。正如前面所阐释，家庭与社会的关系，可以理解为“细胞”与“机体”的关系。当然，细胞的分裂与增殖是有机体生长的过程。有学者将家庭视为小社会，是社会的窗口，而且，社会的发展必然带动家庭的发展，同样，家庭的变化也可以反映社会的变化。列宁曾经说过：家庭是经济基础和上层建筑的统一。诚然，有史以来，人们一直在探讨鉴于家庭与社会的关系。无论是政治家、哲学家，还是人类学家，都通过描绘家庭来揭示某一社会的特点，并以家庭关系来衡量每一个人在社会中的地位和他对社会所起的作用。家庭中所担负的人口的增殖效用，成为社会存在和发展的重要条件，而且家庭关系并非完全意义上的自然关系，更多的是一种社会关系，家庭的建立不只是为了夫妻情感的满足，更是为了完美地完成培养新一代的社会任务。基于家庭和社会的密切关系，我们可以觉察到，家庭并非封闭式的场域，而是需要与社会保持密切联系，两者是部分和整体、微观和宏观的关系，社会的主流价值观要在家庭中体现，同样，家风建设过程中也要借助主流价值观的引领，借此来教导家庭成员，实现主流价值观的个体化，譬如，良好品德的养成，从而最大限度地凝聚社会共识。

鉴于家庭与社会的关联性，以及家庭自身的地位和功效，使得家风建设与品德养成教育显得尤为重要。其一，从总体来讲，作为“部分环境”的家庭可谓是社会“整体环境”的基础。家庭环境与社会环境息息相关，相互影响，相互作用。一方面，社会环境的“大气候”影响家庭

微观环境的“小气候”；另一方面，家庭微观环境的“小气候”延伸至社会，也能够形成相应的社会环境“大气候”。中国历来有“家国一体”的传统观念，这正表明家庭与国家的紧密联系。由于家庭微观环境有其相对独立性，所以，无论社会“大气候”怎么样，也不可能完全治理好家庭“小气候”。我们知晓，家庭问题和社会问题是分不开的，“要解决社会问题，就不得不解决家庭问题”①。当前，社会上的诸多类似信仰缺失、伦理道德缺乏、社会焦虑以及腐败现象等问题，在一定程度上讲，同优秀家风的流失有关。新时代家风建设中，可以构筑本民族特色家风文化，同时，实现主流价值观的落实、落地、落实。家庭内部成员或家庭通过与社会共同体的相互交往而在观念上认同主流价值观，在行动上践行主流价值观。譬如，我们可以借助家风建设，实现社会主义核心价值观在家庭成员之间的认可和共享，形成共同价值观念，最大限度凝聚社会共识；其二，家风建设过程当中，合格社会人的培养，不仅利于家庭，也利于社会稳定。相对于社会，家庭是以血缘亲属关系为基础的，在家庭成员之间的相互影响远非一般社会关系可比。根据埃里克森的认知发展理论，我们发现尤其是在个体的幼年时期，子女心理上和生活上对父母有强烈的依赖和高度的信任。这就决定了家风建设中所体现的家庭教育或者说父母教育比任何其他的教育都更加有力。譬如，一个人在入学前，教育源是一维的，即主要是接受家庭的教化；从入学到成人进入社会前，教育源是二维的，即除了家庭的教化外，增加了学校教育；此后，便作为成人进入社会，与社会环境相互作用，既受社会环境影响，又作用于社会环境。可谓“十年树木，百年树人”，童年和青少年时期受到的教育乃“打胚模”阶段，对人的一生至关重要，而其中家庭的教化是贯穿始终的，为培养自觉接受、自觉遵循社会伦理道德规范的个体奠定基础。当然，这也是良性循环的过程，个体作为家风熏染的成果，不仅会成为父母长辈对下一代产生作用，而且会作为一个社会成员对社会环境产生影响。此外，“家庭可以作为一个为更大的社会结构服务的一种功能性机构，许多其他机构都取决于家庭所作的贡献”②。譬如，中华文化之所以

---

① 《张闻天早期文集》（1919.7—1925.6）（修订版），中共党史出版社2010年版，第53页。

② ［美］威廉·J. 古德：《家庭》，魏章玲译，社会科学文献出版社1986年版，第9页。

能在中国大地上生根、发芽、结果，在中华民族同胞的内心存在和发展，源远流长，必定有其内在精神基础和发展动力，这就是博大精深的“中华精神”。同时，“中华精神”的一个重要问题就是子子孙孙、世世代代的传承和发展，其中，“家”在中国文化中占据主导地位。在“中华精神”的传承中，家风的培育和弘扬发挥重要作用，家风在家庭场域中，见诸于各类家训家规中，呈现于家庭成员言行举止及其关系当中，并由家庭成员的身体力行来世代传承、发展和创新，[①] 这也是文化传承的需要。

四　协调党风政风，共筑于民族复兴

自古以来，社会风气或社会风尚问题便是一个重要话题，它不仅是社会的晴雨表，也关涉国家的稳定和民族的发展。一般来说，作为社会各个生活领域的外在表现，社会风气是由家风、党风、政风、民风等部分组成的。风气看不见、摸不着，却是一种无形的力量。显然，良好的风气，可以在潜移默化中作用于个人品德的养成，助推各种风气的良性互促，进而形成良好的社会风尚。反之，一旦世风败坏，则是非颠倒、荣辱错位，不利于个体的健康成长。近代以来，虽然我们经历了艰难和困苦，但最终博得了和平与发展。随之而来的，经济的发展、政治的稳定、文化的繁荣以及社会的进步，等等，这些都是国力逐步昌盛、国际地位提升的保障和表现。当今的中国不再受物资贫乏的困扰，但是，这个过程也开始暴露出各种社会风气问题，譬如，养老缺失、婚姻破裂、诚信缺失以及贪污腐败等问题。中国社会科学院农村发展研究所于建嵘教授曾梳理社会相关不良现象，并总结了“主流价值引导偏差，导致诚信缺失”“公民平等权利保护缺失，导致潜规则盛行”“道德和法治的缺失，导致民众心态‘变狠’，社会戾气增多”[②]。当然，类似社会问题导致伦理道德丧失的同时，也显示了当前的家风、党风、民风等均需进一步提升。我们知晓，家风、党风、政风、民风四者密不可分，环环相扣、彼此影响。注重家风建设，从中实现个人品德的养成，可以更好地协调

---

① 李存山：《家风十章》，广西人民出版社 2015 年版，第 1—2 页。

② 于建嵘：《当前社会风气有哪些不良倾向》，《人民论坛》2016 年第 16 期。

家风、党风、政风和民风，利于社会整体风气的优化，进而共同作用于中华民族的伟大复兴。

一般而言，家风是影响党风、政风和民风的一个重要因素，尤其是领导干部注重家风建设，可以更好地实现多者共融、共荣。因此，评价一个党员、干部的党性如何，不仅要看他在公开场合和工作上的表现，也要看他在家庭生活中的表现，实现以“家”促廉、防腐、兴政。① 其一，家风建设中个人素质的提升，可以实现集体素质的提升。譬如，公共权力需要人去掌控和执行。由此，一个人的品德操守、文化修养、才干能力乃至身体状况等，都能对权力的行使过程和结果产生一定的影响。显然，若权力主体公正廉洁则必然利于办事公道客观，反之，则不然。而且，集体中的权力主体的素质是可以彼此影响的，若彼此之间良性互动，则可以优化排列组合而构成良好的“集体素质整体结构”。在这里，家风建设可以较好地引导家庭成员素质提升，实现家庭关系优化，进而利于家庭集体素质的提升。其二，良好家风的建设，可以逐步“风化”，进而优化整体风气。在家风、党风、政风、民风四者的关系中，家风是红线，党风和政风是核心，又是家风示范和引领民风的重要环节，民风则反作用于家风、党风和政风。首先，家风是基础。各级领导干部是家庭的重要成员，其言谈举止对家庭成员有着耳濡目染的作用，必须自觉遵守社会公德、职业道德和家庭美德，以强大的人格力量和崇高的道德修养影响家庭成员，树立好的家风。领导干部在家里的一言一行、一举一动，都潜移默化地影响着每一位家庭成员。一般来说，领导干部自身正，其家风也会正；身不正，其家风难免歪斜。同时，领导干部切实带头进行家风建设，也会为家人及身边工作人员做出表率。其次，党风和政风是核心。孔子说过：“政者正也，子帅以正，孰敢不正；风者气之动也，风行则草偃。”② 又说：“为政以德，譬如北辰，居其所而众星拱之。”③ “君子之德风，小人之德草，草上之风必偃。”④ 中国共产党作为

---

① 汤建石：《家风建设背后的政治逻辑与执政理念》，《廉政文化研究》2016 年第 4 期。

② 《论语 · 颜渊》。

③ 《论语 · 为政》。

④ 《论语 · 颜渊》。

执政党，是中国特色社会主义建设事业的领导核心。党风和政风状况如何，不仅直接关系党的路线方针政策的贯彻执行，而且关系到党和政府在人民群众心目中的形象和威望，进而影响着社会风气的好坏。可谓，端正党风、政风是端正民风和社会风气的关键。党风正则政风清，党风政风好则民风淳。此外，民风对党风、政风和家风具有一定的反作用。民风不只是被动地、单方面地受党风、政风和家风的影响与作用，在现实生活中，它还反作用于三者。一方面，民风的状况如何，是透视党风、政风甚至是家风的一面镜子，是人们观察党风、政风和家风的风向标。另一方面，民风淳朴又可为推动党风、政风和家风建设提供良好的氛围。同时，民风的凝聚也会成为监督制约党风、政风和家风的一个重要法宝。由此可见，我们倡导家风建设，不仅是品德养成的需要，而且可以进一步协调党风、政风，促进社会风气的优化和提升，这也为中华民族伟大复兴奠定基础。

第三节　家风建设中养成个人品德的机遇

人们对“机遇”这个词并不陌生。在中国古代，早先尚未有“机遇”概念，“机”和“遇”是分别出现，单个使用的。一是把“机遇”的“机”和“遇”，分别理解为“时机”和“际遇”；另一是把“机遇”的“机”理解为特殊的有利条件，“遇”理解为偶然的获得，也就是“机遇”联合词的意思。在当今社会中，“机遇”已经成为少有的高频词汇，常常是作为重要的话题来讲。“机遇”问题之所以重要，是与其特征和地位分不开的，譬如，《春秋穀梁传》提出“贵时”思想，“道之贵者时，其行势也”。机遇作为有利条件，抓住机遇可以起着加速发展的作用。同样，当代中国的家风建设及从中实现个人品德的养成，有必要分析机遇、抓住机遇，才能用好机遇，进而能够充分利用各种机遇应用于个人品德养成。

一　物质方面：经济生活水平的稳定增长

当代中国家风建设，及从中实现个人品德的养成是一项长期复杂的社会系统工程。为确保这项造福子孙后代的浩大工程顺利实施，除了领导、政策、机制等诸方面的保障与推动之外，还必须有坚实可靠的物质保障。马克思认为，经济基础决定上层建筑，生产力的发展是人类社会发展的最终决定力量。我们进行中国特色社会主义建设事业，正是需要把解放和发展生产力放在根本和首要的位置，这也是家庭建设的根本保障。当然，关于发展的内涵十分丰富，既包括经济发展，也包括社会发展，其中经济发展始终是发展的核心和关键。只有经济保持持续、健康、协调、全面发展，才能用事实证明中国特色社会主义制度的优越性，进而为政治、文化、生态以及社会建设奠定基础。同样，经济的发展、人民生活水平的提升，也为人们能够致力于所在家庭或家族的家风建设，从中追求家庭成员品德养成教育奠定物质基础。所以，经济发展，便是道理中的硬道理。显然，经济发展不是目的，其不仅要有量的增长，更要有质的提高，经济发展要带动社会发展，追求物质文明和精神文明的双重发展，譬如新时代的家风建设及品德养成教育，这些都是建立在“双重发展”基础之上的文化、教育层面的发展和进步。

自改革开放以来，中国在制定经济、政治和社会发展战略时，人民生活水平、生活质量问题越来越受到党和政府的重视，并被看作全面建成小康社会、实现现代化的基本标尺。显然，改革开放 40 多年，中国的经济建设取得了举世瞩目的成就，与之相应的城乡居民收入大幅度增长，消费水平显著提升，人们的健康状况、营养状况、平均寿命等生活质量指标都有了较大提高，社会福利事业、环境保护事业、保险事业进一步发展。当然，自古以来“修齐治平”，国家之“大家”的繁荣富强是保障和方向，家庭之“小家”的稳定和谐也是基础和条件，彼此互促，这些都是当今家风建设与个人品德养成教育的重要保障。当今世界正处于百年未有之大变局。从国际方面来看，和平与发展的良好发展机遇，为中国两大战略目标的实现提供了前所未有的历史机遇和外部环境；从国内方面而言，我们已经具备了相应的经济和政治条件。经济的稳步增长为基础，而中国特色社会主义理论、路线、方针、政策，为我们经济发展提供了有力的政治保证。而且，社会主义现代化建设以及中华民族伟大复兴“中国梦”的实现，不仅需要富有文化知识技能的人才，更需要具有良好思想道德素质和健康心理素质的人才，这使得从小注重孩子身心健康和品德养成，显得尤为重要。如此的“经济繁荣、政治民主、文化昌盛、社会公正、生态良好”的目标式发展格局，以及全面建成小康社会、实现现代化之人才方面的需求动力等，都为建设新时代家风，实现个人品德养成奠定坚实基础。可见，经济的发展、人们生活水平的提升为家风建设及品德养成教育开辟了新的广阔舞台，我们应当抓住这一机遇，有所作为。可谓，没有物质的不断丰富就没有新时代家风建设及品德养成的创新发展，但这并不排斥“人是要有一点精神的”。精神与物质是辩证的统一，它们互相促进、相辅相成，共同促进着家风建设及品德养成的向前发展，又统一于中国特色社会主义现代化建设的伟大实践。

二　政策方面：国家重视新时代家风建设

《牛津英语词典》在界定“政策”这一概念时，指出“政府、政党……所采取的任何有价值的行动系列”。我们首要理解的政策不仅仅是一种决定，它也是一系列的行动。同样，海克劳也强调“一项政策可以看成是一系列行动……”此外，金肯斯把政策看成是“有关目标选择以及在特定情境中实现它们的手段的一系列相互关联的决定”。基于学者们的分析，我们很难将政策看成一种十分具体的现象。通常来讲，政策可能以一项决定的形式表现出来，但更常见的情况是，它要么意味着一系列的决定，要么可以看成仅仅是一种取向。可见，相关政策的出台，并不意味着静止不变，在相关政策试点执行过程中，往往伴随着政策的与时俱进、不断丰富和继续演进。党的十八大以来，以习近平同志为核心的党中央带领广大人民群众攻坚克难、砥砺前行，排除艰难万险，开创了中国特色社会主义事业新局面。习近平总书记高瞻远瞩，拥有群策群力、分工协调的领导班子，出台的相关决策、措施既有宏观方向的把握，又有微观细致的剖析，“展示了独特的雄才大略和高超的治理智慧，得到全党、全军、全国各族人民的衷心拥戴和国际社会的普遍赞誉，他正以独特的治国理政品格引领中华民族走上伟大复兴”①。其中，重视家庭、注重家教、强调家风，深刻地烙印在习近平治国理政思想中。党和国家尤其强调领导干部要把家风建设摆在重要位置，从自身做起，廉洁修身，

---

①　韩庆祥：《人民共创共享思想——党中央治国理政新思想的系统阐发》，《中共中央党校学报》2016年第2期。

从小家做起，务实齐家，这为新时代家风建设提供了有利条件，同时，品德养成教育与家风建设环环相扣，在追求家风建设的过程中，也为个人品德养成奠定基础。

无可否认，“一家仁，一国兴仁；一家让，一国兴让”。家风好，则族风好、民风好、国风好。习近平总书记在十八届中央纪委六次全会上的重要讲话中指出：“领导干部的家风，不是个人小事、家庭私事，而是领导干部作风的重要表现。”2015 年 10 月，中共中央印发了《中国共产党廉洁自律准则》，其中明确强调：党员领导干部要自觉带头树立良好家风。2016 年 12 月 12 日，习近平总书记在会见第一届全国文明家庭代表时的讲话中又高度强调“天下之本在家”，突出家庭、家教、家风的重要性以及家庭在品德养成方面的突出效果。习近平总书记的系列重要讲话及其相关文件政策的出台，再一次指出了党员和领导干部家风建设的重要性，这是时代所需，也是个人职责。当今社会，老百姓不仅关心党和国家的各位领导干部自身是否勤政为民、以身作则、廉洁自律的问题，还将目光转向领导干部的家庭，关注领导干部的配偶子女的言行举止。党员和领导干部带头建设良好家风，无疑是党风向好、社风向善的“窗口”“晴雨表”以及“催化剂”。正可谓“你若盛开，清风自来”。近年来，中国在习近平总书记的领导下，取得了空前的进步和发展，极大地推动了各方面建设，同时形成了传承、弘扬优良家风，党员和领导干部作风优良的氛围。譬如，全国各地开展家风宣传、建设和传承的活动。准格尔旗把弘扬和传承“好家风”作为培育和践行社会主义核心价值观的有力抓手，在推进实践中积极探索创新，开创了“宣—树—领—写—议—送—展—传”的工作思路，利用各种媒介宣传家风，领导干部率先树家风，先进典型引领好家风，全民参与书写家风，走村入户送家风，故事分享议家风，利用家风展厅展示家风，网络文明传家风等，让“好家风”为准格尔这方热土的发展提供丰厚的滋养。此外，好儿媳是家庭和谐的重要因素，也是家风建设的关键成员。天津市津南区八里台镇，从 1990 年开始，实施以评选“好儿媳”为载体的家庭美德教育系列活动，以此带动广大儿女孝敬父母，教育子女和睦邻里，为每个家庭营造和谐幸福的环境。还有系列活动，以“敬老”为切入点，党员干部和道德模范组成讲师团，结合羊羔跪乳、乌鸦反哺、卧冰求鲤等敬老典故和有关法律教材，到各村巡回演讲，教育广大妇女改善婆媳关系，建设良好家风。活动中涌现出一系列感人至深的故事，不但对本镇产生了良好影响，也带动了其他乡镇相继开展好儿媳评选活动。可见，全国上下各地区家风建设政策的实施和活动的开展，为新时代家风建设提供坚实的政策保障。当然，家庭的作用重在品德养成，家风建设的出发点和落脚点也是品德养成。显然，类似活动的开展也是品德养成教育的最佳时机。

三　人文方面：践行社会主义核心价值观

纵观历史，每个时期都存在一些本时代特有的、突出的、能够成为这个时代标志的特征。在文化领域里，当今所处的时代与其他时代相比的一个独特之处就是多元文化并存的社会状态。“多元文化”是一个复杂的概念，在现实中人们常常在不同的意义上理解和使用它：一是作为社会现象的“多元文化”，它描述了一种多元差异性文化共同存在的社会状态和客观事实。二是作为观念形态的“多元文化”，指承认文化多样性和尊重文化差异性、平等性的思想观念，它是一种社会思潮、一种文化价值观，代表一种处理多种文化之间相互关系的基本态度和思想方式。三是作为制度、政策的“多元文化”，指为了促进不同文化的平等发展和共同繁荣而推行的社会制度和国家政策。随着经济全球化的全面、深入推进发展，当代中国已经步入一个多元文化竞相迸发的时代。文化多元化是当代中国社会的基本特征之一。我们知晓，价值观是社会文化的核心，文化多元化必然引起价值观的多元化。人们的思想观念激荡碰撞，价值差异与价值多元成为显著的事实。价值多元也为新时代家风建设及其品德养成提出挑战。“有越来越多的不可调和的、甚至不可比的宗教、哲学理论、价值观念共存于民主制度的结构当中”①，在新的时代图景中，核心价值观的培育和践行面临着巨大的挑战，当然，其重要性也愈发凸显。

新时代的家风建设必然处于一定社会背景下，文化多元化使处于不同文化传统和生活境遇、具有不同思维方式和行为方式的人们各自持有不同的价值观念。人们对社会所提倡的共同理想产生了质疑，缺乏共识，

---

① 何玉兴：《价值差异与价值共识》，《河北师范大学学报》（哲学社会科学版）2000 年第 4 期。

由此，揭露了人们精神世界的整体性困惑和焦虑。任何一个社会共同体的整合若仅靠权力的外在强制和威慑，而丧失信仰维度的文化认同，社会便难以持久稳定，家风建设也无从谈起，同样，在家风建设中实现品德养成也只能是空谈。基于此，我们倡导培育和践行社会主义核心价值观，能够最大限度凝聚社会共识，维护社会系统的价值共识的稳定，为人们的是非判断和价值选择提供一个相对统一、可靠的价值准则，从而缓解人与人之间的冲突，重建和谐的价值秩序。同时，借助核心价值观可以凝聚和塑造社会成员共识，形成全社会的广泛认同，使人们团结起来，自觉沿着核心价值观引领的方向共同努力。自古以来，中华民族时刻探究核心价值观。譬如，“仁、义、礼、智、信”可以理解为以儒学为代表的中国传统思想道德的价值核心。当然，核心价值观所能迸发出的巨大力量，也为历代国家领导人所认同。毛泽东曾经说过，社会主义国家要有“统一意志”；江泽民明确指出精神支柱乃国家和民族的灵魂，富有凝聚力和生命力；胡锦涛也多次强调“民族精神”和“精神支柱”的重要性。[①] 正如“理论篇”所提及，党的十八大以来，培育和践行社会主义核心价值观成为时代热点和社会焦点，既为家风建设及实现个人品德养成奠定人文基础，又为其提供价值指向。党和国家以及学界围绕培育和践行社会主义核心价值观在理论和实践上做了大量的探讨。概而言之，主要有文化自觉论、载体支撑论、民生利益论、创新方法论、理论支持论、制度建设论等观点。从某种意义上讲，“富强、民主、文明、和谐”的社会主义核心价值观，集中体现了社会主义现代化建设的价值目标和价值追求，符合中国民众寻求民族复兴的共同夙愿，能够凝聚力量、激发活力、振奋精神。同样，“自由、平等、公平、正义”是中国共产党在长期的社会实践中形成的宝贵精神财富，体现了社会主义的本质，明确了全面推进依法治国的方略，展示了以人为本的立场，构成了衡量社会行为的基本价值标准。此外，“爱国、敬业、诚信、友善”构成中国人的基本价值追求和道德准则规范，从而进一步提升中国人的“精气神”。可见，涉及个人、社会和国家三个方面的社会主义核心价值观的培育和践行，可以更好地进行“价值澄清”，为家风建设及品德养

① 李松：《中国一定能用核心价值观托起未来》，新华出版社 2013 年版，第 3 页。

成提供价值指向。

四　载体方面：网络媒体技术的日渐成熟

21世纪，随着科学技术的日新月异和迅猛发展，在创造出更伟大的社会生产力的同时，也导致网络媒体、新媒体以及自媒体等的诞生和发展，从根本上改变了人类传统的生活方式，这为开展新时代家风建设及品德养成提供着愈来愈丰富有效的思维方式和工作手段。回顾人类传播技术的发展历程，大概经历了“人际传播”—“文字符号传播”—“广播电视传播”—“网络媒体传播”等阶段，直到当今各种新媒体、自媒体技术的诞生。可见，科技的发展，使人类的脚步从印刷时代逐渐迈向电子时代，人类文化也“正处于从以文字为中心向以形象为中心转换的过程”①。网络媒体技术的发展和进步，已经迅速走进人类日常社会生活的各个领域。同样，网络媒体技术也为当前家风建设及品德养成提供了新的环境和良好的机遇。网络媒体作为家庭内部、家庭之间及家庭与社会之间进行信息传播和交流的工具，已经在某种程度上改变了家庭的交往方式，譬如父母长辈与子孙儿女之间可以借助网络，随时、随地地交流，也为品德养成教育提供了得天独厚的优势。如何在新媒体、自媒体环境中开展新时代家风建设及品德养成教育是时代的难点，当然也是时代重点。譬如，新媒体特征、环境、运行思路等都为品德养成教育提供借鉴，借助媒体的思维方式、诂语、内容等为家风建设及品德养成教育的有效开展提供指导，其最终落脚点都在于如何在新媒体环境下有效开展家风建设及品德养成教育。

基于网络媒体的特点，网络媒体完全具备家风建设及品德养成教育载体的两个基本条件：其一，网络媒体信息的丰富性和迅速性，决定了网络必然承载大量的家风建设与品德养成教育的知识和信息。譬如，家风建设的典型案例，品德养成教育的最新手段和方法等信息和资源可以借助网络传播；其二，网络媒体传播的交互性和同时性，为家风建设中及其品德养成中的主客体交流互动提供了条件。网络媒体不同于传统媒体的自上而下思维，而采取一种上下交互的方式，更强调互动式的交流，

①［美］尼尔·波兹曼：《娱乐至死》，章艳译，中信出版社2015年版，第10页。

实现人与人、人与集体以及集体之间的有效传播和互动。从某种意义上讲，家风建设及品德养成蕴含、承载以及传播大量信息，即按照一定的社会普遍道德规范，譬如“三德”等，通过有效的“旧媒体”“新媒体”“自媒体”等媒体通道，把相关内容传递给家庭成员，促使儿童认识、了解和认同社会主流的积极向上的价值观，也可以使父母长辈与子孙儿女之间实时进行双向交流活动。反之，个人品德养成教育作为现实中的具体现象，同样具备了传播过程中的各要素：传播者（教育者），传播内容（社会普遍伦理道德规范），传播媒介（语言、报刊、电视、网络、手机等），传播受众（家庭成员），传播目的（良好家风建设及品德养成）。此外，网络媒体可以强化家风建设及其品德养成的效力。网络媒体所拥有的自主性、开放性、交互性、灵活性等特征都为家风建设及其品德养成的深化发展提供了充分保证。譬如，网络媒体中呈现的多样性和交互性可以激发父母长辈和儿女子孙共建家风的兴趣，从而能提高品德养成的效能。P2P① 技术的应用、电脑手机等终端的普及、微博、微信、QQ等自媒体平台的简单易操作，使家风建设中的双向互动功能得以充分发挥，在潜移默化中实现着品德的养成。总之，虚拟化的网络媒体技术的发展，给子孙儿女尤其是未成年人营造了一种可以随时感受家风的环境，使其在良好家风的熏陶下，感悟道德的力量，提高辨别是非的能力，甚至可以在各种虚拟情境中，体会各种各样的道德情感，进而提升儿女子孙的品德。

第四节　家风建设中养成个人品德的挑战

当今社会，科技迅猛发展、社会稳步前进、世界不断开放，推动着人类社会的迅猛发展和急剧变革。在经济全球化、社会多元化的大背景下，综合国力的竞争日趋激烈，而科技、人才竞争的背后是教育的竞争。教育涉及自然科学教育和人文社会科学教育，其中思想道德教育关系个人品德的养成，从而影响着人的社会化进程。在传统社会中，中华民族

---

① Peer-to-Peer（P2P），人与人之间借助网络技术实现信息、技术等资源的交流、分享、共享。

有着深厚的伦理道德基础，以及世代相传的伦理道德规范体系。然而，在从计划经济向社会主义市场经济的转变中，中国人的伦理道德精神在“传统衰弱和解体”与“现代建构和成长”的矛盾中面临着历史性的蜕变。当今中国注重家风建设，是立足当今现实，从对传统文化的批判继承中探寻个人品德养成教育的各方面资源。这个过程固然有显性和潜在的机遇，当然也充满了挑战。只有明确相关机遇和挑战，才能使得家风建设及品德养成教育具有针对性和实效性。

一　社会文化多元，各种社会思潮碰撞

人们现在常说的“当代中国社会”一般指起始于20世纪70年代末以来的中国社会，此时期的时代主题便是“改革开放”。改革开放打破了中国传统封闭状态，引导中国敞开国门走向世界，积极参与到国际交流与世界市场的互动和竞争当中，逐步营造出“中国的发展离不开世界，世界的发展需要中国”的局面。同时，这个开放与交流的过程，也是一个思想逐步解放、价值观趋向多元化的过程。各种价值观在这一过程中不断建构、解构、离析，或又重新组合，从一元走向多元。随着市场经济的发展和现代化进程的深入，社会价值体系也日趋复杂化、多元化，与之同时，国人的思想观念和文化心理也在飞速前进、多元、复杂的状态中迅速更新。整个社会的思想观念和人们的文化心理发生迅速变化，使人们经常性思考“我是谁”“我属于谁”“我应该做什么”等问题。

由此可见，“改革”与“开放”这两个历史巨轮，在推动经济发展的同时，也带来了不同文化之间的交流、渗透，甚至是碰撞、冲突。显然，人们的思想观念和心理状态也在内外、新旧冲突中，逐步地由顺从向独立、由安分守己向革故鼎新转变。[①] 在这过程中，人们的价值观念也与之发生了变化，它不仅表现在社会生活的各个方面，也表现在家庭生活的各个角落。随着文化转型、价值观念的多元化，家庭观念也呈现着多元状态。具体而言，基于这种变化的现象判断，新旧观念同时并存，人们的价值观念不可能是纯粹的、单一的，必然从以往的一元化走向多元化。传统社会建立在自给自足的农耕经济之上，社会发展状况与现代化形成

① 丁文、徐泰玲：《当代中国家庭巨变》，山东大学出版社2001年版，第15页。

鲜明对比，表现为缓慢式发展，由此，社会主流价值观较为统一。而且，计划经济时代的每个单位、每个人都可以形象地比喻成国家这台机器上的齿轮，齿轮在机器的带动下发生着转动。人们的思想相对纯粹，习惯于服从国家和社会的意志和观念，对社会行为美丑、善恶的基本价值判断有着大致相同的认识和看法。然而，改革开放之后，从宏观上来讲，中国的经济、政治、文化等各方面发生着变化，同样，微观层面的人们的思想情感、心理状态，以及价值评判标准等，也在潜移默化地发生着变化。在全球化时代背景下，无论是外来的，还是本土的文化；无论是传统的，还是现代化的文化，都包含着积极因素与消极因素。而且，外来的、本土的、新生的、陈腐的掺杂在一起，使人难识难辨、难解难分。在这种情况下，人们的价值观念不可能是纯粹的、单一的，这就涉及价值判断和价值识别问题。随着价值观念的多元化，家庭观念也呈现着多元状态，而且，家庭成员对社会行为的善、恶、美、丑的看法也会褒贬不一，这必然冲击社会普遍道德规范，对新时代中国家风建设及品德养成教育带来挑战。

二　家庭结构趋小，品德培育氛围欠缺

基于前述的场域理论分析，我们了解到家风的建设离不开相应的场域，这便是家庭场域和家庭结构。家庭人口规模及其结构，是一个家庭内部所拥有的成员数以及相应的关系系统，直观地反映了家庭的人口数目，同时也在一定程度上反映了家庭的复杂程度。完整的家庭场域、家庭结构，是家庭生活方式赖以形成的客观基础，也是实现家风建设及从中养成个人品德的基本前提。新中国成立伊始，中国社会稳定，人口迅速增长，家庭规模也随之扩大。50 年代末、60 年代初，由于相关因素的影响，中国人口自然增长率下降，家庭规模也随之缩小。后来，随着生产的恢复，家庭人口规模又逐渐扩大。70 年代国家实施“计划生育”，逐步强调“晚婚、晚育、少生、优生”，随之人口出生率逐年降低。进入 21 世纪以来，根据家庭人口规模变化的趋势，在中国社会，无论城乡，家庭人口分布逐渐向三人户和四人户集中。此外，当代中国社会的家庭形式也从父子轴心的主干家庭向夫妻轴心的核心家庭转变，城乡家庭的基本类型呈核心家庭、主干家庭和空巢家庭三峰并立格局。基于上述情况，

我们可以发现中国社会的城乡家庭结构正在逐步核心化、简单化、微型化。

“无论是家庭成员数量的多少、代际的众寡，还是家庭成员的角色构成，都会直接影响到家庭关系、家庭日常生活以及家庭成员互动”[①]，从中影响家风的建设以及品德养成教育。当今社会，教育需要关注和培养“人和人关系中的感情品质”[②]。显然，良好家庭氛围的形成是家庭成员互动的结果，涉及家庭沟通、家庭关系、家庭与外界的联系等。尤其是建立在血缘关系上的亲子关系具有强大的情感力量，也容易形成良好的品德养成的教育氛围。然而，当前家庭结构核心化使家庭结构日趋简单、家庭成员之间的彼此互动对象减少且单一。调查表明，城市的独生子女比率高达百分之九十多。由此我们可以推断，家庭之中，孩子们有兄弟姐妹可以进行交往、角色互动的比例仅占百分之一二。诚然，伦理道德规范是各种各样社会关系的必然产物，丰富多样的社会关系利于个体扮演不同角色，促进个体道德的发展。然而，如今家庭结构趋小，家庭关系相对简化，在一定程度上削弱了子女对道德的渴望和追求，同时，家庭内部互动的对象和内容单一，角色单调，缺乏担当不同角色的锻炼机会，缺乏个人品德养成的氛围，也不利于孩子协作意识和集体观念的形成。同样，居住形式是家庭生活方式的重要内容之一。尤其是城市独门独户的格局，邻里社区之间的人际交往减少，也极大地限制了同辈群体之间的交往互动。而且，独门独户意味着与祖辈分开居住。当然，单独居住的小家庭的生活方式是时代的产物，一定程度上可以避免祖辈与晚辈群体之间的代沟、教育理念的冲突等等，体现新时代色彩。然而，试想一下，如果该家族拥有良好的家庭，但若没有祖辈的教养，并从中实现家风的传承，对儿童的社会化也不会有绝对的优势。此外，家庭关系的松动也不利于新时代家风建设及品德养成教育。家庭在变革中的剧烈震荡，不仅表现为两性冲突和婚姻裂变，还表现为亲子冲突和血亲纽带的松弛。譬如，由血缘关系为核心的家庭关系准则转变成为以姻缘关系

---

① 马惠娣、魏翔：《中国休闲研究》，中国经济出版社 2014 年版，第 140 页。

② 联合国教科文组织国际教育发展委员会：《学会生存——教育世界的今天和明天》，教育科学出版社 1996 年版，第 194 页。

为核心的准则，父母长辈的权威式教育削弱，婆媳关系、兄弟关系和妯娌关系疏远，等等。

三 家庭观念淡化，长辈示范效力不足

众所周知，一定的家庭形式是由一定的生产方式决定的。马克思说："在生产、交换和消费发展的一定阶段上，就会有一定的社会制度、一定的家庭……"① 有什么样的生产方式，就会有什么样的家庭形式，而有什么样的生产方式和家庭形式，又会有什么样的家庭观念。归根到底，生产方式和家庭形式的发展变化必然要引起家庭观念的变化。无可否认，家庭与其所处时代特点相关，必然体现该时代国家和民族的文化特色。自古以来，中华民族具有"家国一体"的传统，同时，父母长辈在家庭当中的地位使其在家风建设中发挥着举足轻重的作用。然而，随着社会的转型，"家庭本位"逐步转向"个人本位"，导致人们的择偶观、生育观以及孝道观的变迁。譬如，家庭观念逐步务实化，表现在择偶观上的注重个人条件，倾向于金钱、物质，这在无形中贬低了道德因素在家庭中的分量，影响家风的建设；再如家庭观念的多元化，致使家庭成员的"三观"呈现不同或多样，表现为价值选择和判断上的差异，这可能会引起家庭的混乱甚至是冲突。可见，当今家庭观念的弱化甚至低俗化，以及部分父母长辈的示范失力，都不利于家风的建设及其品德的养成。

个人品德的养成，所具备的道德知、情、意、信、行的素养，绝不是在自然状态下萌发出来的。美国文化人类学家玛格利特·米德的"三喻文化"②，凸显出家庭成员彼此间的相互作用和影响的重要性。孩子品德的养成、素质的培养，与父母长辈有着直接的关系。如果父母营造充满仁爱、富有责任的家风，那么孩子日后也会成为有仁爱、有责任感的人，同样如果父母营造勤劳奋发、积极上进的家风，那么孩子也会变得乐观向上、积极进取。目前，在家风建设过程中，父母长辈在教导社会

---

① 《马克思恩格斯选集》（第4卷），人民出版社2012年版，第408页。

② 米德在《未来与文化》一书中提出了著名的后喻、同喻和前喻"三喻文化"说。一般而言，后喻文化是年长者向年幼者传授，年轻者向年长者学习的文化；同喻文化是指同代人相互学习的文化；前喻文化是年幼者向年长者传授，年长者向年轻者学习的文化。

规范、形成道德情操方面所起的作用并不明显。其中存在两种情况：一种是部分家长存在言行不一现象，有些家长在对孩子进行品德教育过程中，所讲授的是非标准、做事原则生动形象，言之有理，但是其本人在实际生活中，并不能很好地践行。“家长的行业，是教育子女。”现代教育极易造成对父母家庭教育主体资格培养的忽视，进而造成父母缺乏系统规范的父母角色教育，意识不到在生活中的责任和义务，而且缺乏科学的教育知识和方法，导致在孩子品德教育方面的盲目性、非理性和机械化，不利于孩子的健康成长。另一种是部分家长忽视社会所提倡的普遍道德规范，或者说，根本不了解家庭美德、社会公德以及职业道德等，以致忽视良好道德规范的传播，甚至是传送错误的、非科学的判断标准，使得品德养成教育过程中有所扭曲。譬如，根据学者就家庭中父母“教育认知”和“教育行为”的调查发现，部分父母存在“知行分离”“学习至上”“德育弱化”等问题。广大家长在认知上是积极的、正确的，但是在具体行为上有所偏差，对孩子的学习与成绩的关注远远高于道德与人格方面的关注。此外，随着社会老龄化趋势的加剧以及父母工作性质等方面的影响，隔代教育现象越来越普遍。隔代教育，使得家庭在多代人之间出现了“代沟”（心理差异基础上的生活、态度、习惯等方面的差异）现象，这难免容易造成价值观的差异以及教育观念的“分歧”，影响品德养成教育。当然，这也间接反映出建设良好家风的必要性和紧迫性。

四　家校关系不清，家校德育责任推诿

从家风建设视角来谈品德养成，似乎主要是探究家庭方面对品德养成的责任，但是家庭与学校并非孤立的，两者相互联系，相互作用，相互影响，且实现着优势互补。苏霍姆林斯基也曾说过：“如果没有整个社会，首先是家庭的高度的教育学素养，那么不管教师付出多大的努力，都难以收到完满的效果。”可见，教育事业并非单个人或单个部门的事情，而是一项系统工程，特别需要家庭和学校的协同合作。同样，在家风建设中养成个人品德，家庭的基础地位和配合作用显得尤为重要。品德养成是社会现象，而家庭担负“培养未来公民的重要使命”，家庭教育是个人品德养成的根基。家风建设中实现的品德养成，可以随时随地、潜移默化进行，所采取的方式方法也比较灵活，容易被子女所接受。除

此之外，家庭中父母长辈特殊的权威性、家庭教育天然的连续性，以及家风所固有的继承性等都是学校所不具备的。当然，相对于家庭，学校是专门的教育机构，可以有目的、有计划、有组织地对受教育者进行品德养成教育。显然，品德养成亦需要学校的合作，父母与老师之间可以基于家风建设与品德养成的目的，彼此合作，共同促进子女健康成长。

诚然，学校和家庭各有其特点。如果家庭与学校方向不一致，就会使学生不知所措，良好家风效用的发挥也不会收到实效。反之，如果学校教育忽视良好家风的影响，离开了家庭配合也难以奏效。因此，品德养成离不开家庭教育与学校教育的协力配合、优势互补。然而，当前在品德养成过程中家庭与学校存在一定“分歧”，而且存在责任推诿现象。在现代社会，人们对教育的认识越来越深刻全面，为学校教育和家庭教育的统一协调提供了优越的条件。但由于社会的复杂性，家长、教师的教育观点、思想水平不尽一致。因此，学校教育和家庭教育对儿童的影响也存在着矛盾和差异，譬如，对教育的认识不同。有人认为，小孩子主要是生长发育，别的可以慢慢来；有人认为孩子入学了，有教师负责，家长可以松一口气；有人感到社会影响大，家长和教师无能为力。由于认识不同，教育的自觉性和主动性就不相同，教育影响及影响的效果也难以保证，由此，出现了对受教育者提出不同要求的现象。教育过程中，虽然国家和学校向受教育者提出了统一要求，但在实施过程中，社会、学校、家庭对受教育者的具体要求又不尽相同。党和国家往往从社会需要、社会进步的角度来要求受教育者，家长则往往把自己的期望和理想寄托在子女身上，常常出现重智轻德，重理轻文，希望立竿见影、急功近利等现象。此外，家庭和学校存在德育“外推”和“互推”现象。这种“外推”是一种“无对象的推诿”，家庭和学校并未有意识地把德育责任推卸给对方，但在品德养成的实践中也未主动地承担相应的责任。譬如，在学校中存在的“应试德育”，家庭中出现的“功利德育”等，都不是真正的德育，不利于个人品德的养成。同样，学校和家庭之间还存在着德育责任的互相推诿问题。学校指责家庭环境太差、家长素质不高、家教跟不上等；家长也指责学校推诿责任，认为孩子交给学校，就应该学校全权负责，等等。这些不良现象不仅不利于家风建设，也不利于从中实现个人品德养成，都是当下亟须解决的问题。

第五章

当代中国家风建设中养成个人品德的对策

世界上万事万物都处于彼此作用和相互联系之中。正如理论篇所分析的尤里·布朗芬布伦纳的“生态理论”，个体的存在和发展并非孤立的，其周围客观存在着微观、中观以及宏观层面的影响因素。同样，个人品德养成是一个系统化过程，以家庭为界面，具有内部和外部多层面的影响和作用因素。从个体发展的角度来看，品德养成教育不仅指孩子的早期的家庭熏陶和教育，而且包含着终身的社会浸染和教化。反之，我们试想一下，若家庭消失，人类的存在也必然会受到威胁。正因为如此，家庭不应该是个人的“私事”，任何一个社会都需要“治理小家”且有权期望家庭完成起码的教育功能。因此，基于历史篇、理论篇以及现实篇的分析，我们在探究新时代的家风建设及其品德养成对策时，需要从“内、外”[①] 两个视角进行探究。从外部来讲，要借助“支持理论”，完善社会各方支持、保证学校协力配合及其借助媒体的宣传监督，为家风建设及其品德养成，尤其是为家风建设提供良好的外部保障；从内部来讲，需要稳固家庭场域、协调家庭关系、重塑家训家规等家庭文化以

---

① 基于前面的分析，我们发现新时代的家风建设及品德养成是一个系统工程。简单来讲，以家庭为界面，可以分为三个层面或者说是环节：外部层面、家庭层面（含家风建设）、品德养成。这三者是环环相扣、彼此作用，甚至存在交叉。我们探究相关对策，要从外层着手，探究社会支持，能够为家风建设营造良好的外部条件，而家风建设与品德养成具有契合性，且可以为品德养成教育营造良好家庭环境和场域。同时，我们又要从家庭内部着手，譬如稳定家庭场域、协调家庭关系、重塑家训家规等以及具体的方法和机制，这便也是品德养成的内在举措，也是本书的最终落脚点。

及优化家庭德育的方法和机制，从多角度、多层面探究品德养成的内在对策。

第一节 优化外部支持：家风建设的外在保障

家庭、学校、社会以及媒体等可以构成立体式、一体化的德育网络。不同德育主体之间相互沟通、彼此合作、优势互补，可以构筑动态发展的综合德育系统。当今的家庭并非传统式的封闭式家庭，在家风建设中探究个人品德的养成，也并非只是家庭的“私事”，需要学校、社会以及网络媒体的外部支持，实现家庭、学校、社会以及媒体，在施教主体、教育内容和方法以及途径上的协调配合，产生全方位、恒阶段、多角度的整体效果。可见，只有将家庭、学校和社会以及媒体等多方面有机结合，才能营造良好的整体环境，形成可靠的外部支持，促成稳定、有效、持续的滋养机制，建成良好家风，保证个人品德的科学、持续养成，最终促进整个社会风气的改善。

一 完善社会的各方支持

亚里士多德曾提出人的“社会性”特征的论断，社会心理学家阿隆森以《社会性动物》命名他的代表作，以及马克思说的“人的本质学说”等，均强调“社会性”是探究人的本质所必不可少的。基于此，我们由“社会性”联想到“社会支持”，两者有着必然的内在联系。详细来讲，我们每个人在社会上生存、生活，必然离不开与他人的各种关联。从初始化上探源，父母长辈是个体最初的接触对象，父母长辈与每一个体对象化地存在着。显然，基于前面“社会结构论”“人的本质学说”等的分析，我们明确认识到各种主体间际的关系是人生存和发展的需求和条件。譬如，马斯洛的需要层次理论，不论是最基础的生理和安全的需要，还是“归属”和“爱”的需要，甚至是更高层面的自我价值的实现，都离不开有效的社会支持。

社会支持是我们日常生活中的普遍存在问题，个体、集体之间结成各种各样富有价值和意义的“关系”与“交往”，逐步构成“社会支持”的基本内容。“社会支持”的目的在于维持多维的、协调的、纽带性的人际关系，从中支持个体从社会关系中满足精神上和物质上的需要。而且，社会支持由主体、客体、内容和手段等多种构成要素组成。由此可见，家风建设，并从中养成个人品德的也可以借鉴社会支持思路，尤其是完善社会支持的各方主体显得尤为重要。一般而言，学界认为社会支持的主体结构是由国家、群体和个体三维支持子系统组成的结构系统。当今，开展家风建设的社会支持活动，必须调动社会各个方面的力量，充分利用家庭所在社区的各种有利因素，动员一切有利资源，形成合力，使个体品德养成获得有效支持力量。

其一，党和国家支持。国家支持系统的主体主要是党和国家政府机构，任何社会支持系统都离不开党和国家的力量。在社会支持系统中，党和国家扮演着不可替代的角色，它处于支持网络的枢纽与核心位置，凭借其威信和所掌控的资源，可以有效动员并组织其他支持力量。党和国家对新时代家风建设及其品德养成的支持主要体现在财政支持、政策支持以及示范导向方面。譬如，国家可以适当增加支持各类家庭教育的投入；对从事支持家风建设的社会公益机构组织实行优惠政策，以及加强婚姻家庭的相关立法等。2016 年《中华人民共和国反家庭暴力法》正式实施，打破了“法不入家门”的传统观念，也为每个家庭及成员画了红线。众所周知，任何一个社会都有一套必要的社会普遍道德规范，即社会向全体成员提出必要的和适当的道德需求和行为准则，其是人与人之间以及个人与社会之间相互协调的有效参照和主要力量，主要表现为法律、道德，以及风俗习惯等不同方面。对于个人而言，遵循一定社会规范，才能逐步成为合格社会人，适应并融入社会；对于社会而言，社会结构的完整与社会秩序的稳定，必然离不开相应的道德规范。当然，社会支持通常能结合服从和服务社会发展的需要，根据社会普遍道德规范，为民众提供伦理道德或行为模式，使人们言行举止遵循社会的普遍道德规范，逐步培养“共识”“看齐”意识，最大限度凝聚社会共识，维护人类共同生活的社会秩序。鉴于此，不论是家风建设，还是品德养成教育，都需要党和国家的各方面支持，既可以实现社会普遍道德规范的融入，又可以发挥规范和整合功能。此外，党和国家可以主导和丰富社会支持的内容或形式，譬如可以实现情感性、工具性、资讯性、评价性等多维支持的合力。

其二，群体支持。正如理论篇所提及的“群体动力理论”，所谓群体是人们通过某种社会关系联结起来进行共同活动和感情交流的集体。群体依据其形成纽带的不同，又可以分为初级群体和次级群体。初级群体是以初级社会关系为纽带形成的群体，譬如家庭、邻里以及游戏伙伴等。显然，次级群体主要是指由更高一层面的社会关系形成，譬如学校、社团、民间组织等。我们分析群体支持，必然需要将初级群体支持和次级群体支持结合起来，分析两者组成的结构系统。当然，这里所谓的群体对应党和国家的政府组织，即通常所说的非政府组织。一般而言，非政府群体涵盖面非常广泛，主要包括社区、企业、第三部门等，由其形成群体支持网络中的多元支持主体。党和国家可以将相关行政权下放到地方，再转至社区，即由“公部门”转移到“私部门”，鼓励相关公益组织和个人以各种方式参与家风建设及品德养成教育，并辅之以切实的支持。譬如，博物馆、文化馆、图书馆，尤其是有些地区所建设的“道德馆”①等社会团体充分开发自己的资源，吸引广大青少年参加丰富多彩的课外活动，如“开学第一课”“毕业加一课”等，甚至可以“举行入学式、毕业式、成人式，实现未成年人读好书、做好事、当好人的目标，做到真正配合家庭、学校强化了未成年人道德实践教育”，也为家风建设提供良好场所和教育资源。此外，群体社会支持是一种继承和传递传统文化的重要形式，其可以承载着人类文化并逐步传递给新的社会成员，同时，其“自身也是人类文化的一部分，它本身的延续，不仅可以使人类文化系统地保存下来，而且可以推进人类文化的发展”②。这也为历代家风文化的传承和发展提供了重要载体。

---

① 在浙江省德清县武康镇余英坊坐落着一家以展示当地“草根人物”道德风尚的“德清县公民道德教育馆”。该馆以文字、图片和实物等形式记载了具有德清特色的人文道德传统。馆内设有敬业之道、爱家之德、立人之品、乐善之行和道德建设五个展区，着重介绍从当地普通群众当中涌现出来的道德模范，展示了“千百读书”“欢乐德清”“游子文化”“文明五心”“春泥计划”等德清特色的公民道德建设成果。

② 陈成文：《社会弱者论——体制转换时期社会弱者的生活状况与社会支持》，时事出版社2000年版，第188页。

其三，个体支持。通常而言，我们可以将社会支持网络视为相对稳定的社会关系，这类似费孝通先生所谓的“差序格局”。如此的格局也决定了以个人为中心向四周所扩展的关系在个人日常生活，譬如在家风建设或者品德养成教育之中的重要性。我们每个人都要经历自发性、自然性的社会支持过程，从母体怀抱出生，来到家庭当中，与父母、兄弟姐妹结成血源性的家庭关系，到邻里社区与邻居、同伴的交往关系，以至于走到社会上后，更为复杂、多样的社会关系，等等。各种各样的关系均或多或少存在着隐性的支持。① 如果说前述的国家、群体支持属于正式支持，基于个人关系获得的来自个体的支持则属于非正式支持。非正式社会网络为一组同心圆，个人居中，依次由家庭、亲戚、邻居、友人、同学等向外展开。类似多主体的个体在物质、精神、信息、知识以及经验等方面的共享和补给，可以给予家风建设与个人品德养成提供有力支持。不难看出，这些关系大都为初级社会关系且属于所谓的“私”领域，其中伴随着情感互动和彼此信任。个体在潜移默化中获取资源满足需要，因此，个体支持的力量和影响不可小觑。而且，个体社会支持可以有针对性地解决类似情感、心理等问题，“无论是从整体的……个体心理健康……分析，还是从个体的……某一特定心理病症……研究，都显示出社会支持对个体心理健康的有益影响……”② 此外，社会支持实际上也给个人社会化提供了基本模式，尤其是价值体系社会化和行为规范社会化方面，必将为家风建设及其个人价值选择创造良好的环境和条件。

二　保证家校的协力配合

21 世纪，全球密切联系，时代飞速发展，对“人”的各个方面素质要求越来越多、越来越高。关于人才的培养，必然需要具有先进理念和高尚情操的教师，正如习近平总书记所言的“大师”，“既是学问之师，又是品行之师。教师要时刻……以人格魅力引导学生心灵”③。当然，人

---

① 申荷永、高岚：《心理教育》，暨南大学出版社 1995 年版，第 225 页。

② 李强：《社会支持与个体心理健康》，《天津社会科学》1998 年第 1 期。

③ 中共中央宣传部宣传教育局：《凝心聚力的导航：社会主义核心价值观评论员文章汇编》，学习出版社 2014 年版，第 15 页。

才的培养，尤其是有德之人的养育，也离不开具有现代素质和教育方法的家长。只有让家长焕发出教育的热情与主动、智慧与创造，才能使家风建设的过程如源泉一般，滋润孩子的每一个阶段，从而实现个人品德的养成。因此，如果仅仅把家庭当作学校教育的补充资源，显然不够充分，同样，仅仅把家长视为辅助性的角色也是不够的，而应当把家教，尤其是家风建设的长远目标同社会发展对人才的需要联系起来，构筑家校合作模式。家长积极主动参与到家校互动过程中，真正实现家校的双向互动。诚然，学校是专门的教育机构，它是根据党和国家的教育路线、方针、政策，根据社会稳定和发展的需要确定教育目标，为有目的、有计划、有组织地培养、造就人才服务，家风建设及其品德养成必然需要学校的协力配合。

显而易见，学校所具有的专业性、系统化、组织性等优势是家庭无法比拟的。当然，家庭所富有的血源性、亲密性、基础性以及权威性等特征和优势也是学校所无法比拟的。家庭教育和学校教育两者各有侧重，家庭教育在“成人”上有优势，学校教育则在“成才”上有相对权威。家风建设及其品德养成，不能割裂家庭与学校的关系。在家庭场域中实现品德养成，尤其需要学校的协力配合，相得益彰，建立“家校联系制度”①，实现家教的“学校化”和学校的“家庭化”，实现“成人”与“成才”的有机统一。根据相关调查分析，当前有相当一部分家长存在类似“物质诱导”“重智轻德”“成绩至上”等问题，基于自身需要设立教育目标，反过来又给学校增加压力，更不利于新时代的品德养成教育。譬如，学校和家庭所倡导的教育思想上的不一致，会造成青少年儿童在价值判断和价值选择上的混乱，无法准确选择正确的道德规范，也不利于品德的养成。由此，家校合作可以家风建设为切入点，实现家校“双主体”共育，使家庭与学校形成彼此配合、相互作用的有机系统。这样既考虑社会需要，也考虑个体身心规律，进而增强家风建设及其品德养成的针对性、系统性和实效性。可见，家校互动是孩子身心和谐发展的需要，更是时代发展的需要，其作为新时代的一种“大教育观”应越来越引起人们的重视。

---

① 殷殷、谢庆良：《现代家风建设与青年发展研究》，《中国青年研究》2016 年第 10 期。

其一，加强学校配合的力度。家校合作可以构筑交流平台，用于教师和家长、家长之间的问题答疑和经验分享。学校教师也可以同家长交流，针对学生的培养教育，了解家长的想法和期望，并咨询各位家长，获取关于学生的有效信息，便于明确学生的身心、思想、情感的发展现状和需求。而且，学校同家庭都是学生教育的场所，学生在学校生活方式应当同在家庭里的孩子和父母的生活方式尽可能接近。所以学校教育应作为家庭教育的补充，协力配合家风建设及其品德养成。一方面，“走入家庭”的培养模式。学校可以尝试将相关先进的教育理念和教育方式渗入家庭，倡导家长每天利用一定的时间与孩子一起交流、探索、共享，结合个体的年龄及发展需要设计不同主题活动。譬如，“亲子悄悄话”“家庭游戏一刻钟”“家庭德育故事集”“陪读经典中感悟”[①]。面对现代独生子女交往能力、合作意识等在群体中应具备的行为素质越来越薄弱，可以开展“家庭协作小组”活动，以性格、性别、兴趣互补为原则将孩子组成若干小组展开相互间登门做客、共同外出等活动，为孩子之间、家长之间，架设一个更加广泛的交流互动平台，形成钻研、探索家风建设及其品德养成的良好氛围。另一方面，“走进学校”的体验活动。埃里克森的认知发展理论提出，幼儿时期是品德养成教育的关键时期。对学校来说，家长是潜在的、有效的、丰富的德育资源。学校引导家长发挥自身的职业、文化资源优势，以恰当的方式参与到德育实践中会使家长富有价值存在感，意识到自身在德育过程中的重要作用，进而增加在孩子品德养成中的积极与主动性，减少消极与被动性。此外，现代家庭教育无时无刻不与社会发生着联系，社会的变化与发展也对家庭教育有着深刻的影响。大自然为孩子们提供了丰富、开放、有趣的活动场所，家长们往往具有步入自然环境的意识却缺乏在自然环境中引导孩子发展的方法。同样，步入社会、联系社会、了解社会的家校互动，可以为家风建设及其孩子的品德养成注入社会主导价值观，并与社会发展同步，这也体现了家风的时代特征。

其二，丰富学校配合的形式。由于家庭各方面的差异性，现有的许多家庭中的品德养成教育指导模式参差不齐。为了借助家风建设，从中

① 孔维克：《让良好家风汇聚成社会清风》，《光明日报》2016 年 4 月 25 日第 10 版。

养成个人品德，让其真正取得实效，应该创造条件，充分发挥相关养成模式的各自优势。基于此，可以丰富学校配合的形式，开展“双向互动”模式，倡导由教师—家长、家长—教师、家长—家长等“多元互动式对话”交流体系，建立各级家庭服务和指导中心、沟通和协调机制等，以整体规划和协调本地区的家风建设及其品德养成指导工作。一方面，由单一向多元转化。在以往的家校交流谈话中，往往是由教师确定一个主题，家长没有更多选择和建议的自由。为此，可以考虑以“家长沙龙”的形式，请家长提出在家风建设及其品德养成方面存在的困惑与问题，根据孩子的发展及家长的问题确定不同方面的主题。以此，在符合自己实际需求的对话主题中促进了家长主动思考、主动提问、相互交流、共同探讨及从实践经验中进行理论提升，实现了家风建设及其品德养成教育经验的共享。另一方面，由封闭向开放转化。原有的家校互动往往局限于孩子在学校的时间，并以教师为唯一的发起者。家长在遇到一些突发性事件需要与老师进行沟通，或要与老师做深一步交流与探讨时往往不易实现，使得他们往往容易在遇到问题时又回到了旧有的批评、指责或溺爱、迁就的教育方式之中。因此，家校的交流与互动必须从封闭走向开放，建立以教师家访、家长约访、电话沟通网络、网络信息交流等为保障的“沟通无障碍”制度，使沟通更及时、便捷、有效。总之，家风建设的最终目的是要引导孩子家长能够以正确的教育理念及教养方式培养出服务于社会、推动社会发展的未来社会人才。家长只有了解社会的发展与社会对人才的要求，才能够以适应社会发展需要的教育理念与方法去引导孩子的发展。因此，在家校互动的模式上，应着眼于家校合作、互动的价值取向，把家校互动的目标定位于家长对解决家风建设及其品德养成中问题的主观感受和实际经验，形成主动思考和积极创造的意识。家校互动成为家长多途径参与、多形式亲自体验的实践活动，进而形成正确的教育观念，感受教育的理性精神，不断提升自身的情感品质，以各种各样的形式投身到培养儿童的过程中，成为主动、积极、科学的德育创造者。

三 借助媒体的宣传监督

家庭是社会的细胞，家风的建设及从中实现的个人品德养成，离不开社会的和谐与稳定。当今时代，随着网络媒体技术的迅速发展，舆论的作用的效力日趋强大，“已经成为影响国家生活、群众情绪和社会稳定的重要因素”①。正如现实篇所提及的，网络媒体的发达为舆论的引导带来机遇和挑战。同样，新媒体、自媒体等新兴媒体的崛起正在给人们的生产、生活乃至思维方式带来革命性的影响，同时也提出了诸多亟待重视和解决的问题。借助网络媒体正确引导社会舆论，可以形成潜在凝聚力，最大限度地凝聚社会共识，营造和谐、稳定、团结、向上的舆论氛围。这对于营造良好社会风气，实现新时代家风建设至关重要。可见，构建新时代的家风，从而发挥家风对品德养成的浸润作用，要充分发挥媒体宣传力量，从弘扬新时代家风建设入手，努力提升广大民众对优良家风的理解、认同。同时，借助微信、微博等自媒体打造成传播和弘扬优秀传统文化、新时代先进文化的阵地，自觉抵制和消除落后的、消极的、腐朽的文化，为促进新时代家风建设及其品德养成教育创造良好文化条件。

当然，“舆论导向正确与否，关系党和人民之福与祸”。习近平总书记指出：“要依法加强网络社会管理……确保互联网可管可控。”在一定程度上讲，新时代家风建设也是一种文化工程。互联网以及新型媒体本身是高科技的产物，同时又很好地适应了现代社会快节奏、高效率、个性化的生产、生活特点，具有时效性突出、互动性强、多样化鲜明等特点，逐渐成为广大人民群众工作、生活的重要组成部分。但与此同时，如同任何事物都具有两面性一样，网络媒体也具有两面性。对此，我们要冷静看待，采取切实有效措施，加强对互联网等新型媒体的管理和引导，发挥它们对新时代家风建设的监督和宣传载体作用。当前，我们按照始终坚持正确导向，有效调控大众媒体，积极引导社会舆论，既要宣传新时代家风建设，又要监督家风建设，巩固和发展积极、健康、向上的主流舆论，凝聚最大社会共识，形成在家风建设中致力于品德养成的社会呼吁和价值共识。

其一，鼓励宣传新时代家风建设。网络媒体传播“是社会这个建筑

---

① 刘云山：《宣传思想工作要积极为构建社会主义和谐社会贡献力量》，《人民日报》2005年6月30日第9版。

物得以黏合在一起的混凝土”①。网络媒体的传播、宣传效力，是新时代家风建设所不可替代的“润滑剂”。其中，发挥网络媒体的舆论导向，鼓励宣传新时代家风建设显得尤为重要。因为，舆论导向是世界观、人生观、价值观、政治观引导的综合体现，有利于人们分清是非，坚持真善美，抵制假恶丑，形成正义共识，进而凝聚大众民心。新时代家风建设也需要发挥舆论导向的作用，确立社会价值标准和价值尺度，从而有利于统一思想、协调行动，建立一元的价值导向，凝聚家风建设价值共识。具体而言，一方面，服务大局，符合社会发展需要。新闻舆论导向的内容、基调和观点都必须服从和服务于全党的工作大局。譬如，在家风建设宣传的选材上也必须遵循服务大局的原则，紧紧围绕党和国家工作大局来选材。当然，工作大局不是单一的某件事，它是由很多方面的事情组成的，每一件事又有很多层面。同样，家风建设并非孤立工程，需要各方面元素的支持。因此，我们在宣传新时代家风时，既要聚焦社会热点，又要在“广”“深”两个字上做文章。既要有传统优良家风的案例，又要有新时代家风的典范。另一方面，适宜适度，把握最佳导向时机。关于家风建设宣传新闻报道不仅要有时效性，而且需要具有时宜性，这是由其突出的导向性特点决定的，也是新闻追求社会效果的必然选择。譬如，一篇关于家风建设的适时性报道在此时出台还是在彼时出台，社会效果是不一样的。新闻舆论报道的时宜性就是要审时度势，在最佳的时机将报道刊播出来，实现最佳效果。同时，新闻舆论报道有分寸，这个分寸包括质的、量的、力度、密度。譬如，关于不良家风的批评性报道要适度，防止过犹不及。此外，重在建设，追求正面导向。关于家风建设的新闻舆论报道要追求正面的和积极的效果，扶正祛邪，激浊扬清，解决问题，推动工作，在推进家风建设中来促进社会健康发展，这是由新闻工作者作为党和人民的耳目喉舌的角色规定的。

其二，实现家风建设的舆论监督。随着人类社会的发展，监督成为社会治理手段，成为社会系统运转的一种维持力量。那么，“舆论”监督是什么？梁启超首提“舆论监督”，称之为“名誉监督”。马克思说：

---

① ［美］维纳：《人有人的用处——控制论与社会》，陈步译，北京大学出版社2010年版，第20页。

"报刊按其使命来说，是公众的捍卫者，是针对当权者的孜孜不倦的揭露者，是无处不在的眼睛。"[①] 可见，舆论监督既是一种基于民主的政治力量，也是一种基于工作技巧的社会治理手段，其蕴藏着一种导向力量，矫正被监督对象的价值观念，并使监督客体实现主体的自戒自律。我们知晓，家风建设是一项复杂系统工作，它不仅要求一个家庭内部系统的教育和引导，而且需要外部的舆论氛围作配合。只有在本家庭内部受到的教育与整个社会的舆论监督导向相一致时，家风建设效果才能更好实现。当然，在舆论监督中，舆论是手段，目的是进行监督，对家风建设及其品德养成中的偏差行为进行制约和纠正。详细来讲，一方面，披露事实，引起公众的广泛注意。新闻媒体效用首要是充分了解不良事实，并在媒体上予以公布。因未充分了解事实，以及未在新闻媒体上的公开披露，舆论监督就是无源之水，相应支持也就无从谈起。譬如，"孝"文化仍是新时代家风建设的重要元素，也是品德养成的价值规范。当某个家庭发生不孝事件的时候，舆论监督必须调查清楚具体的事件经过，必要的话将所有真实情况公之于众。另一方面，引起讨论，形成倾向性态度。新闻媒体的舆论监督表面上是媒体在起作用，实际上是广大的社会民众在进行监督，它是利用了媒体的独特效用，构筑起一个有引导性的观念世界，唤起公众的自主意识和正义感，主动参与到事情的是非辨析之中。譬如，如果不良家风现象的当事人不重视，新闻媒体有能力把事情不断扩散，各种情绪表现、议论、批评的言论纷至沓来，借助邻里社区以及社会大众的舆论压力和导向给予矫正。此外，追踪报道，切实得到落实。譬如，在家风建设方面可以引导公众表达意见，以引起有关部门的关注，目的是要解决问题，实现对一些不利于家风建设的问题的纠正。当然，毕竟舆论监督是"软监督"，不具有直接的强制力量，监督效果的充分发挥，也需要借助法律法规等其他力量的参与和配合，这样才能更好发挥舆论监督的效用。

---

① 《马克思恩格斯全集》(第6卷)，人民出版社1961年版，第275页。

第二节　稳固基本家庭场域：个人品德养成的场所保障

个人品德的养成，需要在一定时空的场域内，正如前面所述，布迪厄认为“社会场域可以描述成为一种由各种社会地位所构成的多维度的空间；而每一个实际的社会地位又是依据相互调整的多维度系统而界定下来”。简单来讲，场域可以理解为在一个特定的社会空间，各种力量和因素之间按照特定的规则和利益取向，相互影响、相互联系的一个整体。[①] 家庭是家风建设及其个人品德养成的基本场域，因此，稳固家庭场域，是个人品德养成的场所保障。社会心理学将人们之间的关系分为协作和竞争两种。同时，互相帮助、互相支持和真正同情的气氛，对维持家庭是极为重要的。正是在这种气氛中，孩子的品德养成教育才能平稳而顺利地进行。当然，当今的家庭并非传统意义上的封闭式家庭，与邻里社区、社会等关系密切。可见，家庭场域的稳定离不开和谐的邻里社区，同时需要国家和社会的支持。此外，也要及时关注特殊家庭，注重特殊家庭的品德养成教育。

一　保证基本家庭场域

基于前面论述，我们知晓，婚姻家庭是最早的原发性社会组织。正是基于婚姻家庭制度所形成的社会秩序，才能为个人的成长发展提供基本场域，也为人类的繁衍、社会的稳定、国家的发展做出贡献。回顾中国传统社会，由于国家是建立在原始氏族血缘关系基础之上，家庭、家族成了社会的基本构成单位。正可谓“举整个社会各种关系而一概家庭化之，务使其情益亲，其义益重。由是乃使居此社会中者，每一个人对于其四面八方的伦理关系，各负有其相当义务；同时，其四面八方与他有伦理关系之人，亦各对他负有义务。全社会之人，不期而辗转互相连

---

① 邱戈：《媒介身份论——中国媒体的身份危机和重建》，中国传媒大学出版社 2008 年版，第 58 页。

锁起来，无形中成为一种组织”[①]。这逐渐形成了“家国同构”的社会模式。在家庭里，“一家人（包含成年的儿子和兄弟），总是为了他一家的前途而共同努力”[②]。由此可以看出，结构完整、和谐融洽、积极向上、价值共识等乃家庭稳定与发展的基本条件。譬如，在新家庭形成时，以往家庭关系虽然在结构上分离，但在感情上依然连接，将若干个家庭相对稳定地凝聚在一起而形成“家庭网”[③]。由此可见家庭稳定的重要性，其不但是个人的生活场所，更是个人的精神寄托，也是个人成长发展，譬如品德养成教育的重要场域。

新时代家风建设离不开家庭的基本场域，同样，品德的养成亦需要稳固家庭场域。从横向来讲，家庭是稳固的，发挥其品德养成效用，需要保证家庭的情感交融、互助合作、体贴关心、尊重差异等特色，这也是家庭场域稳固的标准。譬如，家庭之中，基本的衣食住用行乃基本保障，在此基础之上家庭成员之间要经常进行言语互动和情感交流，彼此之间能够理解、接受和宽容家庭中其他成员的感受和感情。同时，在家庭当中，人人都要认识到自己对家庭所应承担的责任和义务。此外，稳固的家庭是有自己的生活原则和价值标准的。这种原则和标准，可能来自该家庭、家族的历代传承的道德规范，也可能是大家结合时代需要所共同接受的生活原则和价值标准，这些都不乏家风的元素，同时也为品德养成树立标准。从纵向来讲，家庭自身本来就是一个动态的发展过程。首先，作为“开端家庭”，建一个新家，确定夫妻双方的家庭义务，要做好家庭的经济计划，以及做好迎接新生孩子的准备，将是此一阶段家庭的主要任务；其次，作为“育儿家庭”，也就是说，当家庭增加了新的成员的时候，这时父母就要着重考虑，尤其是确认教养孩子的方式，注重良好家风的熏陶和传承，从中培育新生儿的个人品德，尤其是要在幼儿时期，打好品德养成的“胚模”；最后，到了“学龄儿童家庭”，随着年龄的增长，孩子逐渐长大，此时父母便要着重考虑扩大家庭与亲戚和邻

---

① 梁漱溟：《中国文化要义》，上海人民出版社2005年版，第72页。

② 梁漱溟：《中国文化要义》，上海人民出版社2005年版，第78页。

③ 有学者界定“家庭网”，是指在父系（或母系）之下，富有“本支关系”“支支关系”等亲属关系所组成的家庭组织。参见邓伟志、徐新《家庭社会学导论》，上海大学出版社2006年版，第248页。

里的关系，送孩子到学校接受教育，及时关注孩子的思想、心理及其品德发展的需要等。[①] 此外，“家庭网”是单个家庭的扩展和联结，本身具有自然属性，同时又是亲属关系的有机集合，是人类社会中特有的社会关系。品德养成教育中也要注重“家庭网”之间的互动与配合，确定相应的价值标准和行为规范，以特定的行为和态度进入某一家庭网之中，保证“家庭网”的交流互动，进而实现家庭网的稳定，这也是单个家庭稳定的基本保障。

二 邻里之间互助合作

交往是人类的一种需要，是人全面发展的一个基本方面。社会交往过程中形成的主体间际的相互影响和相互作用，对人的社会化具有重要的意义，同样也是个体品德养成的需要。国家是“第一次不依亲属集团而依居住地区为了公共目的来划分人民”[②] 的，在这里，“居民在政治上已变为地区的简单的附属物了”[③]。在国家里，最典型的地缘关系是街坊近邻以及社区。邻里社区不仅具有生产互助、生活互济的功能，而且，对人的社会化也发挥着积极的作用。人们最初始、最直接、最现实的交往也正是社区中的社会交往。尤其是青少年，他们从小在街坊邻里的注视中生活、成长，左邻右舍的一言一行对青少年的“三观”、角色意识以及行为规范的形成必然存在潜移默化影响。俗话说，“远亲不如近邻”。自古以来，中国人民都很重视家庭与邻里的关系。孟母三迁，为的是利用邻里环境教育后代。邻里社区可以依据交往形式的不同，分为个体间的交往、群体间的交往和个体与群体间的交往三种类型。然而，无论是哪种交往，都打破了血缘关系和地缘关系的局限，扩大了人们之间的接触面，从而也就扩大了个人所处的文化圈子，使个人在接触和应对各种复杂的人情世故中逐步形成个性、塑造品德。此外，邻里社区也是品德外显的重要场所。

具体而言，邻里社区是人们依靠所在的共同地域，经过长期相处，

---

① 申荷永、高岚：《心理教育》，暨南大学出版社 1995 年版，第 230 页。

② 《马克思恩格斯选集》（第 4 卷），人民出版社 2012 年版，第 129 页。

③ 《马克思恩格斯选集》（第 4 卷），人民出版社 2012 年版，第 131 页。

密切联系，友好往来，逐步形成的彼此相助、共同生活、相互影响的小型群体。邻里社区作为一个社会系统，具有维稳、教育、服务等各种社会功能，从中可以辅助于家风建设及其品德养成。一般而言，个人品德养成是一个过程，在这过程中，贯穿着我们学习在人与人的交往中“想什么”“做什么”以及“怎么想”与“怎么做”的问题。由此，邻里社区可以按照服从和服务于社会稳定和发展的需要，履行与社会稳定、发展需要相关的功能。譬如，邻里社区各子系统的联合体，作为社会结构的构成部分，可以作为社会活动的组织单元，为人们日常生活提供必需的场所和资源。然而，要实现邻里社区发挥其对家庭成员的品德养成功能，在保证邻里社区和谐稳定的基础上，还需要发挥邻里社区的社会化、社会控制、社会参与及相互支持等功能。其一，保证邻里社区基本的生活服务。在城市街道居民中，邻里可以互助互济，解决生活中的问题，如医疗卫生、计划生育、治安保卫、支持困难户等。类似服务和支持，可以减轻一些双职工以及部分老弱病残户的实际困难，给人们生活带来了方便，保证基本的物质生活，进而也便于人们腾出更多时间来投入孩子品德养成教育当中。当然，社区先进文化是品德养成教育的重要载体，邻里社区要在保证居民基本物质生活的同时，创造更多的精神文化产品，提升和满足居民的精神文化生活水平，这也是新时代家风建设及其品德养成教育的题中之义。其二，充分发挥邻里社区管理教育未成年人的作用。邻里社区对未成年人的管理教育作用不可忽视，譬如，近年来广大农村开展的“文明村寨”的建设，城市开展的“文明街道院落”的建设，使邻里之间礼貌相待，文明相处，互相监督，互相帮助，推动和促进了精神文明的建设，从而为孩子品德养成提供优良环境。其三，充分发挥邻里社区“维稳”的效用。邻里之间要“比、学、赶、帮、超”，互通有无、彼此学习、互帮补助，共同造成一个安定团结的局面，这不仅也利于新时代家风建设，也利于品德养成教育。总之，作为社会的一个成员，每人都有义务、有责任处理和维系邻里关系，使邻里之间和睦相处，促进安定团结。

三　实现家国互促共融

在任何社会、任何阶段，“国”与“家”都是紧密相连、彼此依赖的。正如孟子所言，“天下之本在国，国之本在家”①。当然，“家国一体”的传统，必然涉及“治家”问题。《韩非子·解老》首载“治家”二字，且较为详细讨论了个体、家庭、社会和国家的关系。“贤君之治国也，犹慈父之治家”。在中国，治家并非自我封闭，而是国家治理的环节。那么，“治家”联通着“小家”和“大家”，而将两者、甚至多者串联起来的是什么呢？那便是“德”。韩非子把社会划分为个人、家庭、地区（乡）、国家（诸侯国）、天下（大中国）五个层次。根据他的观点，治身、治家和治国平天下各有其“德”，而“德”之间又是融会贯通的，可见“德”是“修、齐、治、平”的需要。俞敏洪曾谈及“精英”问题，认为在中国社会，真正的新精英能够很好地将“自我”与社会和国家关联，是既能够自我塑造、自我监督、自我成长，又能够关爱他人，心系社会进步和祖国发展的人。俞敏洪特别强调，精英人物必须有担当和责任，然后再跟自己的发展相结合，必须怀有“家国情怀”，思考国家经济的发展、政治的稳定、文化的进步，等等。可见，“在传承优良家风中筑牢责任意识和担当精神”，② 从自我做起遵循基本道德规范和法律法规，这也是品德养成的价值指向，更是历代接班人的使命和责任。

精神家园是人生永远的根基。可见，人们不仅要有“实在的家”，而且要有“精神的家”，不仅需要一个“小写的家”，而更需要一个“大写的家”。这种“精神的”“大写的”家，不乏家教、家风等精神文化。我们仔细品味，其内在气质完全可以凝结为一种精神，那便是家国情怀。我们知道，人是一种有多层次存在形态，并同时扮演着家庭成员、学校学生、单位职工、国家公民等多种角色的社会生命体。人作为主体，不仅要承载国家上的多重关系，承担其相应的权利和责任，而且要在多种角色的相互关系甚至冲突中，弘扬至高无上的家国情怀。一方面，立足实践，亲身体验，坚持时代与传统的结合。一般而言，家国情怀形成的根本途径是个体自身生活实践的体验。然而，家国情怀并非空中楼阁，它是一个历史积淀和传承的过程。父母长辈必须坚持时代性与传统性相结合的原则，挖掘传统文化中积极的、先进的、科学的元素，引导子孙

① 《孟子·离娄上》。

② 李斌：《家国情怀是立身养德之本》，《人民日报》2016年1月20日第4版。

儿女在家庭生活中明确祖国的繁荣昌盛是几代人共同努力的结果，从而激发子孙儿女的家国情怀，让其感受到作为中华儿女的骄傲和自豪。另一方面，借助手段，奉献付出，由他律转向自律。梁启超曾认为，中国人从来不视自己为孤立存在的自我，而是把自己当作家族血脉承续和国家兴衰的一分子。从家族这个原点出发，道德就不再仅仅是自我的修养，而是强调自己对于他人的责任。因此，中国人的道德系统是植根于个人对家庭和社会承担的责任，是贯穿过去、现在和将来的历史性的价值系统。同时，父母长辈在家风建设和品德养成教育中，要加强道德制约和调控的力度。譬如，建立起道德舆论引导机制，联系实际生活，褒扬良好道德现象，斥责不良现象。由此，使得家国情怀由理论变为现实，由抽象化为具体，渗透于品德养成教育。此外，家庭矛盾无可避免，我们可以利用利益调解机制解决相应的家庭矛盾，尤其将家国情怀融入家庭成员的价值世界，这也是家风建设及品德养成教育的重要保障。

四　重点关注特殊家庭

家庭完整与否及其和谐程度涉及家风建设情况，关系到子孙儿女能否健康成长。譬如，家庭和谐，家风良好，会使孩子感到温暖和幸福，利于孩子身心健康发展。反之，则会对孩子造成心理上、思想上以及精神上的伤害，也不利于孩子品德养成。父母是孩子的依靠，父母关系紧张，感情破裂甚至离异，这对孩子来说，是极大的打击和伤害。一般意义上讲，特殊家庭的界定是以家庭结构是否完整、家庭人员是否完善以及家庭关系是否原始等为依据的，主要是指离异家庭、再婚家庭、丧父（母）家庭。与正常、完好的家庭相比，特殊家庭的人际关系是异常的，子女缺乏归属感和凝聚力，伴随着心理危机、情感危机、人际关系危机，往往表现出自怜自叹自卑。由此可能对社会失去信心，对前途失去希望，对自身的个性和人格发展造成不良影响，甚至可能诱发犯罪等问题。当然，根据国家科委“人才所”的一份调查报告分析：“少年时代，家庭重要成员的故去，能促使一个人早熟、懂事、自立，在学习上更加勤奋，同时也会影响形成这样一种性格——较为缄默、孤独、冷静、独立性强。”孟子、欧阳修、岳飞等，都是寡母培养教育成材的典型案例。可见，特殊家庭的存在并不可怕，关键是怎样去教导孩子，作用于孩子良好品德的教育。

基于此，作为培养未来栋梁的父母家长，要清醒地认识到各种特殊家庭的不足，从自身做起，树立和增强公民意识，致力于新时代家风建设，努力为子女营造利于品德养成的家庭环境。当然，正处于特殊家庭中的父母，要引以为鉴，争取做好弥补工作。一方面，加大对子女的情感投入。父母对子女的情感投入程度决定着子女对父母的情感体验，这种情感体验不仅影响到孩子智力发展，而且关切人格完善以及社会化进展。处于特殊家庭中的父母，要提高情感投入力度。譬如，离异家庭，必须克服离婚者自身的消极情绪，改善与其子女的亲子关系，在离异家庭中培养至亲和谐的气氛，处处给孩子以热情和慈爱，有机会、有条件可带子女外出旅游，经常与孩子一起做有意义的事，如看电影、散步、谈心、共同从事一些事情，等等，加大对子女的关注和情感投入。另一方面，着力培养孩子的“三观”。特殊家庭中的父母家长要着力帮助孩子树立正确的“三观”，使他们在相对不利的环境中增强信心，在逆境里勇往直前，才能使他们健康发展。此外，特殊家庭中的父母要强化孩子的交往意识。在特殊家庭中，很多孩子因为自我压抑必定产生自我疏离，缺乏交往意识，这不仅会对已经熟悉的父母突然产生陌生感，认为父母的举动与自己所熟悉的父母形象相距甚远，从而产生回避心理，甚至认为自己成为家中的多余者，与父母或同伴交往下降。但事实上，特殊家庭子女在孤独、寂寞、焦急、沮丧、悲哀的时候，非常需要他人的同情、理解、支持和帮助。最好的支持和帮助往往来自亲人，因此父母或亲属必须主动与孩子交往，强化孩子的交往意识，并创造条件让孩子同同伴交往，让孩子在与亲人共同的生活交往中逐渐忘却不幸的家庭背景，将精力投入自我提升和自我发展之中，进而使得社会性得到良好发展，这也是品德养成教育的题中之义。

第三节　协调各种家庭关系：个人品德养成的基本条件

现实的个体结成群体，形成各种各样社会关系，同时又深受所处社会关系的影响。家庭成员间的关系便是各种社会关系中最基础的关系。

这种相互关系具有双重意义。其一是指家庭成员由其家庭的角色地位所决定的相互关系，即指家庭角色的地位，家庭权力的分配，家庭角色的作用等关系。其二是指家庭关系的融洽程度与否，体现了家庭是否和睦、团结的状况。家庭关系体现在具体层面便成了个体之间关系。家庭成员协调家庭关系，是处于一定时代条件下的有目的、有意义、有价值的活动，涉及家庭价值观、父母长辈的言行举止、家庭成员之间的沟通以及家庭“新纲常”等，它关系个体的成长进步、个人的品德养成、家风建设、家庭的存在与发展。

一　树立正确的家庭价值观

按照美国著名社会学家塔尔科特·帕森斯的观点，任何社会大系统都包含行为有机体系统、人格系统、社会系统和文化系统四个子系统，这四个子系统在社会运行中分别承担适应、目标获取、整合和模式维持四种功能。[①] 其中，文化子系统在社会运行中主要承担模式维持的作用。而处于文化中心的文化价值观是一个国家民族统一、社会整合以及家庭和睦的重要条件。对于这类问题，彼德·M. 布劳进一步提出，复杂社会中的交往必须建立在“共享价值观”的基础之上，类似共享价值观“为实施社会结构及其个体成员间复杂的间接交换链提供了一套共同的标准”。“由于社会结构的个体成员经常被一套共同价值观所社会化，他们认为这些共同价值观是合适的，因而接受它，这样这种价值观就提供了有效的复杂交换的中介”，其“在调停群体和组织间的间接交换时，共享价值观提供了标准”[②]。由此可见，一个民族、国家、社会，离不开共享核心价值观，它可以最大限度凝聚共识，增强国家凝聚力。家庭是社会的基本单位，个人在家庭中开启人生的教育历程，在与父母的接触、互动以及家风影响下，“家庭价值观”[③] 有意与无意地被传递着，同时也

---

① 童星：《发展社会学与中国现代化》，社会科学文献出版社 2005 年版，第 77—79 页。

② ［美］乔纳森·H. 特纳：《社会学理论的结构》，吴曲辉等译，浙江人民出版社 1987 年版，第 331 页。

③ 翁雅屏在《国小学童家庭价值观之研究》一文中指出：家庭价值观是一套有组织且与家庭日常事务相关的理念，也是评价家庭意义及衡量理想家庭的标准。显然，家庭价值观对家庭个体具有重要影响。她把家庭价值观分为涉及亲子关系、家庭责任等五个层面。

“影响个体日后的观念、态度与行为”[①]。譬如，文明程度较高的新加坡，其领导人高度重视家庭价值观，认为：“东方传统文化强调家庭关系，强调个人对父母与对下一代的责任，再加上东方人吃苦耐劳的精神，是我们取得今日成就的最重要因素。”[②]

随着时代的发展，当今的家庭价值观正发生急剧的变迁，一些传统的价值观念趋于消失，呈现出多元化倾向。当然，与此同时也出现了许多令人担忧的问题，譬如，父母对儿童教育缺失、遗弃甚至虐待儿童、子女不赡养老人、亲情淡化、社会成员的人际关系疏远等，它们已经成为日益困扰社会的严重问题。因而，当今需要思考的问题就是我们应该如何传递和重塑，以及建构家庭价值观。一般而言，建立新时代家庭价值观，探究有利于当代家风建设及其品德养成教育的价值指向，可以依据以下两个方面：一方面，立足现实，一切从实际出发。家风建设所参照的伦理道德规范属于上层建筑的范畴，富有时代文化特征，即不同的民族、不同的地域、不同的文化，其伦理道德价值观可能相异也可能相同。也就是说，品德养成教育的家庭价值观是历史的、具体的，是在一定的历史条件内和现实的社会环境下，反映着一定社会、集团的思想观念、政治观点和道德规范以及整体利益。譬如，在不同的历史时期，存在奴隶社会家庭价值观、封建社会家庭价值观、资本主义社会家庭价值观和社会主义社会家庭价值观。从细化角度来看，家风建设及品德养成教育在不同时期，也表现出在政治、经济、文化、军事等方面不同的价值取向。因此，确立新时代家庭价值观要坚持强烈的现实性依据，服从和服务于社会的现实及其发展，进行正确的价值判断和价值选择[③]。父母尤其需要关心邻里社区周围生活、学校教育目标以及国家政治、经济、文化、教育等政策，与时俱进，明确改变什么、不变什么以及增加什么，

① 蔡秋雄：《有所变有所不变：论21世纪家庭价值观与家庭教育》，《中国家庭教育》2003年第2期。

② 龚群：《新加坡的道德价值取向》，《上海师范大学学报》（哲学社会科学版）2006年第3期。

③ 一般而言，“价值选择”并不是纯粹的理论论证和逻辑推演，而是应该将人类社会历史的过去、现在和未来的时间坐标串联，其中“现在”为坐标原点。一方面，以史为鉴，追溯从过去发展到现在的价值规范；另一方面，面向未来，指向从现在到未来的价值追求。

等等，让整体家庭生态系统维持着动态平衡的状态。另一方面，以人为本，塑造和传承家庭价值观。家庭是一个包含许多次系统以及次次系统的系统，每个次系统之间互相关联及互相影响，而家庭内任何一个成员都会受到其他成员的影响。家庭价值观是家庭文化中最为深层的部分，在家庭价值观的传递上，父母的角色极为重要。作为父母长辈要从觉察自己的原生家庭、现在家庭及整体生态的系统运作模式，清楚所传递的家庭价值观的基本内容，立足当下，了解过去、现在和未来，进而明确自我的价值体系。当然，家庭或父母在传递家庭价值观时，事实上应该经过选择、解释、评定的过程，家庭或父母选择所欲传递的家庭价值观，向儿童解释这种家庭价值观，并引导儿童去评定所传递的家庭价值观。换言之，所有身为父母者，应该多与孩子相处，建立良好的亲子关系，并了解孩子的价值观。当发现一些会导致偏差行为的价值观出现在孩子身上时，应该给予正确的引导，帮助孩子纠正其家庭价值观。此外，父母家长还应该协助孩子明确自己的家庭价值观，并学着尊重别人的家庭价值观。

二　父母长辈之间统一合力

恩格斯在《反杜林论》中指出：“许多人协作……造成‘新的力量’，这种力量和它的一个个力量的总和有本质的差别。”① 诚然，若整体的各部分结构优化，其效力必然大于它的各部分之和。这里为我们揭示的一个重要思想就是“合力问题”。关于“合力”，既可以理解为推动历史发展的各因素的总和，也可以理解为个体意志的合力。可谓，和谐凝聚力量，和谐成就伟业。大到一个国家和社会，小到一个家庭，都需要合力的作用。当然，家风建设与品德养成教育更需要“合力作用”，家庭之中的教育者要有统一的态度、目标和内容等，构筑教育集体，凝聚教育力量，这样才能形成教育合力，着力孩子的品德养成教育，进而促进良好家风建设。反之，必然会出现教育作用相互抵消、管教无力、效果甚微，甚至产生负面效应，还可能造成双重人格。只有家庭成员，尤其是父母长辈齐心协力，才有助于家业的兴旺和子女的健康成长，这是建

① 《马克思恩格斯选集》（第3卷），人民出版社2012年版，第505页。

设良好家风的关键。

众所周知，由于每个家庭成员的年龄结构、人生经历、思想水平、教育理念、个性特点等有所差异，在孩子德育教育过程中矛盾产生、教育不一的现象时常发生。不同长辈之间要有效沟通，求同存异，寻求最大共识，凝聚力量，形成教育合力。父母长辈们对孩子的教育应有适当的分工，互相补充、彼此协调。一方面，思想统一、言行一致。父母长辈对孩子的品德养成教育要事先多商量，形成统一的认识、态度和要求。当在具体教育过程中产生分歧之时，父母长辈尤其要“冷处理”，切忌在孩子面前争论。尤其是在主干家庭和联合家庭之中，孩子的祖父母与父母在教育方面往往会存在所谓的“代沟”。对此，也要事先沟通，交换意见，商讨教育内容和方法，切记不可相互埋怨，相互推诿，否则会对子女产生极为消极的影响。当类似情况发生时，父母长辈要暂时性回避，然后进行商讨，力争达成基本一致的意见，然后再对孩子进行正向批评和积极引导。父母长辈要遵照孩子不同发展阶段，是说服教育，还是适当处罚，要视具体情况而定。总之，良好的家风必然是求同存异、彼此尊重、思想统一的，这也是品德养成教育的基本保障。另一方面，前后统一，始终如一。孩子的成长进步、品德的养成以及习惯的形成，非一朝一夕之事，需要多次重复，反复强化，而家庭教育又不像学校教育那样有严密的组织计划，往往会出现不稳定现象，如家长高兴时松，不高兴时严，或“朝令夕改”变化无常等前后矛盾不统一的情况，这样孩子的良好品德的养成难以实现。由此，父母长辈在品德养成教育中要坚持始终如一的原则。正确的做法是从小就应严格要求，并始终如一地执行。而且，参照理论篇所阐释的“道德发展阶段理论”，随着孩子年龄的增长，基于不同发展阶段的特性和规律，采取不同的教育方法，尤其要激励孩子自我教育和自我管理，达到自觉养成品德的水平。

三 家庭成员之间有效沟通

沟通是人类社会的基本行为方式之一，存在于人们的日常生活中，几乎到了无处不在、无时不有的程度。由于受到多种因素影响，沟通的过程非常复杂，但所有的沟通过程都可以抽象为一种模式，可以分解成十大要素，譬如，背景（社会背景、文化背景、心理背景）、物理环境、信息、发信者、编码、信道、译码、接收者、反馈、噪音等。鉴于此，家庭沟通必然涉及一定的时空背景，家庭成员之间进行信息、思想、情感的交流活动，其间穿插主客体、编译码以及反馈等环节。家庭作为基本群体，在血缘和婚姻之上，存在夫妻、父子、祖孙、兄弟姐妹、翁婿、婆媳等家庭关系。显然，良好的家庭沟通态度、方式、效果是调节个人身心、协调家庭关系、维护家庭稳定、实现家庭和谐的重要桥梁。据调查发现，一个人的品德修养、人生态度、性情爱好、思维方式等方面的表现与其家庭沟通的内容、深度、广度以及模式有着密切的关系。如果家庭沟通不妥或者不及时，家庭成员之间的交流就会出现障碍，家庭关系就会变得紧张，不利于良好家风的构筑以及品德养成教育。当然，家庭成员之间不是合同约束下的工作关系，而是一种充满感情的生活关系。老舍也曾经讲："男女同居，根本需要民治精神，独裁必引起革命……彼此非纳着点气儿不可，久而久之都感到精神的胜利，如若可以和平解决，夫妇都可成圣矣。"[①] 如此言论，生动地说出了家庭沟通的微妙之处。

基于沟通的重要性和迫切性，有必要探究有效沟通的原则和方法，以便协调家庭关系，共筑个人品德养成。《菜根谭》中就讲到："家人有过，不宜暴扬，不宜轻弃。此事难言，借他事而隐讽之。今日不悟，俟来日而正警之。如春风之解冻，如和气之消冰，才是家庭的型范。"简单而言，沟通不仅是一门科学，更是一门艺术。一方面，家人平等，共生共建。中华民族富有"家庭至上"的传统，孝敬父母、尊敬长辈、友爱兄弟姐妹、共建家庭是中华民族提倡的优良家风。当然，由于受到封建宗法制度的影响，当今一些家庭依然存在着"家长至上""男尊女卑""居高临下"的思想，在家庭沟通中存在着"一言堂""家长制""专制性"等情形。这显然极易导致家庭矛盾的出现，不利于家庭的稳定和谐。现代家庭应大力倡导民主性沟通，家庭成员在沟通时要做到地位平等、开诚布公、心平气和、宽容忍让，做到互相尊重理解、互相关怀信赖，虚心接受其他家庭成员的意见。父母要尊重理解孩子的独立人格和生活方式，不要强迫该子服从自己的意愿，而要多讲道理，多加劝导，在良性沟通中把科学的人生经验、伦理道德和生存智慧以及优良家风传承于

---

① 老舍：《真正的生活者》，中国画报出版社 2015 年版，第 14 页。

子女。另一方面，经常沟通，穿插赞美。一般情况下，家庭矛盾发生的天数应该控制在每年55%左右（约201天），但在许多家庭测得的结果却达到70%的天数（约256天）。家庭矛盾之所以如此之多，很大程度上是由于家庭成员之间的沟通不足[①]。毋庸置疑，人人都需要交流和赞美。正如心理学家马斯洛所认为的，赞美是承认他人的长处和成就的最好方式。然而，在家庭沟通中，人们却极易忽视该原则，往往是希望要求多、批评指责多、埋怨争执多。显然，这不利于家庭成员，尤其是未成年人的健康成长，良好的品德养成也无从谈起。此外，由于家庭关系的复杂性以及成员在年龄、阅历、职业、文化水平、性格爱好、思维方式等方面的差异，更需要我们要换位思考，以理解、宽容的心态倾听对方的想法，营造良好的新时代家风。总之，“家和万事兴”，而要想实现“家和”，家庭沟通必不可少，其中真诚、尊重、信任、宽容、鼓励以及实事求是、灵活多变等乃有效沟通的重要原则、方式、方法，也是品德养成教育的有效借鉴。

四　确立家庭伦理“新纲常”

众所周知，自从人类有了生命个体的存在之后，人们在认识世界和改造世界的过程中，意识到个体自我与外部世界存在某种关系，这种关系就是主观见之于客观的“应当这样”的伦理关系。当然，伦理关系“不只是人伦之理，也不只是抽象的关系，它还是关于现实家庭、社会群体、国家等复杂组织系统内在主体间关系的道德和准则，表现为一定的规章制度和礼俗伦常”[②]。事实上，家庭伦理道德，是家风的重要组成部分，此乃历代传承积淀的产物。现实的人具有社会之“大关系”和家庭之“小关系”双重角色，决定了社会普遍道德规范与家庭伦理道德之间有密切的关系。可以说，家庭伦理道德是社会普遍道德规范的缩影，而社会普遍道德规范必然涵盖家庭伦理道德。譬如，马克思恩格斯家庭伦

① 2004年10月上海徐汇区组织刘素珍等专家进行家庭沟通的调查研究，对440多户普通家庭进行心理健康调查，研究发现，许多家庭物质并不缺乏，而缺少合适、愉悦的情感沟通正成为影响家庭成员心理健康的首要问题。

② 宋希仁：《论伦理关系》，《中国人民大学学报》2000年第3期。

理思想也是批判借鉴先人最精华思想的前提下形成的。从“古希腊朴素家庭伦理观”一直到“空想社会主义家庭伦理观”，都对马克思恩格斯家庭伦理道德观产生了潜移默化的作用。[①] 此外，基于历史篇的分析，我们了解到传统的伦理纲常是处理人际关系的基本原则和价值准则。譬如，“三纲五常”，其内容可以概括为伦理关系与政治关系的契合、社会关系与个体道德的契合。[②] 其实，伦理纲常在当今社会公德、职业道德、家庭美德、个人品德教育，以及新时代的家风建设方面仍具有不可替代的引领作用。当然，人类社会总是要不断进步的，而作为社会生活重要方面的伦理纲常必然也是与时俱进的。

当然，在新时代家风建设中来实现品德养成，尤其是在培育和践行社会主义核心价值观的基础上，仍需要进一步建构新的伦理纲常。北京大学哲学系何怀宏教授，提出了“中华新伦理”，建构了“新三纲”和“新五常”。江苏师大陈延斌教授在《播种品德　收获命运》一书中，确立并梳理了新时代的“两纲八目”[③]。同样，南华大学张红艳教授在何教授的启发下，以马克思主义伦理思想为指导，结合传统文化和当代中国国情，建构了中国特色社会主义家庭伦理“新三纲”和“新五常”。其一，“新三纲”。我们要结合当前实际，批判借鉴传统“三纲”，充分发挥“新三纲”在个人品德养成中的作用。（1）律为人纲。所谓“律为人纲”就是要把道德自律作为做人的基本操守。家风建设及品德养成需要高度道德自律，这样才能以社会普遍道德规范来规范自己的言行，进而逐步实现道德的个体化，养成良好品德。（2）德为亲纲。婚姻和血缘是形成家庭的天然纽带和自然基础，其中道德是家庭亲情的核心和

① 张红艳：《马克思恩格斯家庭伦理思想及其当代价值》，广西师范大学出版社 2015 年版，第 72 页。

② 周桂钿：《中国传统政治哲学》，河北人民出版社 2001 年版，第 235 页。

③ “两纲”主要是指“忠”和“孝”；“八目”是指“仁”“义”“礼”“信”“勤”“俭”“和”“耻”。之所以未将传统“五常”中的“智”列入此德目，主要考虑到它的基本含义是“知”，强调的是辨别是非的能力。陈延斌教授建构“两纲八目”的公民道德养成德目，主要有以下几点依据，其一，古为今用，承接中华民族传统美德。其二，面向现实，立足公民最基本品德要求。譬如，“三德”、社会主义核心价值观三方面的倡导等。其三，为我所用，融合人类道德文明。其四，言约义丰，易为未成年人所记循。参见陈延斌等《播种品格　收获命运——未成年公民道德养成的理论与实践》，中国社会科学出版社 2011 年版，第 44—51 页。

灵魂。所谓“德为亲纲”，就是要把道德作为处理家庭亲情关系的准则，从中养成个人品德。（3）和为家纲。俗话说，家和万事兴。全国各族人民“要以家庭成员的全面发展为基础，以营造积极向上的价值取向，平等和谐的家庭关系、民主协商的家庭氛围为主要内容”，实现家庭成员自身的和谐，家庭成员之间的和谐，以及家庭与社会和自然的和谐。其二，“新五常”。儒家的仁义礼智信，仍是新时代家风建设及其实现个人品德养成的重要道德规范，但是我们要从中实现对传统文化的创造性发展和创新性改造，创建时代“新五常”。（1）天人合。马克思明确指出：“人是自然界的一部分。”人与自然和谐相处，是生态文明的集中表现，同样，也是实现个人品德养成从社会走向自然的价值指向。（2）家国连。家是最小国，国是家的延展，家庭与国家密不可分。习近平总书记提出的“中国梦”蕴含了“家国相连”的要义，同时也深刻揭示了国家和人民的关系，而且也承载了集体主义、爱国主义和社会主义价值观。（3）夫妻和。夫妻关系是家庭关系的核心，同样夫妻和睦是家庭和谐的重要保障。夫妻之间要保持平等的关系，自觉履行家庭义务，而且要尊重彼此所拥有的社会赋予的各项权利。（4）亲亲扶。马克思恩格斯所强调的人的社会性本质体现出家庭的亲情伦理关系是人与人最基本的社会关系。孟子曰：“人人亲其亲，长其长，而天下太平。”亲人们之间要相互尊重、相互帮助、相互学习、共同发展，进而在相互合作中，实现个人品德养成。（5）朋友善。当今时代是开放的时代，家庭并不是传统意义上封闭式的家庭，家庭之间、家庭与社会之间联系密切。每一个人在一定的社会角色下，都有自己的“朋友圈”。古人云：“近朱者赤，近墨者黑。”我每个人要交品德高尚的朋友，同时要善待朋友，在互信互利，互帮互助中共同进步。

第四节 重塑家训家规文化：个人品德养成的重要载体

文化是人类在认识世界和改造世界的漫长岁月的生存、生活和发展中的精神财富。文化富有传播性、永恒性以及教育性等特征，其在传播、弘扬以及渗透的过程中，会潜移默化地影响人们的思想、心理以及行为，久而久之内化于人们的某种价值观。可见，人类社会一切重大的社会行动，都有一定的文化背景在起作用，其精神动力都出自根植于内部的文化基因。自古以来，譬如家训、家规以及家礼等家庭文化在家庭中占据重要地位，在品德养成、人的社会化、稳固家庭，甚至是实现社会的稳定等方面发挥着重要作用。当然，文化的作用是逐步的、渗透的、渐变的，这离不开文化传播主体的效用。譬如，父母长辈在构建家庭文化作用中发挥着重要作用。同样，文化还具有传承性。譬如，在家庭中的“孝道”，在社会上的“礼教”，在政治上的“仁政”，在管理上的“德治”等，这些无不是中国文化的体现。新时代家风建设及其品德养成教育，是历史性与时代性的统一，更是一项系统工程，需要实现传统文化的创造性转化和创新性发展，重塑新时代的家训家规等家庭文化。我们需要回顾过去，不断地实现家庭文化的传承创新，同时，立足现实，把家庭中先进的知识经验和道德规范传授给下一代，以积累文化成果，还要展望未来，推动整个社会文化水平的提升。

一　批判借鉴传统家训文化

家庭社会学家希尔曾阐述过家庭文化的内容，家庭作为社会组织，它要行使自己的职能，与此同时，它有自身的行为准则等系列要素，构成了家庭文化。我们所要剖析的当代家庭文化，一方面，要涉及文化的表层硬结构，即家庭物质生产、消费等过程中体现的行为特征；另一方面，要剖析文化的深层软结构，即家庭一切活动所依据的道德规范、价值取向、思维方式等。中华传统文化源远流长、博大精深，其中，家训家规等是传统文化的重要方面，同样，也是家庭文化的重要构成，在普及道德规范、规范人们生活、修身齐家以及维持整个社会的稳定等方面发挥着重要作用。综观历代家训文化，最重要内容是家庭伦理道德规范，譬如前面所提及的孝亲敬长、睦亲齐家、谨严治家、勤俭节约、邻里互助等，以及贵名节重家声、审择交游近善远佞、宽厚谦恭谨言慎行、勤政谦敬安国恤民等多个方面。可以说，中国古代家训文化是恪守和传承传统美德最广泛、最持久的文化载体，对促进古代社会的个体品德教化、家庭和谐以及社会稳定发挥了不可估量的作用。

人类文明的发展历程是一脉相承的。现代和未来的文明植根于既往的文明，因此为了把握现在，建设未来，必须考察既往。同样，家训文化是传统文化的重要范式，批判借鉴传统家训文化，取其精华去其糟粕，应用于个人品德养成，并推广到整个思想政治教育领域，必然有重要价值。其一，批判借鉴传统家训文化，明确品德养成的历程。正如历史篇所分析的，中国历来是一个高度重视道德品质养成的国度。其中，传统家训文化中蕴含着品德养成的规律。良好个人品德的养成是一个逐步积累的艰难过程，需要由易到难、由低到高扎实推进。正如荀子所言“不积跬步，无以至千里；不积小流，无以成江海”，“锲而舍之，朽木不折；锲而不舍，金石可镂”[①]。其二，批判借鉴传统家训文化中的道德规范，实现个人品德养成的具体化。众所周知，个人品德的养成教育，要在具备良好的内在道德倾向的基础上，追求正确的道德行为规范，也就是个人品德的“外显”问题，表现在家庭、职场和社会的方方面面。传统家训文化中承载着明确的道德规范，这是将抽象的价值原则转化为个人的道德观念和道德行为的第一步。当今品德养成教育，首先要做的就是将价值原则转化为具体的、个体性的道德观念和道德规范。譬如，中国共产党在20世纪80年代提出的“五讲”“四美”就是这种价值原则具体化和个体化的表现。进入21世纪，党和政府提出了“八荣八耻”的道德观念和行为准则，相较“五讲四美”而言，把价值原则具体化为道德准则、内化为个人的道德观念，向一个更加深入的层面推进。党的十八大以来，党和国家提倡培育和践行社会主义核心价值观，这是从更深、更高层面为个人品德养成提供价值导向和行为规范。此外，还可以批判借鉴传统家训文化的方法原则，应用于个人品德养成。随着时代的发展、社会的进步，孩子们拥有了更广阔的学习和生活空间，而且教育方法和手段日益多样化，但是众多的家长更多的是强调知识的学习和技能的提升，往往忽视子女道德品质的修养。“自先秦至元明清、从孔子到孙中山，无论是风云帝王，还是朝政群臣，也不论是贤哲名儒，还是士农工商，尽管在不同时代、作者不同，与之相应，家训的体例和形式有所不同，但是所有家训的基本目标都是共同的，无一不指向‘内圣外王’的人格价值

---

① 《荀子·劝学》。

目标。"[①] 由此，我们要借鉴传统家训文化的价值理念，同时，借鉴其中的言传身教、因材施教、养正于蒙以及严爱殷实等教育方法，应用于新时代个人品德养成教育。

二　树立新时代的家规家仪

国有国法，校有校规，家也要有家规。古代的家法家规以及家仪一般地都以家庭中长辈对晚辈耳提面命、谆谆告诫的形式出现。在良好家风的熏染下，把伦理道德观念通俗地灌输到后代心里，不仅可以"整齐门内，提撕子孙"，而且富有"轨物范世""遗泽后昆"的作用。关于家规，可以分为家庭所有人的"公约"和家长约束子弟的章法两大类。与其他的道德规范相比，家法家规的特点是具体、实用、可操作，并带有一定的强制作用。从内容上讲，家法家规的教育宗旨大到"治国、平天下"的宏伟目标，小到家庭管理的生活琐事。由此可见，家庭管理涉及众多方面，譬如从"规"和"法"的角度，辅助"德治"，作用于家风建设及其品德养成教育，都是十分必要的。然而，当今的家法家规情况却不容乐观。有学者通过新浪平台，择选全国部分地区的家长就家庭教育情况进行调研，其中关于"家法家规"，在调研对象中，近2/3家长表示所在家庭没有成文的家规，而所有参与调查的家长，都认为现代家庭应该有对孩子实施管教的家规，通过内外约束，这样才利于孩子更健康地成长。譬如，陕西省西安市人事行政主管、4岁女孩妈妈，讲道："哪个时代的家庭都应该有家规。国家有法律，是为了约束大家；家庭有家规，是为了教育好子女，规范父母的行为。"[②] 因此，在当今家庭里，要想科学管教孩子，让孩子守规矩，就得制定合理家法家规以及家仪，这也是时代重要课题。

客观地讲，古代的家规家法，有些合理的成分，也有一些封建的糟粕。家庭人口有多有少，家庭规模有大有小，家庭结构有松有紧，家庭关系有亲有疏。一般而言，新时代家规的制定，主要可以把握以下几个

① 符得团：《古代家训培育个体品德探微——以〈颜氏家训〉为例》，中国社会科学出版社2012年版，第295页。

② 东子：《家有家规》，安徽人民出版社2013年版，第7页。

方面：其一，明确国法与家规的关系。“治家之宽猛，亦犹国焉。”家法作为一家之法规，虽然产生于家庭之中，乃家庭自治规范，但是其产生也是源于原始的社会习俗规范，同“国法”具有异曲同工之妙。然而，家规家法与国家立法的治理方式并没有实质差别，家规家法是国法的延伸和补充。家规的内容和性质由国法决定，执行家规是执行国法的基础。试想一番，在家里目无尊长、横行霸道、唯我独尊的人，在社会中很难遵纪守法，成为一个好公民。相反，人守家规，则家和人顺；家守家规，则国安邦兴。社会主义家法家规，尤其需要符合社会主义制度，符合国家法令政策，符合社会主义道德规范。其二，切忌对新时代家规的误解。毋庸置疑，传统的家法家规，存在“糟粕”的元素，而且经过时代变迁，已经流失。正因为如此，当今很多家长对家法家规持“过时论”“单一论”，甚至是“无关论”等错误的观点。譬如，有些家长认为家法家规是传统封建社会的产物，新时代不需要家法家规，让孩子遵循国家的法律法规就好。然而，若父母长辈能够按照国家的法律法规在家庭中制定“小家规”，这不仅利于孩子对国法的认识和了解，而且可以使孩子从小养成“规矩意识”，也利于规范自我，养成良好品行。另外，也有些家长认为家法家规单纯就是针对孩子的，具有绝对服从的特征。此类家长忽视了家法家规的双向性。诚然，父母长辈可以借助家法家规来教导孩子，但是家法家规也是适用于父母长辈的，也就是说家庭成员在家法家规面前人人平等。此外，制定家规时要特别注重民主性、简洁性、与时俱进等几个原则。制定家规以前，全家人要认真讨论，保证家规建立在一致共识的基础上。同时，条文不要太多，尽量简洁明了，朗朗上口。而且，家规制定后还可以根据家庭和社会的要求，与时俱进、优化修改。总之，无论是家法，还是家规，都是时代的产物和文明的标志，只要有家庭存在，家法家规就不会过时，这也是家风建设的题中之义。

三　家庭长辈带头示范践行

众所周知，个人品德的培育和养成涉及一个重要问题，即“首因效应"①。根据首因效应，在品德养成问题上，家风家教，尤其是父母的言行举止显得至关重要。父母长辈与孩子之间的亲密性，造就了其对孩子的各方面的潜移默化影响。正如古语曰："有其父必有其子。"父母长辈对孩子的影响，主要体现在直接言教和间接身教两方面。同样，在很大程度上来讲，父母长辈的言行举止优良与否，也直接关切到家训家规等家庭文化的培育、践行和传承。正可谓，"夫风化者，自上而行于下者也，自失而施于后者也。是以父不慈则子不孝，兄不友则弟不恭，夫不义则妇不顺矣"②。同样，"为父母者，尤当身任其责"③。譬如，曾国藩对子弟"以身垂范而教子侄，不在诲言之谆谆也"的教导，正是以身作则的最好诠释。同时，父母长辈榜样的力量是无穷的，尤其是亲近的人对孩子的示范作用更是不可低估。可谓，身正"不令而行""不能正其身，如正人何?"正，也是父母长辈家教的基本准则，"正己"也是德治的主题。由此，父母一定要规范自己的言行举止，按照良好的家训家规来为人处事，言行一致、善始善终，既可以实现家训家规的实施和传承，也可以从中培育个人品德。

父母长辈要注重自身的言行举止，为家训家规等的践行以及孩子的品德养成教育树立典范。具体而言，其一，对比分析再生家庭与原生家庭的家庭文化。其实，我们每一个体一生中都有两个家：一个是我们从小长大的家，即原生家庭；另一个是我们后期组建的家，即再生家庭。这主要是针对新婚夫妇而言，需要将自己现存家庭文化与原生家庭各次系统的界限做相关对比，尤其是要有较强的鉴别力，不应盲目地要求子女遵从某些教条落后的家训家规。其二，注重言传和身教相结合。父母的语言是有声的教育，而父母的行动则是无声的语言。著名作家老舍曾写道："从私塾到小学、到中学，我经历了起码有几十位老师吧，其中有给我影响很大的，也有毫无影响的，但是，我真正的老师，把性格传给

---

① 美国心理学家 A. 洛钦斯于 1959 年首次提出"首因"即"最先印象"，指最先印象对人的认知具有强烈的影响，也就是"先入为主"的效果。参见车文博的《当代西方心理学新词典》，吉林人民出版社 2001 年版，第 349—350 页。

② 《颜氏家训·治家》。

③ 《庞氏家训·务本业》。

我的，是我的母亲。”[①] 父母长辈在言传身教中，要特别注意言行一致、表里如一，要求孩子做到的，父母长辈应当最先做到，要求孩子遵守的，父母长辈决不能违反。只有这样，才能以身教来支持言传，以身教来证明言传，以身教来充实言传，以身教来落实言传。总之，家庭文化系统及其父母长辈可被视为一个庞大复杂的发射和接收系统，子孙儿女还可以被看成是一个小型接收和发射系统。传递方发射的文化信号，主要是在日常生活实践中直接通过语言被承受者所理解和接受，从而意识化和行为化的。此外，为了实现家训家规等家庭文化的贯彻落实，父母长辈还可以以礼齐家，对家庭成员进行“礼”的教育。譬如，在孔子看来，君王行仁好礼就是正道，为百姓树立标准，这即是“上好礼，则民莫敢不敬”[②] 的体现。同样，在家庭之中父母以“礼”的教育不仅仅是教导孩子通晓礼仪规范，而且是在行动上对孩子施加潜移默化的影响，给孩子树立一个良好的榜样，使孩子在未来的生活中也能传承父母的处世治家之道。

四 实现家庭文化创新传承

任何一个国家和民族的发展，都离不开历代累积的丰富文化的传承，都需要在既有文化传统基础上进行变革、创新与发展。正如马克思所说：“人们……并不是随心所欲的创造，……而是……从过去继承下来的条件下创造。”[③] 在五千年历史和文明的发展进程中，中华文化不断地吐故纳新，在传统与现实的对话中传承其血脉，发扬其精神。当然，家训家规等家庭文化作为社会文化构成，必然与文化其他构成部分密切关联且相互影响，尤其是文化的道德规范、价值观念、行为准则等构成部分，都与家庭文化有着密不可分的内在联系。当今，在“两个大局”背景之下，中华文化的发展面临着新的契机与挑战，文化的传承与发展成为我们必须认真面对的重大课题。而且，当今家庭并非传统社会上的封闭式家庭，家庭与社会和国家的联系密切。家庭文化作为新时代中国特色社会主义文化的重要组成部分，实现其传承创新，既是历史和时代发展的必然要

---

① 老舍：《真正的生活者》，中国画报出版社 2015 年版，第 6 页。

② 《论语・子路》。

③ 《马克思恩格斯选集》（第 1 卷），人民出版社 2012 年版，第 669 页。

求，也是家庭的重要职责和历史使命。在家风建设中来探究个人品德，是在一定的家庭文化当中实现的，而明确和把握品德养成过程中的系列关系是前提和基础。家庭中，个人品德养成教育与外部事物有着密切关系，这种关系是复杂的，但其与文化的关系是基本关系。譬如，家训家规家仪等教育介体，它实际上是“凝聚”了的文化，“活化”了的文化。因此，在家风建设中养成个人品德，其内部关系可归结为教育者与受教育者关于教育介体传承的关系，即家庭文化的传承。

按照麦金泰尔的分析，要发明新的概念和理论，需要满足三个条件，其中之一是要“找到新的结构与传统探究之间的某种基本的连续性”①。从时间上看，人类文化处于不断的积累和发展之中，同样，家风的发展也是在漫长的文化传承过程中实现的，譬如，对优秀传统家风文化的批判借鉴。这样才能实现家风文化的现代转化和传承发展；从空间上看，人类的文化又是具备横向的彼此交流、互通有无的特征，同样，家风文化也需要交流、学习和传播。可谓“文明因交流而多彩，文明因互鉴而丰富”。当然，不论是家庭文化的建设，还是家庭文化的传承都是一项复杂的系统工程，需要我们充分把握家庭文化的内涵、本质和规律，坚持“扬弃”观点，从继承、创新、交流三方面着手。其一，继承优秀传统家庭文化。中华传统家庭文化内涵丰富、意义重大，其注重品德、注重伦理、注重和谐，特别是承载以和为贵、和而不同的和合思想，倡导富贵不淫、威武不屈的高尚气节，蕴含天下兴亡、匹夫有责的爱国精神，以及涵养革故鼎新、与时俱进的创新理念，等等。这些重要特点和优秀品质，涉及个人、家庭、社会以及国家多个层面，在当今的家风建设及品德养成教育中仍具有重要的时代价值。党和国家要立足新时代鼓励各个家庭充分弘扬和挖掘优秀传统家庭文化，汲取其中的智慧和营养，注入新时代家庭文化，从中也实现传统文化的转化和发展。譬如，传统家训文化中，主张自立自强的耕读传家教育。古代教导儿女既要读好书，有知识，又要会耕种，能劳动，而现代很多家长忽视孩子的基本生存能力的培养，更多地教导孩子如何脱离体力劳动。由此，需要教育儿女学会生存，自立自强，这也是一种良好的品德。此外，类似孝亲的感恩美德

① 景海峰：《中国哲学的现代诠释》，人民出版社 2004 年版，第 194 页。

教育，教育孩子孝敬父母、懂得感恩，富有责任意识和使命意识，以及规矩意识，等等。其二，大力推动家庭文化创新。文化生命力和恒久性的保持，必然离不开创新，同样，推动家庭文化发展也需要创新，这是家庭的崇高使命，需要父母长辈与子孙儿女的彼此互动，在日常生活中大力倡导崇尚科学、追求真理的价值观念，营造求同存异、开拓创新的氛围。父母长辈根据家庭文化发展和子孙儿女个人的需要，把所在家庭的某些家训家规等家庭文化传递给子孙儿女，并使之主体化，同时，子孙儿女根据时代发展的新需要和新变化，把一些新理念、新规范传递给父母长辈，进而在传承中创新家庭文化，从而努力创造既符合时代精神、时代需要，又迎合时代发展和时代潮流的新家庭文化。此外，还要积极开展家庭文化交流。广大家庭成员以更加开放的心态、更加开阔的视野，同邻里社区以及各类家庭交流互动，实现家庭文化的优势互补，同时，牢固树立国际意识和世界眼光，妥善处理东西方、本土和外来文化关系，积极吸收优秀文明成果，“做到继承传统而不保守、与时俱进而不猎奇、视野开阔而不媚外”①，同时，在家庭文化传承发展过程中，注重培养文化工作者，普及和推广新时代的先进家庭文化，致力于整个社会文化水平的提高。

第五节　优化家教方法机制：个人品德养成的直接途径

婚姻家庭之所以会亘古已有、绵延长存，不仅在于其作为基本的社会群体能够满足人们的生理、心理以及情感等方面的个体需求，还在于家庭作为社会组织，涉及物质生活、文化生活、伦理道德生活、心理感情生活和社交生活等方方面面，这便需要涉及家庭的管理，或者说是治理问题。关于“治家”问题，我们在历史篇和理论篇已有所分析，中国有着源远流长的“治家”传统，各种基础理论又为“治家”提供借鉴和指导。同样，我们呼吁新时代家风建设，从中探究个人品德养成问题，

① 田建国：《文化传承创新：大学的重要使命》，《人民日报》2011年9月9日第7版。

也是“治家”的重要构成环节。由此，在基于先前研究的基础上，有必要从机制和方法两个层面探究品德养成教育的直接途径。

一　致力家风建设 完善家风建设机制

“机制”一词源于古希腊文的 Mechane，一般解释为机器的构造和动作原理。起初，其主要是指工具、机械，蕴含生物性或者是机动性的作用和反映。后来，“机制”一词被广泛应用，可以筑成合力作用与集聚效应，进而促使某种活动或者是事物不断走向某种状态。显然，经过前面章节的探讨，我们了解到个人品德的养成离不开良好家风的建设，而家风建设既是系统工程，涉及宏观层面的多种环节，同时，又是微妙事情，涉及微观层面的各种因素。由此，我们有必要借助“机制”理念，完善互动融合机制、调控激励机制以及监督保障机制，致力于新时代家风建设。

其一，互动融合机制。家风建设是一项综合性立体式系统工程。从横向来看，它是家庭、学校和社会等合力作用的结果；从纵向来看，它是从祖辈到父辈，再到子孙辈的层层推进。这些纵横方面的因素，处于彼此制约、相互影响之中，共同作用于家风的建设。而且，各种事宜或者是元素的交往互动，不仅是一个相互理解和解释过程，还是通过彼此的互动与互促，使多种元素同时参与某种活动，譬如，新时代的家风建设过程，也是行为主体在交往互动过程中构筑最大化合力的过程。基于此，有必要和有可能建立良性互动机制，使各方面因素“联网”，形成一个良性的德育网络，优势互补，以实现相辅相成之效，共筑于新时代家风建设，同时促成个人品德的养成。一方面，不仅要实现家庭成员之间的互动，而且要树立“生活德育观”，主张生活化的德育内容和途径，破除家庭、社区、学校和社会的障碍，实现多主体的协调互动，形成最大合力。譬如，在社区当中开展各种各样的类似“五好家庭”“道德模范”以及“最美家风”等文化活动，实现家庭之间的互促共进。另一方面，构建家风建设的互促机制要注重细节问题。比如，“互动”与“联动”有机结合。如前面所阐释的“社会支持”理论，家庭、学校、社会彼此配合、相互促进、有效“联动”，构成庞大的德育网络，要注重各领域的沟通，保持目标和内容上的一致性和连贯性，并注意家风建设的相关方法和路径的互补和配合。此外，在家风建设过程中，实现社会普遍道德规范的个体化，进而实现个人品德的养成。类似家庭美德、职业道德、社会公德等社会普遍道德规范蕴含“关系性”成分。良好家风对个体的感染，将融汇于个体的内在道德世界，同样，个体道德品质的形成和融合，也会形成良好的社会道德风尚，反过来对家风建设与个人品德养成又会发挥更大的感染作用。而且，“社会需要一旦形成，就反过来对个体需要产生制约，也就是对个体行为提出一定的要求”①。可见，家风建设中要协调内外力，即实现以社会需要为主导和以个人需要为主导的外在驱动力和的内在驱动力的有机结合。

其二，调控激励机制。当今家庭结构呈趋小化的趋势，但是不论是几世同堂的大家庭，还是核心家庭，家庭中的日常事务是非常繁杂的，譬如，孩子教育问题。家风建设属于社会问题，涉及社会治理意蕴，而调控又是国家治理的有效手段，维护社会稳定的重要机制。由此可见，不论是从家庭微观层面来讲，还是从国家、社会层面来看，调控优化机制必不可少。一方面，外在调控，确立相应标准，以保证调控方向。譬如，中国用人选人机制富有悠久的历史，最早可以追溯到尧舜禹。据史料记载，尧十分重视对舜的品德的考察，体现“崇德尚才”的用人理念。“科举制”是中国传统用人取士的重要制度，在具体内容上较为注重“忠孝”的考察和培养，借助“圣贤书”的学习和学习程度的考察，凝聚共识，间接维持了全国各地思想文化的统一。传统社会“崇德尚才”理念是用人制度的价值取向，进而影响着传统育人的内容、方式和原则等，这也造就了注重家风建设的优良传统。新时代家风建设中也可以借鉴“崇德尚贤”的标准，明白善恶、明辨利弊，知晓该做什么与不该做什么，便于培养符合社会需要的有德之才。另一方面，内在调控，加强自我教育，激发个体内在潜能。内在调控机制，更多的是自我控制，通过自我教育的方法进行培育和唤醒。譬如，可以采取观照式的“吾日三省吾身”自我反省策略。荀子在《修身》里提及：“见善，修然必以自存也；见不善，愀然必以自省也。”我们每个人都

① 平章起、梁禹祥：《思想政治教育基本理论问题研究》，南开大学出版社2010年版，第165页。

要增强自觉性，时刻关注“现实的我”与“道德的我”，并将两者不断观照和对比，找出差距、不断修正，进而趋向“道德我”。同时，还可以与良知对话。每一个体可以与内心深处的心灵对话，进行扪心自问式的良心沟通，譬如，我们所说的“问心无愧”，这样可以激发个体内心的“善性”并使之释放出来。

其三，监督保障机制。一般而言，在家风建设中深入品德养成教育，包括“主观嵌入式”和“自然潜入式”，前者主要是将思想观念、政治观点以及道德规范等以知识的形式灌输到个体头脑中；相对而言，后者是让个体自发感受、揣摩和领悟，以及自我建构生活，从中养成个人品德。可见，寓教于生活，根植于现实生活，能够由“假大空”向“真微实”转化，在生活沃土中实现个体德性的升华。而在这过程中，我们考虑到道德与法律是社会治理的两种不可或缺并相辅相成的必要保障。作为两种不同的治理思路，德治和法治各有所长，也各有所短，同样也适用于家庭治理，譬如新时代的家风建设，可构建道德与法律的双重监督保障机制。一方面，依法护德。当今中国社会道德环境迅速改观的一个重要选择便是借助法律的监督保障作用。无可置疑，新时代家风建设及其社会秩序的维护和良好道德风尚树立，不可单纯寄托在道德教育上。良好的家风的形成迫切需要严格的法律制定与执行来保障。党和国家可以出台并完善家风建设的法律法规，配合“德治”思想，坚持“道德”与“法律”治家相结合。另一方面，以德促法。新时代家风建设对于提高家庭文明程度，构建积极向上婚姻生活，促进品德养成教育具有重要作用。然而，法律又不是万能的，这就需要借助道德的支撑作用。家庭是伦理的实体，调整家风建设的法律本身带有鲜明的伦理色彩，它所规定的义务，也是道德的要求。此外，在中国古代，家庭中的重要标准便是“礼以定伦”。“礼”往往表现为一种原则和规范，具体到治家实践中，它是必不可少的保障机制。我们可以把各个家庭成员的伦理关系用“礼”来加以确定，而在这种伦理关系的基础上，又可以派生出互促的道德规范和行为准则以及相应的权利和义务。

二　落脚品德养成 创新家庭德育方法

人的人格、品质、德性的形成都不可能一蹴而就，尤其是品德的发生和养成都有一个从量变到质变的循序渐进过程。同样，“勿以善小而不为，勿以恶小而为之”的理念，也体现从细小处入手，积累善性善行，切忌恶念恶行的重要性。同时，正可谓“近朱者赤，近墨者黑”“蓬生麻中，不扶自直”。这些都充分说明集体环境对个人品德养成的重要作用，比如良好的家风、校风甚至社会风气，对个人品德的形成都会有极大的影响。正如马卡连柯认为，“具有决定意义的……是和谐的组织起来的手段体系”。我们倡导新时代家风建设，落脚品德养成，可以采取和创新如下方法：

其一，循序并强化顺序法。个人品德的养成是一个循序渐进的过程，涉及发展的时间、速度、稳定性、协调性以及量变和质变等。正如科尔伯格关于儿童道德发展的“三水平六阶段”理论。伦理道德规范总是从较低级的要求开始，然后逐步上升到更高一级。这要求父母长辈在进行个人品德养成教育中，要按照品德养成教育的总体目标和个体需要、现状以及成长发展规律“量资循序”，形成一定的目标递进层次。人民教育家陶行知认为，“人格教育，端赖六岁以前之培养。凡人生态度，习惯，倾向，皆可在幼稚时代立一适当基础”①。详细而言，婴幼儿和学前期，孩子和父母老师的接触时间最多，往往受父母老师言行举止的影响，对婴幼儿的道德行为说“好”或“不好”，形成刺激和激励以及基本的道德判断，尤其要侧重于伦理道德规范约束。根据前面历史篇和理论篇的阐释，我们明确：儿童期极具可塑性，是养成基本道德行为习惯的关键时期。父母长辈和老师，要按照低、中、高年级学生的生理心理特点，依次递进、循序渐进，同时要把道德行为习惯训练，渗透在每一项具体活动之中。此阶段，孩子开始有了自己独立的评价和道德判断，对其可以提出明确的道德要求，随时随地熏陶和强化。少年期和青年前期，开始出现青春期萌动和自我意识增强的现象，这个时候可以开展一些爱心传递、公益慈善等主题教育活动，侧重于引导和激励，加强自我认识、自我教育和自我管理，以磨炼道德意志、增强道德信念，形成更加稳固的道德行为习惯。此外，少年期和青年前期还应注重生理和心里的感受，正确应对和顺利度过“青春期危机”。

---

① 崔聚兴：《中外学前教育简史》，南开大学出版社2014年版，第80页。

其二，导引并规范契合法。个人品德养成过程中，父母长辈及其相关教师可以采用谈话、讨论，甚至是辩论等方法，彼此互促，从中引导个体去接受正确的、积极的、科学的伦理道德规范。一般而言，导引与规范相结合的方法，是指在个人品德养成过程中，将“软性引导”与“硬性约束”有机结合，将道德认知、道德情感、道德意志以及道德行为纳入正确的轨道，促成良好品德的形成和巩固。导引并规范契合法要配合循序并强化顺序法，在学前幼儿和儿童期，儿童更多的是感性认识，则需要侧重外在规范约束，而在少年期和青年期，其有自身的判断和想法，则需要侧重引导和激励。孩童时期，孩子对周围的事物有着广泛浓厚的兴趣，模仿能力、从众心理极强，同时，可塑性极大。在家风建设及其品德养成过程中，“父母是孩子的一面镜子”。一般而言，父母长辈需要因才施教，针对不同类型的孩子进行教育。此外，父母长辈要从小处、小事、小节抓起，坚持情感和理智相结合，理性施爱。父母疼爱子女乃人之天性，但“爱未必治也”，甚至有时候过度的爱会成为溺爱，可谓“爱之不适，足以为害”。父母长辈要“严爱兼济”，通过严格的管理，提出适当、合理、明确的要求，规范子孙儿女的观念和行为，同时要“爱而有教”，教导孩子富有爱心，仁爱他人、自然和社会。

其三，品德测评与矫正法。个人品德的养成并非一日之寒，需要经历从量变到质变的过程。品德的养成与发展是在掌握和运用道德知识、陶冶和培养道德情感、磨炼和塑造道德意志以及练习和重复道德行为的过程中完成的。道德认知、道德情感、道德意志分别是品德养成发展的基础、条件和杠杆。也就是说，个人品德养成，需要经历一个个阶段，是在他们的“知”的不断提升、“情、意”的反复作用以及“行”的强化训练中而逐步发展起来的。[①] 当然，在从“知”的提高到“行”的训练过程当中，必然需要对道德相关状况进行测评，其间难免存在道德失范问题，这就需要在测评的基础上进行矫正，以随时保证个人的品德养成沿着正确的方向和路径进行。一般而言，关于品德的测评，首先需要确立测评的目标体系。父母长辈在进行品德养成教育过程中，要结合社会普遍道德规范和家庭情况，制定具体可行的测评目标。当然，各个品

---

① 林崇德：《品德发展心理学》，陕西师范大学出版2014年版，第100页。

德测评目标不是彼此孤立的，而是相互联系的，需要将单个反映品德侧面的测评目标与评定整个品德的发展状况有机结合。不论是品德测评，还是不良品行的矫正，都只是手段，而真正的目的在于“发展性”。品德测评目标的制定、具体的评价、阶段性的导引以及矫正过程中，都要立足个人品德当前现状、发展要求以及社会发展需要，注重“发展性”和“导向性”。同时，品德养成教育的目标、内容、方法和原则要不断优化、丰富。此外，还要注意几个细节性的问题，譬如，评价中要尊重孩子的主体地位，切实激发主体潜能，调动积极性、主动性和创造性，实现“自然后果惩罚”；对于孩子的批评和表扬要把握一定的“度”，就事论事，具体、讲理、及时和适度，以理服人，讲求“事”之理，而不单是“规范”之理，等等，以推动孩子改正错误，发扬优点，形成良好的品德。

结　　语

毋庸置疑，关于个人品德的养成教育，存在有形教育和无形教育，而个人品德的养成是两种教育共同作用的结果。家风建设中既存在有形教育的元素，又具备无形教育的优势，可以实现有形教育和无形教育的相互联系、支持和补充，共筑于品德养成。在本书中，我们按照“史”—“论”—“实”—“策”的思路进行了探讨：追溯历史，明晰传统家风建设中“如何”养成个人品德，从中借鉴了品德养成教育的历史经验；阐释理论，探究家风建设中“何以”养成个人品德，进而为品德养成教育提供理论支撑；分析现实，了解家风建设中“为何”养成个人品德，由此为品德养成教育提供现实参照。概而言之，无论从历史层面、理论层面，还是现实层面分析，我们发现家风建设与个人品德养成具有异曲同工之妙，存在多维的契合性与互促性，家风建设中存在个人品德养成教育元素，进而促进个人品德养成；同时，个人品德养成又是家风建设的价值旨归，从而利于良好家风的建成，两者互促共进、互为表里，共筑于家庭文明新风尚。最终，我们结合历史篇的经验、理论篇的依据、现实篇的境遇，在外部层面，加强国家支持、学校配合与媒体协助；在内在举措方面，稳固家庭场域、协调家庭关系、重塑家训家规以及完善家教方法机制等，可以更好地实现个人品德的养成。

显然，本书落脚于个人品德养成，也在研究中探究了相关理论与方法。当然，我们可以基于此做进一步的思考与展望：

一　立足现实，借力品德养成，呼唤新时代家风建设

本书的落脚点乃品德养成教育，这是基于当代中国家庭、家教、家风现状的基础之上，在家风建设的视角下来谈品德养成教育问题。书中

既从历史资源中挖掘了历史经验，又在理论探讨中探究了理论支撑，还立足现实分析了现实境遇，最后也提出了对策、方法。当然，我们的目标并不止于此，或者说，我们还有更高的目标。也就是说，品德养成教育是家风建设的着力点，同时，我们也要更进一步，借力品德养成，呼唤新时代家风建设，且反作用于新时代家风建设。概而言之，当今社会我们要努力建成能够养成个人品德的良好家风。那么，这将是一种什么样的家风呢？从宏观方面，如此的家风承载着、蕴含着社会公德、职业道德和家庭美德等社会普遍道德规范。同时，与社会所倡导的主流价值观，譬如社会主义核心价值观相符合；从微观来讲，在具体的家风建设过程中，借助相关机制和方法，追求社会公德、职业道德和家庭美德等的“个体化”，实现个人品德的养成。正如前面所言，家风建设与品德养成教育是彼此渗透、互促共进的。目前，党和国家重提家庭、家教、家风，而且广大民众对家风促进个人成长、家庭和睦、社会和谐以及国家富强的认可度较高，使得新时代家风建设及品德养成具有良好的群众基础。当然，类似社会文化多元、家庭结构趋小、家校关系不清等因素也给家风建设带来了挑战。但是，我们追求新时代家风建设及品德养成教育，是时代的呼唤和现实的必然，也是建设家庭文明新风尚，提升社会总体风气的契机。

二 以人为本，追求“风化”联动，共筑“中国梦”

基于研究成果，我们可以逐步摸索“质”的内在规定性和更深层次的内在规律性。因为家风与党风、政风、校风以及社会风气等不仅彼此关联、相互作用，而且具有相似性质，或者说从建设视角来看，具有相似机理结构。我们发现，家风自身存在家庭场域、家庭成员、家庭文献以及家庭理念等元素，与之相应，联系家风建设，结合个人品德养成，便有了相应的着力点：稳固家庭场域、协调家庭关系、重塑家训家规等家庭文献以及一些细节性、应用性的方法、机制等。这既适用于家风建设，也适用于品德养成教育。当然，这只是我们在家风建设视域中所探索、研究的个人品德养成教育的基本思路和路径，而我们的研究不止于此。我们将其进一步抽象或者升华，可以概之为“本体”“主体”“客体”与“介体”等方面，延伸至党风、政风、校风以及社会风气。显然，不论是在党政机关、学校，还是整个社会层面，皆存在场域“本体”、个人“主客体”以及各类“介体”等。由此，我们进行党风建设、政风建设、校风建设以及社会风气的建设，均可以从稳固“本体”、协调“主客体”、优化“介体”以及类似的方法和机制着手，这与家风建设有着异曲同工之妙。当然，我们基于家风建设视角来研究个人品德养成，一方面是因为家庭对个人的熏陶，首先且主要是品德教育，另一方面是因为家风建设的落脚点在于“人”，且通过家庭成员呈现出来。人，可谓一根红线贯穿于家风建设之中，既是出发点，也是落脚点，还是承载点。同样，党员干部、教师学生、社会民众等作为个体成员，都是党风、政风、校风以及社会风气的有机构成。因此，基于研究分析，若是追求党风、政风、校风以及社会风气的建设，也可以致力于、落脚于“人”的视角，以此为着力点和切入点，甚至是“红线”，实现“风化”联动。这既可以追求家风、党风、政风、社会风气的良性传递、彼此互促，又可以培养合格社会人，共筑于中华民族伟大复兴的“中国梦”。

三　直面问题，明晰研究不足，憧憬未来突破

“学术科研无止境，踏波激浪勇精进。”由于研究精力和篇幅有限，本书也存在未涉及之处，或者说需要进一步深入的地方：一方面，对当今现实生活中各种各样家庭，尤其是特殊家庭区分的研究力度不够。本书是在“母体大家庭”内，以“个体小家庭”为切入点进行探讨分析。然而，当今社会存在一些特殊家庭，譬如“留守儿童家庭”，该类型家庭的特点是什么？如何在类似特殊家庭中进行家风建设，开展品德养成教育？是借助亲戚朋友，依靠邻里社区，还是社会福利机构，国家和政府等？这些都是值得思考和分析的问题。可以说，本书只是“试水”，或者说是“布局”，更是一种“呼吁”，后续会进一步细化、细分，按照对象的差异性，作深入、具体的研究，尤其需要进行实地调研，走访特殊家庭，真切了解类似家庭的境况，力争在充实本书的基础上为党和国家的路线、方针、政策的制定和优化增添几分“色彩”；另一方面，本书落脚于新时代家庭，缺乏对未来家庭的预测或者是展望。摩尔根也没有对未来家庭做一个预测，但他指出未来的家庭必然与已经过的四种家庭形式一样，“随着社会的发展而发展”。可见，关于家庭未来的预测，不能主

观臆断，而要基于社会的发展状况，生产方式、生活方式、人们的认识情况以及人与社会的关系等，从家庭发展变化的历史中，总结和把握家庭变化、发展的规律，这样的预测和推断才客观、可靠。目前，关于家庭未来的预测，存在“家庭消亡论”“家庭振兴论”“家庭多样论”等几种观点。在此，本人不对这几种观点作评论，但在以后的理论研究与实践体验中，会有意识、有针对性作相关思考和研究。但是，无论如何，有一点无可否认，只要存在某种“场域”和“现实个人”，那便需要培养符合“场域”存在和发展所需要的人，这就离不开人的教育问题，尤其是品德养成教育。正如我们所憧憬的共产主义社会，那也是人们精神境界极大提高的共产主义“大家庭”。

参考文献

一　著作类

《马克思恩格斯全集》第 21 卷，人民出版社 2003 年版。

《马克思恩格斯全集》第 42 卷，人民出版社 1979 年版。

《马克思恩格斯文集》第 1 卷，人民出版社 2009 年版。

《马克思恩格斯文集》第 2 卷，人民出版社 2009 年版。

《马克思恩格斯文集》第 4 卷，人民出版社 2009 年版。

《马克思恩格斯文集》第 5 卷，人民出版社 2009 年版。

《马克思恩格斯文集》第 7 卷，人民出版社 2009 年版。

《马克思恩格斯选集》（1—4 卷），人民出版社 2012 年版。

《毛泽东选集》第 2 卷，人民出版社 1991 年版。

《毛泽东选集》第 8 卷，人民出版社 1991 年版。

《列宁选集》第 1 卷，人民出版社 2012 年版。

《列宁全集》第 20 卷，人民出版社 1958 年版。

安启念：《马克思恩格斯伦理思想研究》，武汉大学出版社 2010 年版。

［苏］B. A. 苏霍姆林斯基：《怎样培养真正的人》，蔡汀译，教育科学出版社 1992 年版。

陈秉公：《21 世纪思想政治教育工作创新理论体系》，吉林教育出版社 2000 年版。

陈根法：《德性论》，上海人民出版社 2004 年版。

陈谷嘉、朱汉民：《中国德育思想研究》，浙江教育出版社 1998 年版。

［加］大卫・切尔：《家庭生活的社会学》，彭铟旎译，中华书局 2005 年版。

邓伟志、徐榕：《家庭社会学》，中国社会科学出版社 2001 年版。

丁文、徐泰玲：《当代中国家庭的巨变》，山东大学出版社 2001 年版。
樊浩：《中国伦理精神的历史建构》，江苏人民出版社 2001 年版。
方朝晖：《“三纲”与秩序重建》，中央编译出版社 2014 年版。
费成康：《中国的家法族规》，上海社会科学院出版社 1998 年版。
费孝通：《乡土中国 生育制度》，北京大学出版社 1998 年版。
符得团、马建新：《古代家训培育个体品德探微》，中国社会科学出版社 2012 年版。
高国希：《道德哲学》，复旦大学出版社 2005 年版。
何建华：《道德选择论》，浙江人民出版社 2000 年版。
［德］黑格尔：《精神现象学》上卷，贺麟等译，上海人民出版社 2013 年版。
胡林英：《道德内化论》，社会科学文献出版社 2007 年版。
黄书光：《中国社会教化的传统与变革》，山东教育出版社 2005 年版。
黄希庭：《人格心理学》，浙江教育出版社 2003 年版。
［英］拉德克利夫·布朗：《原始社会的结构与功能》，潘蛟等译，中央民族大学出版社 1999 年版。
李存山：《家风十章》，广西人民出版社 2016 年版。
［美］加里·斯坦利·贝克尔：《家庭论》，王献生、王宇译，商务印书馆 2005 年版。
梁漱溟：《中国文化要义》，上海人民出版社 2003 年版。
林崇德：《品德发展心理学》，陕西师范大学出版 2014 年版。
刘海鸥：《从传统到启蒙：中国传统家庭伦理的近代嬗变》，中国社会科学出版社 2005 年版。
刘建军：《中国共产党思想政治教育的理论与实践》，中国人民大学出版社 2008 年版。
刘军：《社会网络分析导论》，社会科学文献出版社 2004 年版。
［法］卢梭：《爱弥儿》，彭正梅译，上海人民出版社 2007 年版。
鲁洁、王逢贤：《德育新论》，江苏教育出版社 1994 年版。
陆士桢、王玥：《青少年社会工作》第 2 版，社会科学文献出版社 2010 年版。
罗国杰：《道德建设论》，湖南人民出版社 2007 年版。

［美］马汀·奇达夫等:《社会网络与组织》，王凤彬等译，中国人民大学出版社 2009 年版。

马永庆:《中国传统道德概论》，山东大学出版社 2000 年版。

孟育群:《中小学生亲子关系与家庭德育研究》，教育科学出版社 2004 年版。

［美］内尔·诺丁斯:《始于家庭—关怀与社会政策》，侯晶晶译，教育科学出版社 2006 年版。

［瑞士］皮亚杰:《儿童的道德判断》，傅统先等译，山东教育出版社 1984 年版。

平章起、梁禹祥:《思想政治教育基本理论问题研究》，南开大学出版社 2010 年版。

齐振海、袁贵仁:《哲学中的主体和客体问题》，中国人民大学出版社 1992 年版。

［法］让·凯勒阿尔:《家庭微观社会学》，顾西兰译，商务印书馆 1998 年版。

［德］斯宾格勒:《西方的没落》，张兰平译，陕西师范大学出版社 2008 年版。

孙抱弘:《从人到好人 公共生活与青少年品德养成》，黑龙江教育出版社 2013 年版。

檀传宝:《学校道德教育原理》，教育科学出版社 2003 年版。

唐凯麟、龙兴海:《个体道德论》，中国青年出版社 1993 年版。

田丰:《当代中国家庭生命周期》，社会科学文献出版社 2011 年版。

田秀云:《社会道德与个体道德》，人民出版社 2004 年版。

万俊人:《现代性的伦理话语》，黑龙江人民出版社 2002 年版。

汪凤炎等:《德化的生活 生活德育模式的理论探索与应用研究》，人民出版社 2005 年版。

王炳照、阎国华:《中国教育思想通史》，湖南教育出版社 1994 年版。

王海明、孙英:《美德伦理学》，北京大学出版社 2011 年版。

王沪宁:《当代中国村落家族文化—对中国社会现代化的一项探索》，上海人民出版社 1991 年版。

王利器:《颜氏家训集解》，上海古籍出版社 1980 年版。

王秀阁:《大学生人际交往理论与方法》，人民出版社 2010 年版。
(唐) 魏征:《群书治要》，中华书局 2014 年版。
武东生:《中国古代思想政治教育史》，南开大学出版社 2013 年版。
宋希仁:《家风家教》，中国方正出版社 2002 年版。
宋希仁:《马克思恩格斯道德哲学研究》，中国社会科学出版社 2012 年版。
宋希仁:《西方伦理学思想史》，湖南教育出版社 2006 年版。
徐少锦、陈延斌:《中国家训史》，陕西人民出版社 2003 年版。
[英] 亚当·斯密:《道德情操论》，余涌译，中国社会科学出版社 2003 年版。
阎爱民:《中国古代的家教》，商务印书馆 2013 年版。
杨宝忠:《大教育视野中的家庭教育》，社会科学文献出版社 2003 年版。
杨伯峻:《论语译注》，中华书局 2006 年版。
杨天宇:《仪礼译注》，上海古籍出版社 2004 年版。
姚淦铭:《大学智慧》，山东人民出版社 2009 年版。
尹奎友:《中国古代家训四书》，山东友谊出版社 1997 年版。
曾仕强:《长安家风》，西安出版社 2015 年版。
张国刚:《家庭史研究的新视野》，三联书店出版社 2004 年版。
张国刚主编:《中国家庭史》，人民出版社 2013 年版。
张红艳:《马克思恩格斯家庭伦理思想及其当代价值》，广西师范大学出版社 2015 年版。
张进辅:《家庭与人格》，安徽教育出版社 2013 年版。
赵忠心:《中国家训名篇》，湖北教育出版社 1997 年版。
郑杭生:《中国特色社会学理论的探索》，中国人民大学出版社 2005 年版。
周雪艳:《学前儿童家庭与社区教育》，复旦大学出版社 2015 年版。
朱强:《家庭社会学》，华中科技大学出版社 2012 年版。
(宋) 朱熹:《四书章句集注》，中华书局 2011 年版。
朱贻庭:《伦理学大辞典》，上海辞书出版社 2002 年版。
朱贻庭:《中国传统伦理思想史》，华东师范大学出版社 2003 年版。

二　期刊类

陈建宪:《马克思、恩格斯与文化人类学——马克思〈人类学笔记〉和恩格斯〈家庭、私有制和国家的起源〉札记》，《西北民族研究》2008 年第 2 期。

陈晋：《从家风看社会主义核心价值观的培育》，《思想政治工作研究》2014 年第 4 期。

陈延斌：《论传统家训文化与中国家庭道德建设》，《道德与文明》1996 年第 5 期。

陈旸：《马克思主义家庭观及其当代价值》，《理论月刊》2013 年第 8 期。

付洪、栾淳钰：《〈论语〉中的"孝"文化及当代启示》，《齐鲁学刊》2016 年第 1 期。

高国希：《道德风气与品德建设》，《思想理论教育》2012 年第 9 期。

高国希：《现代性与公民品德》，《上海财经大学学报》2013 年第 3 期。

顾莉：《传统家训价值观的文化经脉、内容架构和实现机制》，《学习与实践》2016 年第 2 期。

郭昕：《中国传统家训与未成年人德性养成教育》，《山东省青年管理干部学院学报》2005 年第 2 期。

郝亚飞、李紫烨：《中国古代家风建设及当代启示》，《河北大学学报》（哲学社会科学版）2015 年第 1 期。

胡菊华：《最美人物与青少年个人品德培育》，《思想理论教育》2012 年第 24 期。

胡仪美、丁成际：《家风建设与新孝道文化波及》，《重庆社会科学》2016 年第 11 期。

李强：《社会支持与个体心理健康》，《天津社会科学》1998 年第 1 期。

刘润忠：《试析结构功能主义及其社会理论》，《天津社会科学》2005 年第 5 期。

刘胜梅：《曾氏家风的内涵及其现实启示》，《学术探索》2016 年第 4 期。

刘霞：《家风中的伦理认同与公民教育》，《南京社会科学》2015 年第 4 期。

刘先春、柳宝军：《家训家风：培育和涵养社会主义核心价值观的道德根基与有效载体》，《思想教育研究》2016 年第 1 期。

鲁洁：《人对人的理解：道德教育的基础——道德教育当代转型的思考》，《教育研究》2000 年第 7 期。

陆树程、郁蓓蓓：《家风传承对培育和践行社会主义核心价值观的意义》，《苏州大学学报》（哲学社会科学版）2015 年第 3 期。

陆晓禾：《中华优秀传统家训文化继往开来的新阶段——“家训家风与文化传承”学术研讨会综述》，《哲学分析》2014 年第 6 期。

路丙辉：《热议“家风”现象的伦理审思》，《道德与文明》2014 年第 6 期。

路丙辉：《中国传统家风及其当代传承的社会理路》，《重庆理工大学学报》（社会科学版）2015 年第 2 期。

马倩：《探析中国共产党人的家风建设》，《现代交际》2016 年第 8 期。

潘雷琼、黄甫全：《优良品德学习何以使人幸福——美德伦理学复兴的文化哲学解析》，《教育研究》2014 年第 8 期。

邱吉：《思想品德教育目的再审视》，《教学与研究》2013 年第 4 期。

孙珏：《基于系统论视角的家庭教育研究初探》，《河北师范大学学报》（教育科学版）2013 年第 6 期。

孙兰英、卢婉婷：《家风家教是培育和践行社会主义核心价值观的基础》，《思想教育研究》2014 年第 12 期。

汤建石：《家风建设背后的政治逻辑与执政理念》，《领导科学》2016 年第 16 期。

田旭明：《承继家训文化：涵育社会主义核心价值观的有效途径》，《探索》2016 年第 3 期。

田旭明：《家正国清：优良家风家规的伦理价值及其实现路径》，《学习论坛》2015 年第 1 期。

汪凤炎、郑红：《品德与才智一体：智慧的本质与范畴》，《南京社会科学》2015 年第 3 期。

王佳宁：《重提再塑家风正逢其时》，《重庆社会科学》2014 年第 3 期。

王树荫、程海礁：《试论社会主义荣辱观对中国传统礼义廉耻观的现代转化》，《思想理论教育导刊》2006 年第 6 期。

王秀阁：《论思想政治教育研究取向的问题——马克思主义实践观视角》，《马克思主义研究》2015 年第 5 期。

王学俭、刘珂：《融入日常生活：思想政治教育的微观建构》，《思想教育研究》2015 年第 2 期。

王永彬：《家风正 官吏廉》，《政工学刊》2014 年第 7 期。
王志强：《略论家庭德育环境的作用中介及其实现机制》，《宁波大学学报》（教育科学版）2013 年第 4 期。
吴直雄：《穿越时空千百载 积淀凝铸好家风——论“凿齿之风”对习氏良好家风形成的影响》，《社会科学论坛》2015 年第 1 期。
宋希仁：《论伦理关系》，《中国人民大学学报》2000 年第 3 期。
肖贵清：《实现中国梦的根本途径、精神支撑、力量之源》，《思想理论教育》2013 年第 11 期。
肖群忠：《家风家规与立德树人》，《中国德育》2014 年第 10 期。
肖群忠、李营营：《传统家训中的“廉洁”“廉政”道德及其时代价值》，《学术交流》2017 年第 1 期。
徐少锦：《试论中国历代家训的特点》，《道德与文明》1992 年第 3 期。
徐少锦：《中国传统师德及其现代价值》，《道德与文明》2002 年第 5 期。
杨仁忠、任滢：《马克思人的发展思想的公共性向度》，《吉首大学学报》（社会科学版）2011 年第 3 期。
杨善华：《中国当代城市家庭变迁与家庭凝聚力》，《北京大学学报》（哲学社会科学版）2011 年第 2 期。
杨威、关恒：《传统家训文化存在与存续的合理性探究》，《中州学刊》2016 年第 8 期。
杨再芬：《树立清廉党风政风需要培育良好家风》，《理论与当代》2016 年第 11 期。
张岱年：《中国文化的要义不是三纲六纪》，《群言》2000 年第 7 期。
张冬梅、姜珊珊：《品德教育在幼儿园教育中的渗透》，《教育探索》2013 年第 10 期。
张红：《社会主义核心价值观培育和践行的试验场：家风家教》，《道德与文明》2015 年第 2 期。
张建英、罗承选：《当前中国社会公德：问题与重建》，《江苏师范大学学报》（哲学社会科学版）2015 年第 4 期。
张琳、陈延斌：《传承优秀家风：涵育社会主义核心价值观的有效路径》，《探索》2016 年第 1 期。
张旭刚：《中华传统优良家风家教的价值意蕴、现代流变与创新转化》，

《内蒙古农业大学学报》（社会科学版）2016 年第 5 期。
张耀灿、王智慧：《思想品德结构的生存论视域》，《湖北社会科学》2013 年第 8 期。
章志光：《试论品德的心理结构》，《北京师范大学学报》1990 年第 1 期。
周超：《思想品德教育巧用“日记法”》，《中国教育学刊》2016 年第 5 期。
朱明勋：《中国古代家训中的两种德育思想》，《中国德育》2016 年第 18 期。

三　报纸类

乔法容：《加强个人品德建设》，《人民日报》2007 年 12 月 24 日。
郭广银：《优良家风与大学精神一脉相传》，《光明日报》2014 年 2 月 19 日。
龚吟怡：《社会公德与个人品德》，《光明日报》2011 年 2 月 21 日。
孙兰英：《把家风建设摆在重要位置》，《人民日报》2016 年 2 月 19 日。
陈建翔：《家庭教育不该沦为学校的附庸》，《中国教育报》2015 年 4 月 24 日。
王斯敏：《“家风”吹送正能量》，《光明日报》2014 年 2 月 17 日。
柳森：《中国家训家风中的文化传承》，《解放日报》2014 年 4 月 19 日。
刘勇：《廉政建设要从家风家训抓起》，《中国人口报》2018 年 4 月 25 日。
周斌：《个人品德建设：公民道德建设的着力点》，《光明日报》2009 年 12 月 1 日。
赵小雅：《让品德根植于儿童生活中》，《中国教育报》2012 年 4 月 10 日。
穆光宗：《涵养正爱和亲的家风》，《北京日报》2016 年 2 月 22 日。
黄建正：《传承好家风—践行价值观》，《浙江日报》2015 年 11 月 25 日。
孙云晓：《家庭教育指导须实现五个转变》，《中国教育报》2016 年 4 月 14 日。
李世杰：《培育好家风从讲好五个故事开始》，《中国教育报》2016 年 4 月 21 日。

孟祥夫：《传承好家风 引领好作风》，《人民日报》2016 年 1 月 26 日。
高丽：《家庭教育由“望子成龙”变为“望子成人”》，《中国妇女报》2016 年 5 月 17 日。
罗文：《领导干部不能忽视家风家教》，《光明日报》2016 年 11 月 4 日。
马德荣：《上好“正家风”这门必修课》，《解放军报》2016 年 12 月 4 日。
黄小希：《注重家庭·注重家教·注重家风》，《人民日报》2016 年 12 月 12 日。
刘东升：《家训家风建设是弘扬核心价值观重要途径》，《辽宁日报》2015 年 8 月 04 日。
柴葳：《让家庭教育成为家校双方的“必修课”》，《中国教育报》2015 年 10 月 21 日。
晋浩天：《家庭教育：父母别做“虎妈狼爸”》，《光明日报》2015 年 11 月 3 日。
武黎嵩：《家风是传承千年的精神尺度》，《光明日报》2014 年 2 月 21 日。
蒋夫尔：《破解家庭教育四“问”》，《中国教育报》2012 年 6 月 7 日。
王雁翔：《干部品德怎样评?》，《解放军报》2010 年 7 月 10 日。
刘玉芝：《品德教育要回归生活》，《中国教育报》2011 年 7 月 15 日。
杨桂青：《品德教育：在学校和家庭“交界处”绽放》，《中国教育报》2004 年 6 月 25 日。